高等教育规划教材

Java Web应用开发与案例教程

沈泽刚　王海波　等编著

机 械 工 业 出 版 社

本书介绍了Java Web应用开发核心技术，全书共分10章，主要内容包括Web技术基础、Servlet基础、JSP基础、会话与文件管理、EL与JSP标签技术、Web数据库访问、Web监听器与过滤器等，本书还介绍了Struts 2、Hibernate 4和Spring 4三大开源框架的核心开发技术。每章提供了一个综合案例，帮助读者理解并掌握所学内容，引导读者开发完整的系统。每章还配有适量习题，供读者复习参考。

本书可作为计算机及相关专业Web编程技术或JSP开发技术等课程的教材，也可供从事Java Web应用开发的技术人员参考。

本书配套授课电子课件，需要的教师可登录www. cmpedu. com免费注册，审核通过后下载，或联系编辑索取（QQ：2850823885，电话：010-88379739）。

图书在版编目（CIP）数据

Java Web应用开发与案例教程/沈泽刚等编著. —北京：机械工业出版社，2015. 12

高等教育规划教材

ISBN 978-7-111-52106-8

Ⅰ. ①J… Ⅱ. ①沈… Ⅲ. ①JAVA语言-程序设计-高等学校-教材
Ⅳ. ①TP312

中国版本图书馆CIP数据核字（2015）第270271号

机械工业出版社（北京市百万庄大街22号 邮政编码 100037）
策划编辑：郝建伟 责任编辑：郝建伟
责任校对：张艳霞 责任印制：李 洋
三河市国英印务有限公司印刷
2015年12月第1版·第1次印刷
184mm×260mm·21.25印张·526千字
0001-3000册
标准书号：ISBN 978-7-111-52106-8
定价：49.00元

出版说明

当前，我国正处在加快转变经济发展方式、推动产业转型升级的关键时期。为经济转型升级提供高层次人才，是高等院校最重要的历史使命和战略任务之一。高等教育要培养基础性、学术型人才，但更重要的是加大力度培养多规格、多样化的应用型、复合型人才。

为顺应高等教育迅猛发展的趋势，配合高等院校的教学改革，满足高质量高校教材的迫切需求，机械工业出版社邀请了全国多所高等院校的专家、一线教师及教务部门，通过充分的调研和讨论，针对相关课程的特点，总结教学中的实践经验，组织出版了这套“高等教育规划教材”。

本套教材具有以下特点：

1）符合高等院校各专业人才的培养目标及课程体系的设置，注重培养学生的应用能力，加大案例篇幅或实训内容，强调知识、能力与素质的综合训练。

2）针对多数学生的学习特点，采用通俗易懂的方法讲解知识，逻辑性强、层次分明、叙述准确而精炼、图文并茂，使学生可以快速掌握，学以致用。

3）凝结一线骨干教师的课程改革和教学研究成果，融合先进的教学理念，在教学内容和方法上做出创新。

4）为了体现建设“立体化”精品教材的宗旨，本套教材为主干课程配备了电子教案、学习与上机指导、习题解答、源代码或源程序、教学大纲、课程设计和毕业设计指导等资源。

5）注重教材的实用性、通用性，适合各类高等院校、高等职业学校及相关院校的教学，也可作为各类培训班教材和自学用书。

欢迎教育界的专家和老师提出宝贵的意见和建议。衷心感谢广大教育工作者和读者的支持与帮助!

机械工业出版社

前言

Java Web 是用 Java 技术来解决互联网 Web 相关领域的技术总和，是目前 Web 开发的主流技术之一。本书以最新的 Servlet 和 JSP 规范为基础，详细介绍了 Java Web 应用开发的核心技术及编程方法。本书全面体现了 Java Web 开发技术的发展特性，涵盖了当前广泛应用的开发规范，结构清晰，应用案例实用，实现了理论讲授和实际应用的充分融合。

全书共分 10 章，主要内容如下。

第 1 章介绍 Java Web 应用开发的基础知识、Tomcat 服务器、Eclipse IDE 的安装与配置，以及简单的 Servlet 与 JSP 开发。

第 2 章介绍 Servlet 入门基础，包括 Servlet 生命周期、HTTP 请求处理和 HTTP 响应发送、Web 应用程序与部署描述文件，以及 ServletContext 对象的应用等。

第 3 章介绍 JSP 技术基础，包括 JSP 页面元素、JSP 生命周期、JSP 指令、JSP 隐含变量、JSP 组件包含与 JavaBeans 应用，最后介绍了 MVC 设计模式。

第 4 章介绍会话管理与文件操作，包括使用 HttpSession 对象管理会话和 Cookie 的使用，介绍了如何实现文件上传和文件下载。

第 5 章介绍表达式语言（EL）与 JSP 标签技术，包括 EL 运算符、如何使用 EL 访问作用域变量、JavaBeans 属性和集合对象元素、如何使用 EL 隐含变量。本章还介绍 JSP 标准标签库（JSTL）的使用和自定义标签的开发。

第 6 章介绍 Web 数据库访问技术。其中包括 JDBC 访问数据库的步骤、使用数据源访问数据库的方法，以及 DAO 设计模式的应用。

第 7 章介绍 Web 监听器和 Web 过滤器的开发及应用。

第 8 ~ 10 章分别介绍 Struts 2 框架、Hibernate 4 框架和 Spring 4 框架的核心基础知识，以及三大框架的整合开发。

本书特色是从实用角度出发，循序渐进，用通俗的语言和短小精悍的实例阐释开发技术，使读者快速掌握系统开发所用到的知识。每章最后都提供了一个综合案例，帮助读者理解并掌握所学内容，引导读者开发完整的系统。每章还配有适量习题，供读者复习参考。本书所有程序全部上机调试通过，若需要源程序代码及教学课件，可与编者联系。学习本书需要读者具有一定的 Java 语言基础、HTML 和数据库基础。

本书由沈泽刚、王海波编写，参加本书编写和代码调试工作的还有张龙昌、张野、王晓轩、冯冠。本书的编写参考了大量的 Java Web 开发的书籍和资料，在此对这些文献的作者表示感谢。

由于时间仓促和作者水平有限，书中难免存在错误和不当之处，恳请广大读者批评指正。

编　者

目　录

第1章 Java Web开发概述

目前Internet已经普及到整个社会，其中Web应用已经成为Internet上最受欢迎的应用之一，正是由于它的出现，Internet普及推广速度得以大大提高。Web技术已经成为Internet上最重要的技术之一，Web开发也是软件开发的重要组成部分，它的应用越来越广泛。

本章介绍了Web应用开发所涉及的基本概念和主要技术，其中包括Web应用的体系结构、HTTP协议、HTML和动态Web文档技术。本章还介绍了Tomcat服务器的安装与配置，以及简单Servlet和JSP页面的开发。

1.1 Web技术概述

WWW是World Wide Web的简称，缩写为W3C，称为万维网，也简称为Web。Web技术诞生于欧洲原子能研究中心（CERN）。1989年3月，CERN的物理学家Tim Berners - Lee提出了一个新的因特网应用，命名为Web，其目的是让全世界的科学家都能利用因特网交换文档。同年，他编写了第一个浏览器与服务器软件。1991年，CERN正式发布了Web技术。

万维网的出现使更多的人们开始了解计算机网络，通过Web使用网络，享受网络带来的好处。Web对用户和用户的机器要求都很低，用户机器只要安装浏览器软件就可以访问Web，而用户只要了解浏览器的简单操作就可以在Web上查找信息、收发电子邮件、聊天、网上购物及玩游戏等。现在，Web提供了大量的信息和服务，涉及人们日常生活的各个方面，很多人已经越来越离不开Web了。

1.1.1 Web的工作原理

Web是采用HTTP协议的、基于客户/服务器（C/S）的一种体系结构，客户在计算机上使用浏览器向Web服务器发出请求，服务器响应客户请求，并向客户送回所请求的网页，客户在浏览器窗口上显示网页的内容。

Web体系结构主要由以下3部分构成。

- Web服务器。用户要访问Web页面或其他资源，必须事先有一个服务器来提供Web页面和这些资源，这种服务器就是Web服务器。
- Web客户端。用户一般是通过浏览器访问Web资源的，它是运行在客户端的一种软件。
- 通信协议。客户端和服务器之间采用超文本传输协议（HTTP）进行通信。HTTP是Web使用的协议，该协议详细规定了Web客户与服务器之间如何通信。

在万维网上，如果一台连接到Internet的计算机希望给其他Internet系统提供信息，则它必须运行服务器软件，这种软件称为 Web 服务器。如果一个系统希望访问服务器提供的信息，则它必须运行客户软件。对 Web 系统来说，客户软件通常是 Web 浏览器。

1. Web 服务器

Web 服务器是向浏览器提供服务的程序，主要功能是提供网上信息浏览服务。Web 服务器应用层使用 HTTP 协议，信息内容采用 HTML 文档格式，信息定位使用 URL。

最常用的 Web 服务器是 Apache 服务器，它是 Apache 软件基金会（Apache Software Foundation）提供的开放源代码软件，是一款非常优秀的专业的 Web 服务器。最初，该服务器主要运行在 UNIX 和 Linux 平台上，现在也可以运行在 Windows 平台上。Apache 服务器已经发展成为 Internet 上最流行的 Web 服务器。据 Netcraft Web Server Survey 于 2014 年 5 月的调查显示，目前在 Internet 上有 37.56% 的 Web 站点使用 Apache 服务器。

另一种比较流行的 Web 服务器是 Microsoft 公司开发的专门运行在 Windows 平台上的 IIS 服务器，该服务器占市场份额的 33.41% 左右。

本书使用的 Tomcat 也是一种常用的 Web 服务器，它具有 Web 服务器的功能，同时也是 Web 容器，可以运行 Servlet 和 JSP。

2. Web 浏览器

Web 浏览器是 Web 服务的客户端程序，可向 Web 服务器发送各种请求，并对从服务器发来的网页和各种多媒体数据格式进行解释、显示和播放。浏览器的主要功能是解析网页文件内容并正确显示，网页一般是 HTML 格式。常见的浏览器有 Internet Explorer、Firefox、Opera 和 Chrome 等，浏览器是最常使用的客户端程序。

3. URL 和 URI

客户要访问 Web 上的某个资源，必须知道该资源的位置，这个位置是用 URL 表示的。URL（Uniform Resource Locator）称为统一资源定位器，指向 Internet 上位于某个位置的某个资源。资源包括 HTML 文件、图像文件、Servlet 和 JSP 页面等。例如，下面是一些合法的 URL。

```
http://www.baidu.com/index.html
http://www.mydomain.com/files/sales/report.html
http://localhost:8080/helloweb/hello.do
```

URL 通常由 4 部分组成：协议名称、所在主机的 DNS 名、可选的端口号，以及资源的路径和名称。端口号和资源名称可以省略。

1）最常使用的协议是 HTTP 协议，其他常用协议包括 FTP 协议、TELNET 协议、MAIL 协议和 FILE 协议等。

2）DNS 即为服务器的域名，如 www.tsinghua.edu.cn。

3）端口号标明该服务是在哪个端口上提供的。一些常见的服务都有固定的端口号，如 HTTP 服务的默认端口号为 80，如果访问在默认端口号上提供的服务，端口号可以缺省。

4）URL 的最后一部分为资源在服务器上的相对路径和名称，如/index.html，它表示服务器上根目录下的 index.html 文件。

URI（Uniform Resource Identifier）称为统一资源标识符，是以特定语法标识一个资源的字符串。URI 由模式和模式特有的部分组成，它们之间用冒号隔开，一般格式如下。

schema：schema - specific - part

URI 的常见模式包括：file（表示本地磁盘文件）、ftp（FTP 服务器）、http（使用 HTTP 协议的 Web 服务器）和 mailto（电子邮件地址）等。

URI 的模式特有部分没有特定的语法，但很多都具有层次结构的形式，如下所示。

```
//authority/path? query
```

在 Web 应用中可以使用以下 3 种类型的 URI。

1）绝对 URI。例如，http://www.mydomain.com/sample 和 http://localhost:8080/taglibs 都是绝对 URI。绝对 URI 是带协议、主机名或端口号的 URI。

2）根相对 URI。是以“/”开头且不带协议、主机名或端口号的 URI。它被解释为相对于 Web 应用程序文档根目录。/mytaglib 和/taglib1/helloLib 都是根相对 URI。

3）非根相对 URI。不以“/”开头也不带协议、主机名或端口号的 URI。它被解释为相对于当前 JSP 页面或相对于 WEB－INF 目录，这要看它是在哪里使用的。HelloLib 和 taglib2/helloLib 都是非根相对 URI。

1.1.2　HTTP 与 HTML

1. HTTP

超文本传输协议（HyperText Transfer Protocol，HTTP），是因特网上应用最广泛的一种协议。HTTP 协议是一个基于请求－响应（Request－Response）的无状态的协议，这种请求－响应的过程如图 1-1 所示。

在这里，客户首先通过浏览器程序建立到 Web 服务器的连接，并向服务器发送 HTTP 请求消息。Web 服务器接收到客户的请求后，对请求进行处理，然后向客户发送回 HTTP 响应。客户接收服务器发送的响应消息，对消息进行处理并关闭连接。

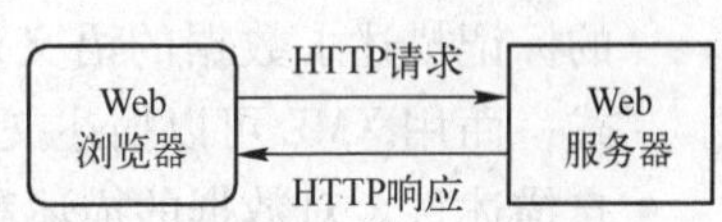

图 1-1　HTTP 请求－响应示意图

例如，在浏览器的地址栏中输入 http://www.tsinghua.edu.cn/，按〈Enter〉键。浏览器就会创建一个 HTTP 请求消息，使用 DNS 获得 www.tsinghua.edu.cn 主机的 IP 地址，创建一条 TCP 连接，通过这条 TCP 连接将 HTTP 消息发送给服务器，并从服务器接收回一条消息，该消息中包含将显示在浏览器客户区中的消息。

2. HTML 和 XML

超文本标记语言（HyperText Markup Language，HTML）是一种用来制作超文本文档的简单标记语言。所谓超文本，是指用 HTML 编写的文档中可以包含指向其他文档或资源的链接，该链接也称为超链接（Hyperlink）。通过超链接，用户可以很容易地访问所链接的资源。

HTML 文档是由一些标签组成的文本文件，标签标识了内容和类型，Web 浏览器通过解析这些标签进行显示。HTML 文档可以用任意文本编辑器创建，但扩展名必须用 .htm 或 .html。

HTML 标准中定义了大量的元素，表 1-1 列出了其中最常用的元素。关于这些元素的详细使用方法请参考有关文献。

表 1-1　最常用的 HTML 标签

标签名	说　明	标签名	说　明
<html>	HTML 文档的开始	 	换行
<head>	文档的头部	<hr>	水平线
<title>	文档的标题	<a>	锚
<meta>	关于 XHTML 文档的元信息	<img>	图像
<link>	文档与外部资源的关系	<table>	表格
<script>	客户端脚本	<tr>	表格中的行
<style>	样式信息	<td>	表格中的单元
<body>	文档的主体	<form>	表单
<h1> ~ <h6>	标题	<input>	输入控件
<p>	段落	<li>	列表的项目
<b>	粗体字	<div>	文档中的节、块或区域

由于 HTML 内容与形式（表现）部分的先天性不足和后期发展造成的不兼容，使得 HTML 文档的设计与维护变得很困难，所以 W3C 推出了 XML 来代替 HTML。

XML（eXtensible Markup Language）称为可扩展标记语言，是 W3C 于 1998 年推出的一种用于数据描述的元标记语言的国际标准。相对于 HTML，XML 具有如下一些特点。

- 可扩展性。XML 不是标记语言，它本身并不包含任何标记。它允许用户自己定义标记和属性，可以有各种定制的数据格式。
- 更多的结构和语义。XML 侧重于对文档内容的描述，而不是文档的显示。用户定义的标记描述了数据的语义，便于数据的理解和机器处理。HTML 只能表示文档的格式，而用 XML 可以描述文档的结构和内涵。
- 自描述性。对数据的描述和数据本身都包含在文档中，使数据具有很大的灵活性。
- 数据与显示分离。XML 所关心的是数据本身的语义，而不是数据的显示，所以可以在 XML 数据上定义多种显示形式。

XML 作为 W3C 推出的通用国际标准，采用基于文本的标记语言，既可用于机器访问处理，也能供人们阅读理解。用 XML 来描述数据，虽然比传统二进制格式会牺牲一些处理效率和存储空间，但是换来的却是数据的通用性、可交换性和可维护性，这对跨平台的分布式网络环境中的计算机应用至关重要。

XML 已经成为 Internet 上 Web 数据交换的标准。XML 与 HTML 的相似之处是它们都使用标记来描述文档。但是，它们在许多方面是不同的。HTML 主要描述文档如何在 Web 浏览器中显示，XML 主要描述数据的内容及它们的结构关系。XML 主要用于程序共享和交换数据。XML 可与 HTML 互操作，并可转换成 HTML 在 Web 浏览器上显示。

本书多处使用到 XML 文件，如部署描述文件 web. xml、标签库描述文件、Struts 2 的配置文件、Hibernate 的配置文件和映射文件，以及 Spring 的配置文件等。

1.1.3　主机和 IP 地址

连接到 Internet 上的所有计算机，从大型机到微型机都是以独立的身份出现的，这里称它为主机。为了实现各主机间的通信，每台主机都必须有一个唯一的网络地址，叫作 IP（Internet Protocol）地址。目前使用的 IP 地址是用 4 个字节 32 位二进制数表示的，如某计算机的 IP 地址可表示为 10101100 00010000 11111110 00000001。为便于记忆，将它们分为 4 组，每组 8 位一个字节，由小数点分开，且将每个字节的二进制数用十进制数表示，上述地址可表示为 172. 16. 254. 1，这种书写方法称为点分十进制表示法。用点分开的每个字节的十进制整数数值范围是 0 ~ 255。

上述方式的 IP 地址很难记住，为了方便记忆，在 Internet 中经常使用域名来表示主机。域名（Domain Name）是由一串用点分隔的名称组成的某台主机或一组主机的名称，用于在数据传输时标识主机的位置。域名系统采用分层结构，每个域名是由多个域组成的，域与域之间用“.”分开，最末的域称为顶级域，其他的域称为子域，每个域都有一个有明确意义的名称，分别称为顶级域名和子域名。

例如，www. tsinghua. edu. cn 是一个域名，它由几个不同的部分组成，这几个部分彼此之间具有层次关系。其中最后的 . cn 是域名的第一层，. edu 是第二层，. tsinghua 是真正的域名，处在第三层，当然还可以有第四层，域名从后到前的层次结构类似于一个倒立的树型结构。其中第一层的 . cn 是地理顶级域名。

由于 IP 地址是 Internet 内部使用的地址，因此当 Internet 主机间进行通信时必须采用 IP 地址进行寻址，所以当使用域名时必须把域名转换成 IP 地址。这种转换操作由一个名为“域名服务器”的软件系统来完成，该域名服务器实现了域名系统（Domain Name System，DNS）。域名服务器中保存有网络中所有主机的域名和对应的 IP 地址，并具有将域名转换为 IP 地址的功能。如要访问清华大学（www. tsinghua. edu. cn）网站，必须通过 DNS 得到域名的 IP 地址 121. 52. 160. 5，才能进行通信。

另外，还有一个特殊的主机名和 IP 地址，localhost 主机名表示本地主机，它对应的 IP 地址是 127. 0. 0. 1，这个地址主要用于本地测试。

1.1.4 服务器端开发技术

在 Web 技术发展的初期，Web 文档只是一种使用 HTML 编写的文档，它们以文件的形式存放在服务器端。客户发出对该 Web 文档的请求，服务器返回这个文件。这种文档称为静态文档（Static Document）。静态文档创建完后存放在 Web 服务器中，在被用户浏览的过程中，其内容不会改变，因此用户每次对静态文档的访问所得的结果都是相同的。

静态文档的最大优点是简单。由于 HTML 是一种排版语言，因此静态文档可以由不懂程序设计的人员来创建。静态文档的缺点是不够灵活。当信息变化时，就要由文档的作者手工对文档进行修改。显然，对了变化频繁的文档，不适合使用静态文档。

仅仅依靠 HTML 来开发静态文档是远远不够的。如果浏览网站的人想要访问数据库，与用户交互，HTML 就会无能为力。但是 HTML 具有很强的包容性，可以吸纳各种新技术，形成一系列 Web 网站开发技术，其中最有影响的是一些动态技术。

动态技术指的是动态地改变浏览器显示的 HTML 内容，根据发生动态改变的位置的不同，可将动态技术分为客户端和服务器端两种。

客户端的动态技术：即浏览器端的动态技术，这种技术不依赖于 Web 服务器，可直接在浏览器端发生改变，并且动态改变的内容与服务器端无关。如常见的脚本动画都可以通过客户端动态技术来实现。常用的客户端技术有 DHTML、Java 小程序和 Activex 控件等。

服务器端的动态技术：该技术是指在服务器端发生的动态改变，改变后的结果仍然以

HTML 形式发回服务器，常见的 Web 数据库查询都要用到服务器端动态技术。常用的技术有 CGI 技术、Servlet 技术及服务器端脚本等。

1. CGI 技术

公共网关接口（Common Gateway Interface，CGI）技术是在服务器端生成动态 Web 文档的传统方法。CGI 是一种标准化的接口，允许 Web 服务器与后台程序和脚本通信，这些后台程序和脚本能够接收输入信息（例如，来自表单），访问数据库，最后生成 HTML 页面作为响应。CGI 与 Web 服务器和应用程序的关系如图 1-2 所示。

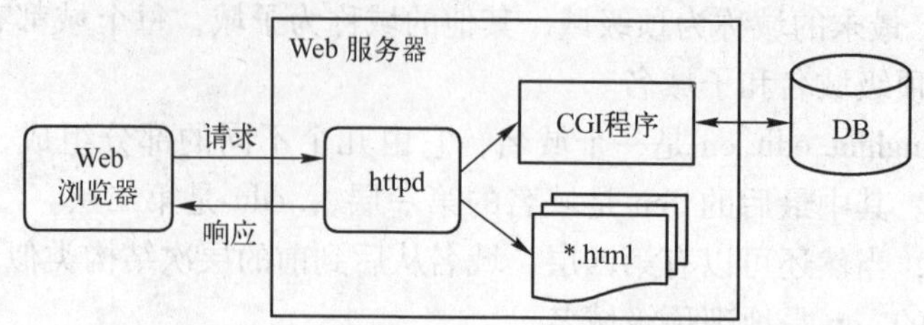

图 1-2　Web 服务器与 CGI 的关系

服务器进程（httpd）在接收到一个对 CGI 程序的请求时，将执行该程序，然后将执行结果以 HTML 文档的形式发送回服务器，服务器再发送给客户浏览器。

从 CGI 程序到服务器的连接是通过标准输出实现的，所以 CGI 程序发送给标准输出的任何内容都可以发送给服务器。

CGI 编程的主要优点体现在其灵活性上，可以用任何语言编写 CGI 程序。在实际应用中，通常用 Perl 脚本语言来编写 CGI 程序。

尽管 CGI 提供了一种模块化的设计方法，但它也有一些缺点。使用 CGI 方法的主要问题是效率低。对 CGI 程序的每次调用都创建一个操作系统进程，当多个用户同时访问 CGI 程序时，将加重处理器的负载。尤其是对于繁忙的 Web 站点并且当脚本需要执行连接数据库时，效率非常低。此外，脚本使用文件输入/输出（I/O）与服务器通信，这大大增加了响应的时间。

2. Java 的解决方案——Servlet 技术

一个更好的方法是服务器扩展的方法。在 Java 平台上，服务器扩展是使用 Servlet API 编写的，服务器扩展模块称为 Web 容器（Container）。

Web 容器运行在 Web 服务器中，Web 容器负责装载和运行 Servlet 程序。Web 容器在整个 Web 应用系统中处于中间层的地位，如图 1-3 所示。

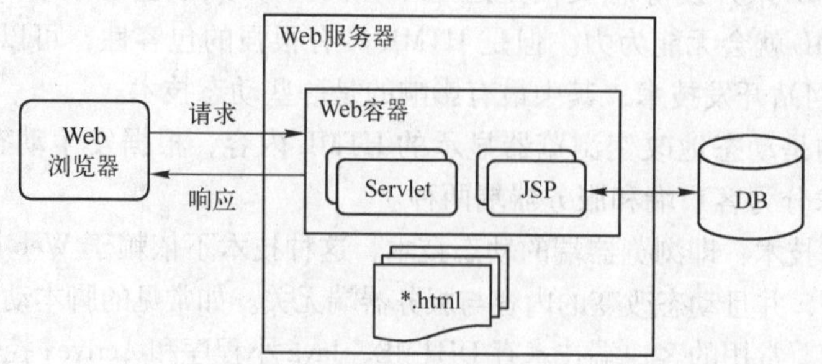

图 1-3　完整的 Web 组件示意图

图 1-3 中给出了 Web 应用系统的各种不同的组件构成，其中 HTML 文档存储在文件系统中，Servlet 和 JSP 运行在 Web 容器中，业务数据存储在数据库中。

浏览器向 Web 服务器发送请求。如果请求的目标是 HTML 文档，Web 服务器可以直接处理，将文档作为响应发给客户浏览器。如果请求的是 Servlet，Web 服务器将请求转发给 Web 容器，容器将查找并执行该 Servlet 产生动态输出。

Servlet 技术与 CGI 技术相比具有很多优点，如 Servlet 程序执行效率高、更容易使用、功能更强大、具有可移植性、开发的程序也更安全。尽管 Servlet 能够产生动态输出，但如果所有输出都使用 Servlet 编写，不但工作量非常巨大，当程序需要修改时也非常困难。因此，又推出了 JSP 技术，JSP 是一种动态页面技术，它是在 HTML 文档中嵌入 JSP 元素的 Web 页面。

3. 动态 Web 页面技术

在服务器端动态生成 Web 页面有多种方法。一种常见的实现动态文档的技术是在 Web 页面中嵌入某种语言的脚本，然后让服务器来执行这些脚本，以便生成最终发送给客户的页面。目前比较流行的技术有 JSP 技术、PHP 技术和 ASP. NET 技术。

JSP 是 JavaServer Pages 的缩写，含义是 Java 服务器页面，它与 PHP 非常相似，只不过页面中的动态部分是用 Java 语言编写的。

PHP（Hypertext Preprocessor）称为超文本预处理器，它是一种 HTML 内嵌式的语言。它的语法混合了 C、Java 和 Perl 的语法，可比 CGI 或 Perl 更快速地执行动态网页。为了使用 PHP，服务器必须能够理解 PHP，就好像浏览器必须能够理解 XML，才可以解释用 XML 编写的 Web 页面一样。

ASP（Active Server Page）称为活动的服务器页面，是 Microsoft 公司推出的一种开发动态 Web 文档的技术。它使用 Visual Basic Script 或 Jscript 脚本语言来生成动态内容。

1.1.5 客户端动态技术

CGI、JSP、PHP 和 ASP 脚本解决了处理表单，以及与服务器上的数据库进行交互的问题。它们都可以接收来自表单的信息，在一个或多个数据库中查找信息，然后利用查找的结果生成 HTML 页面。它们所不能做的是响应鼠标移动事件，或直接与用户交互。为了达到这个目的，有必要在 HTML 页面中嵌入脚本，而且这些脚本是在客户机上被执行的而不是在服务器上被执行的。

通常使用 JavaScript 结合 DOM 技术实现客户端动态 Web 文档技术。这里要注意，客户端动态文档的技术与服务器端动态文档的技术是完全不同的。对于采用服务器端动态文档技术的页面，代码是在服务器端执行的；对于采用客户端动态文档技术的页面，代码是在客户端执行的。

JavaScript 是一种广泛用于客户端开发的脚本语言，常用来给 HTML 网页添加动态功能。JavaScript 基于对象和事件驱动，使用 JavaScript 能够对页面中的所有元素进行控制，所以它非常适合于设计交互式页面。

JavaScript 可以被用来编写校验表单数据的代码。在表单数据被提交到服务器前，使用 JavaScript 来校验这些数据。JavaScript 还可以响应事件，可将 JavaScript 设置为当某事件发生时才会被执行，例如，页面载入浏览器后立即执行。

在 HTML 页面中通过 <script> 标签定义 JavaScript 脚本。<script> 标签内既可以包含脚本语句，也可以通过 src 属性指向外部脚本文件。

```
<script type = "text/javascript" src = "js/check. js" > </script>
```

下面的 HTML 页面嵌入了 JavaScript 脚本代码，实现对用户输入数据的校验。

【例 1-1】 register. html 页面。

```
<! DOCTYPE html>
<html>
<head>
<meta charset = "UTF - 8" >
<title>用户注册 </title>
<script language = "JavaScript" type = "text/javascript" >
  functioncheck(form){
    if(form. custName. value == ""){
      alert("客户名不能为空!");
      return false;
    }
    if(form. email. value. indexOf("@") == -1){
        alert("电子邮件中应包含@ 字符!");
        return false;
    }
    if(form. phone. value. length! = 8){
        alert("电话号码应是 8 位数字!");
        return false;
    }
  }
</script>
</head>
<body>
<form action = "/helloweb/register. do" method = "post" >
请输入客户信息:
<table>
<tr> <td>客户名:</td> <td> <input type = "text" name = "custName" id = "custName" >
</td>
</tr>
<tr> <td>邮箱地址:</td> <td> <input type = "text" name = "email" id = "email" > </td>
</tr>
<tr> <td>电话:</td> <td> <input type = "text" name = "phone" id = "phone" > </td>
</tr>
</table>
<input type = "submit" value = "确定" onclick = "return check(this. form)" >
<input type = "reset" value = "重置" >
</form>
</body> </html>
```

该页面通过 <script> 和 </script> 嵌入了 JavaScript 代码。这里定义了一个名为 check

的函数，然后在页面的表单中，通过表单提交按钮的 onclick 事件调用该函数，函数检查用户输入的数据，如果输入错误将弹出警告框。图 1-4 是该页面运行结果及邮箱地址输入错误时弹出的警告框。

图 1-4　register. html 页面运行结果

1.2　Tomcat 的安装与配置

Apache Tomcat 是 Apache 软件基金会（Apache Software Foundation，JSF）Jakarta 项目下免费的开源产品，是 Servlet 和 JSP 技术的实现。Tomcat 服务器的最新版本 Tomcat 8. 0. 20 实现了 Servlet 3. 0 和 JSP 2. 2 的规范，另外它本身具有作为 Web 服务器运行的能力，因此不需要一个单独的 Web 服务器。本书的所有程序都在 Tomcat 服务器中运行。

1. 2. 1　Tomcat 的安装与测试

可以到 http://tomcat. apache. org/网站下载各种版本的 Tomcat 服务器。可下载 Windows 可执行的安装文件或压缩文件。下面介绍 Tomcat 服务器在 Windows 7 平台上安装与配置的方法。

📖 在安装 Tomcat 8. 0 之前，要确保 JDK 已经安装成功，因为 Tomcat 是基于 JRE（Java Runtime Environment）工作的。由于本书用到 Java 8 的某些特性，所以 JDK 的版本应在 1. 8 以上。

假设下载的是 Windows 可执行的安装文件，文件名是 apache - tomcat - 8. 0. 24. exe，安装步骤如下。

1）双击安装文件，在出现的如图 1-5 所示的界面中选择安装类型。这里选择完全安装，在 Select the type of install 下拉列表框中选择 Full 选项，然后单击 Next 按钮，出现如图 1-6 所示的界面。这里要求用户输入服务器的端口号、管理员的用户名和口令。Tomcat 默认的端口号为 8080，管理员的用户名 admin，口令填为 12345。

2）单击 Next 按钮，在出现的界面中指定 Java 虚拟机的运行环境的安装路径，如图 1-7 所示。单击 Next 按钮，在接下来的对话框中指定 Tomcat 软件的安装路径，默认路径是 C:\Program Files（x86）\Apache Software Foundation\Tomcat 8. 0，该目录为 Tomcat 的安装目录，如图 1-8 所示。

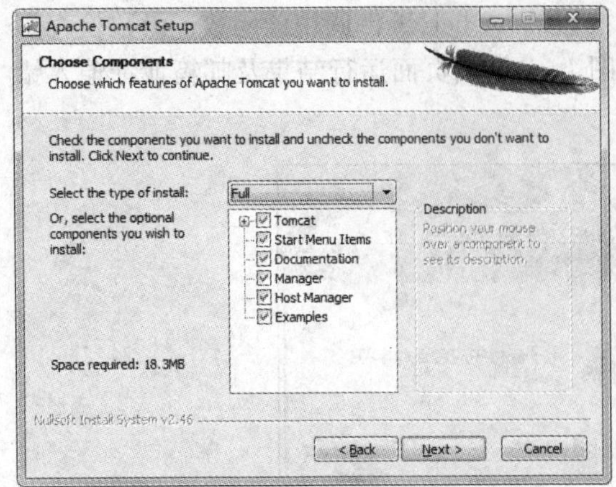

图 1-5　选择安装类型

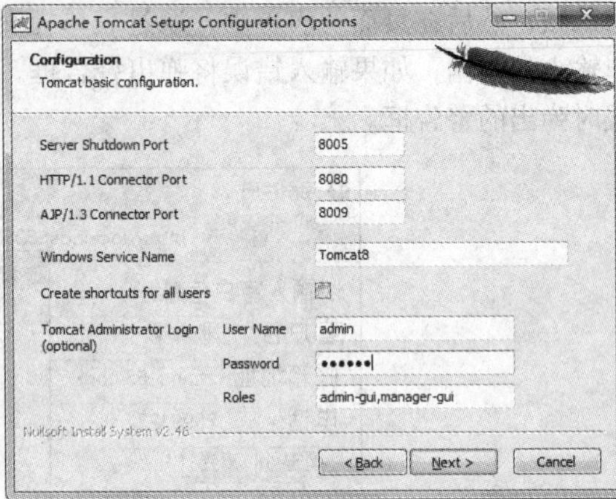

图 1-6　输入端口号、用户名和口令

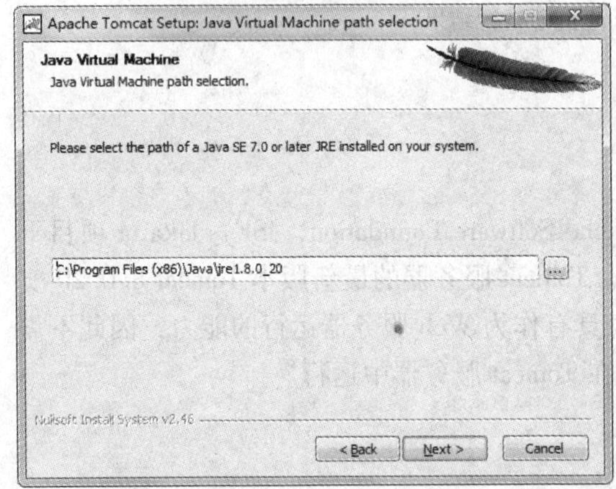

图 1-7　指定 Java 虚拟机安装路径

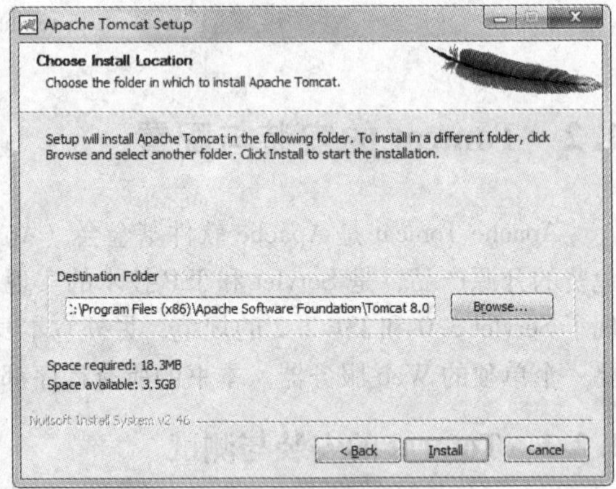

图 1-8　指定 Tomcat 软件安装路径

3）单击 Install 按钮，系统开始安装，在最后出现的窗口中单击 Finish 按钮，结束安装。

4）打开浏览器，在地址栏中输入 http://localhost:8080/，若能看到如图 1-9 所示的页面，说明 Tomcat 服务器工作正常。注意，Tomcat 默认端口为 8080，若在安装时指定了其他端口，应使用指定的端口号。

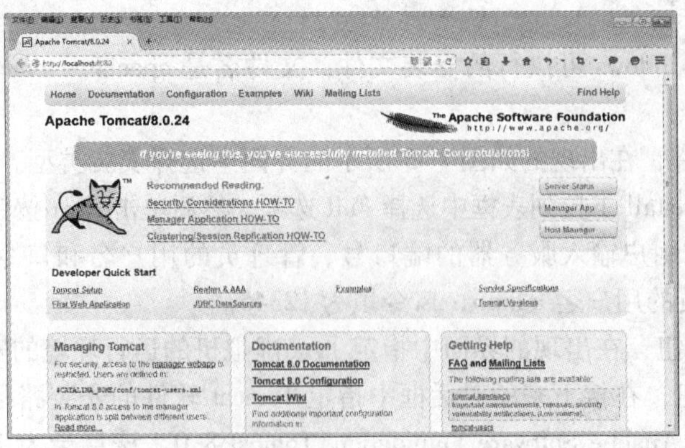

图 1-9　Tomcat 的欢迎页面

在该页面中提供了一些链接可以访问有关资源。如通过 Servlets Examples 和 JSP Examples 链接可以查看 Servlet 和 JSP 实例程序的运行，通过 Manager App 链接可以进入 Tomcat 管理程序等。

1.2.2 Tomcat 的安装目录

安装结束后，在 Tomcat 8.0 的安装目录下有几个文件夹，对于初学者而言，了解这些文件夹的用途是很有必要的。在以后诸如部署 Web 应用、配置虚拟主机等过程中会经常用到这几个文件夹。

表 1-2 描述了这 7 个子文件夹的具体作用。

表 1-2 Tomcat 8.0 的安装目录下的几个文件夹

文件夹名称	描　述
bin	存放启动和停止 Tomcat 服务器的脚本文件。如执行 tomcat7w. exe 可以打开一个对话框，在该对话框的 General 选项卡中，通过 Start 和 Stop 按钮可以启动和停止服务器
conf	存放 Tomcat 服务器的各种配置文件，其中包括 servler. xml、tomcat - users. xml 和 web. xml 等文件
lib	存放 Tomcat 服务器及所有 Web 应用程序都可以访问的库文件
logs	存放 Tomcat 的日志文件
temp	存放 Tomcat 运行时产生的临时文件
webapps	存放所有 Web 应用程序的根目录
work	存放 JSP 页面生成的 Servlet 源文件和字节码文件

这里，最重要的是/webapps 目录，该目录下存放着 Tomcat 服务器中所有的 Web 应用程序，如 examples、ROOT 等。其中，ROOT 目录是默认的 Web 应用程序，访问默认应用程序使用的 URL 为 http://localhost:8080/。

1.2.3 配置 Tomcat 的服务端口

在安装 Tomcat 时如果没有修改端口号，则默认的端口号为 8080。这样，在访问服务器资源时需要在 URL 中给出端口号。为了方便，可以将端口号修改为 80，这样就不用给出端口号了。编辑 Tomcat 的 conf\server. xml 文件，将 Connector 元素的 port 属性由 8080 改为 80，并重新启动服务器。在 server. xml 文件中，找到 Connector 元素，将其 port 属性值从 8080 改为 80，如下所示。

```
<Connector port = "80"  protocol = "HTTP/1.1"
                maxThreads = "150"  connectionTimeout = "20000"
                redirectPort = "8443"  />
```

修改了连接器的端口号后，再访问 Web 应用时就不用指定端口号了。

📖 如果计算机上安装了其他服务器，如 Apache 服务器，且使用 80 端口号，将发生冲突。此时，可以将 Tomcat 端口号改为其他值，如 8888。

1.2.4 Tomcat 的启动和停止

使用 Tomcat 服务器开发 Web 应用程序时，经常需要停止和重新启动 Tomcat 服务器。要重新启动和停止 Tomcat 服务器，可以通过 Tomcat 安装目录的 bin\tomcat8w. exe 工具实现。双击该文件，将打开 Apache Tomcat 属性对话框，该对话框主要用于设置 Tomcat 的各种属性，也可以用来方便地停止和重新启动 Tomcat。在 General 页面中，单击 Stop 按钮，可停止服务器，单击 Start 按钮，可启动服务器。

1.3 Eclipse 的安装与配置

Eclipse 是一个免费的、开放源代码的、基于 Java 的可扩展的开发平台。为适应不同软件开发，Eclipse 提供了多种软件包。为 Java 开发主要提供下面两个发行包：Eclipse IDE for Java Developers 和 Eclipse IDE for Java EE Developers。前者是为 Java 开发人员提供的最基础的开发工具，后者是 Java Web 开发和 Java 企业开发的工具。本书采用的是 Java EE 版本的 Eclipse。

1.3.1 安装与配置 Eclipse

Eclipse 的下载地址为 http://www. eclipse. org/downloads/。Eclipse 的各种发行版本都是通过压缩包的形式提供的，不需要进行特别的安装与配置，只需把 Eclipse 直接解压到硬盘中即可。这里，假设 Eclipse 被解压到 D:\eclipse 目录中。

🕮 运行 Eclipse 必须保证计算机先安装 Java 运行时的环境 JRE，否则在启动过程中会弹出一个对话框，提示无法找到 Java 运行环境。

直接运行解压目录中的 eclipse. exe 程序，即可启动 Eclipse。第一次运行 Eclipse 将显示一个欢迎界面，单击 Welcome 选项卡中的关闭按钮，就可以进入 Eclipse 开发环境，如图 1-10所示。

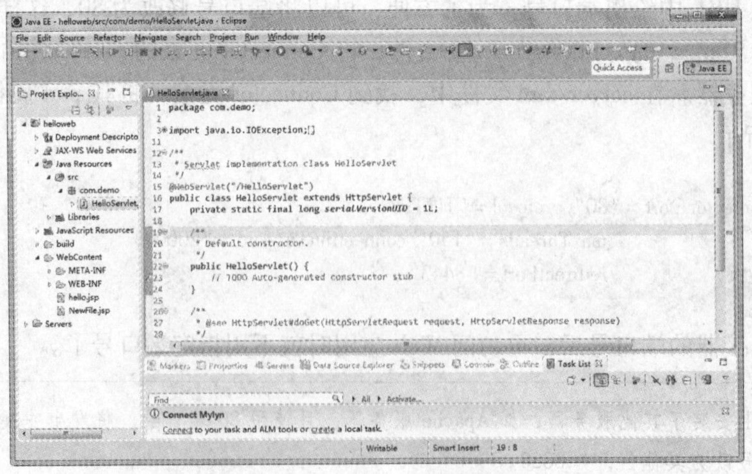

图 1-10　Eclipse 开发环境

主界面包括菜单、工具栏、视图窗口、编辑区及输出窗口等几个部分。为了适应不同开发者和不同开发内容的要求，Eclipse 提供了一个非常灵活的开发环境。整个控制台都可以进行任意定制，并可以针对不同的开发内容来进行定制。

启动 Eclipse 时首先弹出 Workspace Launcher 对话框，要求用户选择一个工作空间以存放项目文档，读者可自行设置自己的工作空间，这里将工作空间设置为 D:\workspace 目录，如图 1-11 所示。如果选择 Use this as the default and do not ask again 复选框，则下次启动 Eclipse时将不再显示设置工作空间对话框。

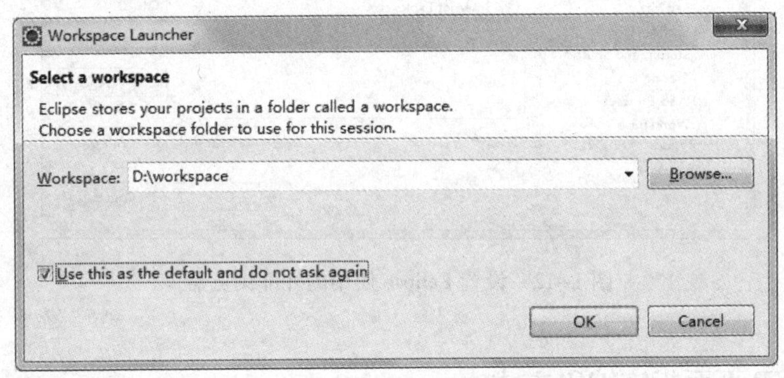

图 1-11　设置工作空间对话框

1.3.2　在 Eclipse 中配置 Tomcat 服务器

在 Java Web 开发中，通常需要通过 Eclipse 来管理 Tomcat，这样做的好处是可以方便地通过 Eclipse 来运行和调试 Web 应用程序。在 Eclipse 中配置 Tomcat 服务器的具体步骤如下。

1）选择 Window→Preferences 命令，在打开的窗口的左边列表框中选择 Server→Runtime Environments 选项。

2）单击窗口右侧的 Add 按钮，弹出 New Server Runtime Environmen 对话框，在该对话框中可选择服务器的类型和版本，这里使用的是 Apache Tomcat v 8.0。

3）单击 Next 按钮，进入 Tomcat Server 配置界面，在这个界面中可以设置服务器的名称、安装位置，以及运行时使用的 JRE。

4）单击 Finish 按钮，完成在 Eclipse 中配置 Tomcat 服务器，在后面的开发中就可以通过 Eclipse 控制 Tomcat 服务器了。

1.3.3　为 Eclipse 指定浏览器

默认情况下，Eclipse 使用自带的内部浏览器运行 Web 应用程序，开发人员也可以指定一个外部浏览器，具体步骤如下。

启动 Eclipse，选择 Window→Preferences 命令，打开 Preferences 窗口，再选择 General→Web Browser 选项，在窗口右侧区域选择 Use external web browser 单选按钮，然后在下面的外部浏览器列表中选择需要的浏览器，如图 1-12 所示。

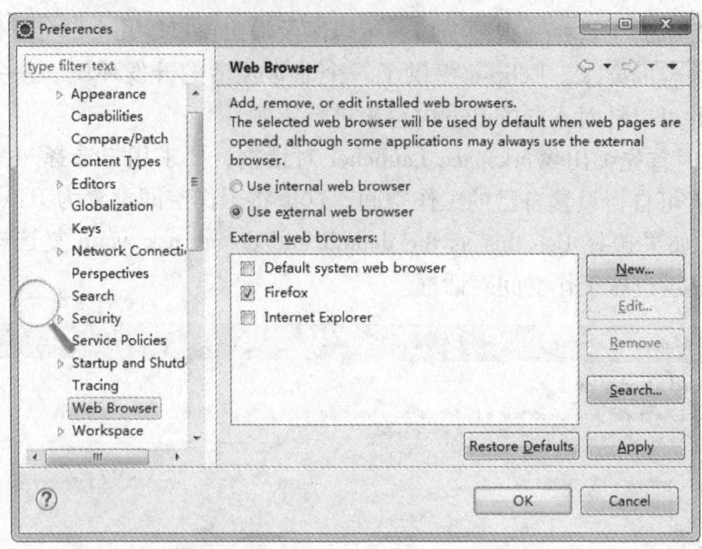

图 1-12　设置 Eclipse 使用的外部浏览器

1.3.4　为 JSP 页面指定编码方式

默认情况下，在 Eclipse 中创建的 JSP 页面使用的是 ISO－8859－1 编码。这种编码不支持中文字符集，在页面中使用中文时会出现乱码现象，所以需要指定一个中文字符集。指定 JSP 页面的编码方式的具体步骤如下。

在 Eclipse 中选择 Window→Preferences 命令，打开 Preferences 窗口，再选择 Web→JSP Files 选项。在打开的窗口右侧区域 Encoding 下拉列表框中选择 ISO 10646/Unicode(UTF－8) 选项，将 JSP 页面设置为 UTF－8，单击 OK 按钮，完成设置。

1.4　案例：动态 Web 项目的建立与部署

在 Eclipse 中可以创建 3 种 Web 项目：静态 Web 项目（Static Web Project）、动态 Web 项目（Dynamic Web Project）和 Web 片段项目（Web Fragment Project）。

🕮 由于在 Servlet 程序中要使用中文，所以应该先设置工作空间文本文件字符编码，选择 Windows→Preferences 命令，在打开的窗口中选择 General→Workspace 选项，在 Text file encoding 选项组中选择 UTF－8 选项。

1.4.1　动态 Web 项目的建立

下面讲解在 Eclipse 中创建一个名为 helloweb 的动态 Web 项目的详细步骤。

1）启动 Eclipse，选择 File→New→Dynamic Web Project 命令，弹出新建动态 Web 项目对话框。在 Project name 文本框中输入项目名，如 helloweb，下面的选项采用默认值即可，如图 1-13 所示。

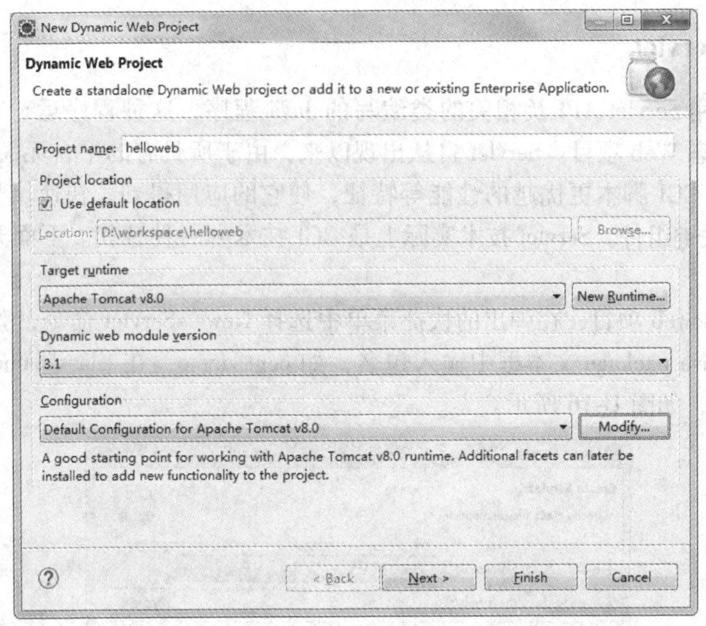

图 1-13　新建动态 Web 项目对话框

2）单击 Next 按钮，在弹出的对话框中可以指定源文件和编译后的类文件存放目录，这里保留默认的目录。

3）单击 Next 按钮，弹出 Web Module 对话框，在这里需要指定 Web 应用程序上下文根目录名称（helloweb）和 Web 内容存放的目录，这里采用默认值（WebContent）。如果选择 Generate web. xml deployment descriptor 复选框，则由 Eclipse 产生部署描述文件，如图 1-14 所示。

4）最后单击 Finish 按钮，结束项目的创建。Web 项目创建完成后，在 Eclipse 的项目浏览窗口中将显示项目的结构，如图 1-15 所示。其中，Java Resources 的 src 目录用来存放 Java 源文件。WebContent 目录用来存放其他的 Web 资源文件，如 JSP 页面、HTML 文档、图像文件和 CSS 文件等，在其中可以建立子目录分门别类地存放这些文件。WEB - INF 目录用来存放服务器使用的文件，如部署描述文件 web. xml、标签库文件，Web 应用使用的类库文件存放在 lib 目录中。

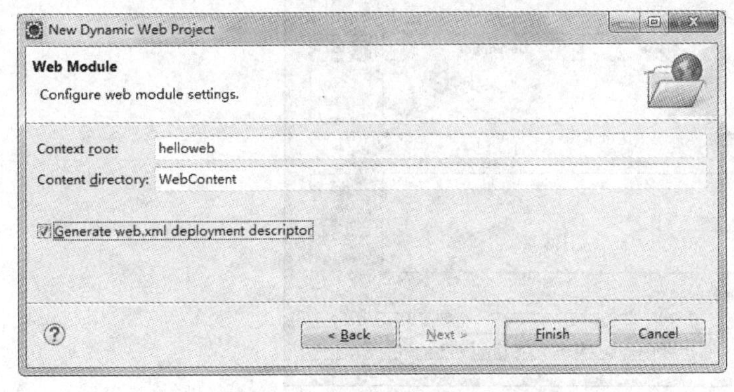

图 1-14　Web Module 对话框

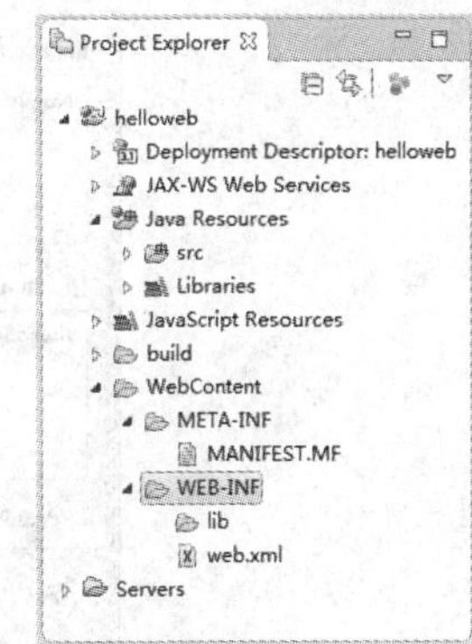

图 1-15　动态 Web 项目的结构

1.4.2 开发 Servlet

Servlet 是使用 Servlet API 及相关的类编写的 Java 程序，这种程序运行在 Web 容器中，主要用来实现动态 Web 项目。Servlet 自从出现以来，由于所具有的平台无关性、可扩展性，以及能够提供比 CGI 脚本更优越的性能等特征，使它的应用得到了快速增长，并成为 Java EE 应用平台的关键组件。Servlet 技术实际上是 CGI 技术的一种替代。下面开发一个简单的 Servlet 程序。

1）右击 helloweb 项目，在弹出的快捷菜单中选择 New→Servlet 命令，弹出 Create Servlet 对话框。在 Java package 文本框中输入包名，如 com. demo，在 Class name 文本框中输入类名 HelloServlet，如图 1-16 所示。

图 1-16　Create Servlet 对话框

2）单击 Next 按钮，弹出如图 1-17 所示的对话框。这里需要指定 Servlet 名称、初始化参数和 URL 映射名的定义。

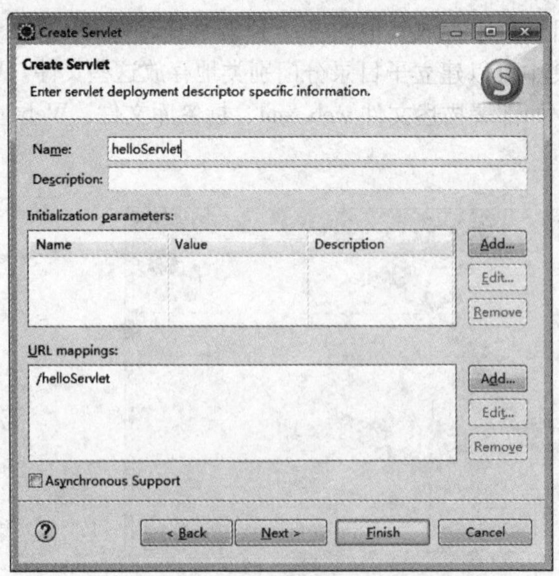

图 1-17　Servlet 映射配置对话框

这里，将 Servlet 名称修改为 helloServlet，将 URL 映射名称修改为/helloServlet. do。单击 Add 按钮为该 Servlet 添加新的映射名称，单击 Edit 按钮修改映射名称，单击 Remove 按钮删除映射名称。在 Initialization parameters 选项组中可以添加（Add）、编辑（Edit）和删除（Remove）Servlet 初始化参数。

3）单击 Next 按钮，在弹出的对话框中指定 Servlet 实现的接口及自动生成的方法，这里只保留 doGet( )方法。

4）单击 Finish 按钮，Eclipse 将生成该 Servlet 的部分代码并在编辑窗口中打开。该 Servlet 只显示静态文本，在 doGet( )方法中添加代码。

【例 1-2】 HelloServlet. java 程序完整代码。

```
package com. demo;
import java. io. IOException;
import java. io. PrintWriter;
import javax. servlet. ServletException;
import javax. servlet. annotation. WebServlet;
import javax. servlet. http. HttpServlet;
import javax. servlet. http. HttpServletRequest;
import javax. servlet. http. HttpServletResponse;

@WebServlet(name = "helloServlet", urlPatterns = { "/helloServlet. do" })
public class HelloServlet extends HttpServlet {
    protected void doGet(HttpServletRequest request, HttpServletResponse response)
                    throws ServletException, IOException {
    // 设置响应的内容类型
    response. setContentType("text/html;charset = UTF - 8");
    // 获取一个打印输出流对象
    PrintWriter out = response. getWriter();
    out. println("<html>");
    out. println("<head><title>第一个 Servlet 程序</title></head>");
    out. println("<body>");
    out. println("<h3 style = \"color:#0000ff\">Hello,World!</h3>");
    out. println("这是我的第一个 Servlet 程序。");
    out. println("</body>");
    out. println("</html>");
    }
}
```

从 Eclipse 生成的代码可以看到，HelloServlet 类继承了 HttpServlet，在该类中覆盖了 doGet 方法，其中获得响应对象，并向浏览器输出有关信息。

📖 如果生成的或输入的代码有错误，说明 Eclipse 找不到 Servlet 类库，添加 Servlet 类库的方法是：右击项目名称，在弹出的快捷菜单中选择 Build Path 命令，弹出 Configure Build Path 对话框，将 Servlet API 类库添加到项目中即可。在 Tomcat 中，Servlet API 包含在其安装目录的 lib/servlet - api. jar 文件中。

Servlet 作为 Web 应用程序的组件需要部署到容器中才能运行。在 Servlet 3. 0 之前需要在部署描述文件（web. xml）中部署，在支持 Servlet 3. 0 规范的 Web 容器中可以使用注解部

署 Servlet，如下面的代码所示。

```
@WebServlet(name = "helloServlet",urlPatterns = {"/helloServlet.do"})
```

这里使用@WebServlet 注解为该 Servlet 指定一个名称（helloServlet）和一个 URL 映射模式（/helloServlet.do），在浏览器中使用下面的 URL 可访问该 Servlet。

```
http://localhost:8080/helloweb/helloServlet.do
```

在 Eclipse 中右击代码部分，在弹出的快捷菜单中选择 Run As→Run on Server 命令，即可执行该 Servlet，Eclipse 打开内部浏览器访问该 Servlet，运行结果如图 1-18 所示。

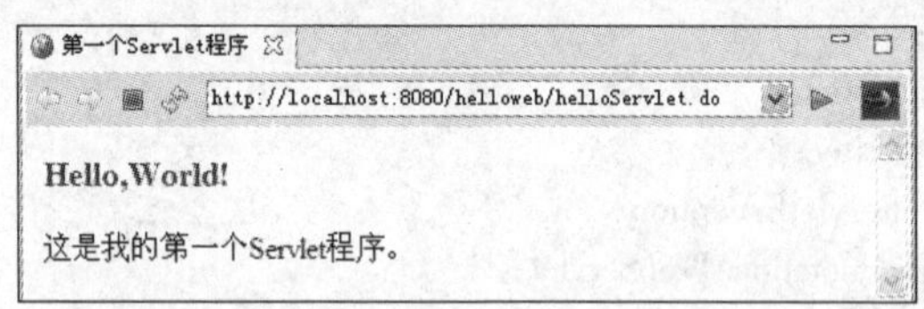

图 1-18　HelloServlet 的运行结果

1.4.3　开发 JSP 页面

JSP（JavaServer Pages）页面是在 HTML 页面中嵌入 JSP 元素的页面，这些元素称为 JSP 标签。JSP 元素具有严格定义的语法并包含完成各种任务的语法元素，比如声明变量和方法、JSP 表达式、指令和动作等。因此，JSP 页面是一个由主动的 JSP 标签和被动的 HTML 标签混合而成的 Web 页面。在运行时，Web 容器将 JSP 页面转换成页面实现类，执行后将结果发送给客户。与其他的 Web 页面一样，JSP 页面也有唯一的 URL，客户可以通过它访问该页面。下面是建立一个 JSP 页面的具体步骤。

1）右击 helloweb 项目的 WebContent 选项，在弹出的快捷菜单中选择 New→JSP File 命令，弹出 New JSP File 对话框。选择 JSP 页面存放的目录，这里为 WebContent。在 File name 文本框中输入文件名 hello.jsp，如图 1-19 所示。

图 1-19　New JSP File 对话框

2）单击 Next 按钮，弹出选择 JSP 模板对话框，从模板列表框中选择要使用的模板，这里选择 New JSP File（html）模板。

3）单击 Finish 按钮，Eclipse 创建 hello. jsp 页面并在工作区中打开该文件，可以在 <body>标签中插入代码。

【例 1-3】 hello. jsp 页面，代码如下。

```
<%@ page contentType = "text/html; charset = UTF - 8"  pageEncoding = "UTF - 8"% >
< html >
< head > < title >第一个 JSP 页面 </title >
</head >
< body >
    < h3 style = "color: #0000ff " > Hello,World!  </h3 >
    < p >这是我的第一个 JSP 页面。 </p >
</body >
</html >
```

要运行 JSP 页面，在编辑区中右击，在弹出的快捷菜单中选择 Run As→Run on Server 命令，即可执行该 JSP 页面，结果如图 1-20 所示。

图 1-20　hello. jsp 运行结果

📖 可修改 JSP 模板，选择 Windows→Preferences 命令，弹出 Preferences 对话框，在左边的树形列表中选择 Web→JSP Files→Editor→Templates 选项，选择要修改的模板，如 New JSP File(html)，单击 Edit 按钮，弹出 Edit Template 对话框，修改模板内容，然后保存即可。

1.4.4　Web 项目的部署

前面介绍的 Web 应用程序开发和运行是在 Eclipse 开发环境中完成的。实际上，一个 Web 应用程序开发完后，应该将其打包成 WAR 文件，然后部署到应用服务器中。

1）将项目导出到 WAR 文件中。在 Project Explore 视图的项目节点上右击，在弹出的快捷菜单中选择 Export→WAR file 命令，弹出 Export 对话框，在 Web project 文本框中输入项目名称，在 Destination 文本框中选择 WAR 文件的路径，最后单击 Finish 按钮即可。

2）将 WAR 文件部署到 Tomcat 服务器中。通常有两种方法，一是直接将导出的 WAR 文件复制到 Tomcat 安装目录的 webapps 目录中，Tomcat 服务器会自动将该文件部署到 webapps 目录，创建一个 Web 应用程序；二是使用 Tomcat 的部署工具将 WAR 文件部署到 Tomcat 服务器中。在浏览器地址栏输入 http://localhost:8080/manager/html，进入 Tomcat 管理控制台应用程序，输入管理员的用户名和密码，打开如图 1-21 所示的页面，拖动该页面右侧滚动条，在下面的 WAR file to deploy 选项组中单击浏览按钮，选择要部署的 WAR 文件，单击 Deploy 按钮，即可将 WAR 文件部署到 Tomcat 服务器中。

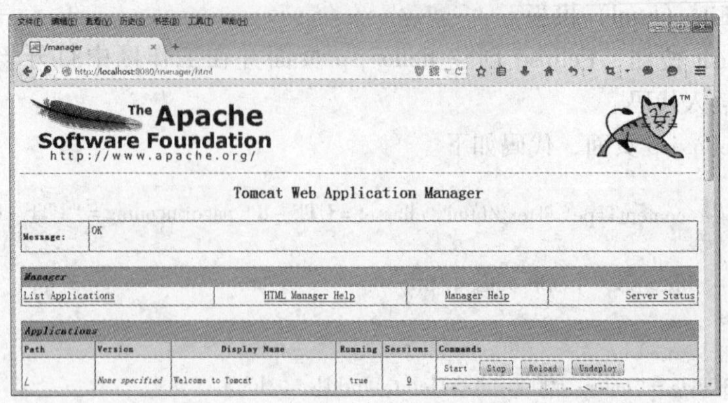

图 1-21　Tomcat 管理控制台

1.5　小结

本章介绍了 Web 工作原理及客户/服务器模型，主要内容包括 HTTP 协议、HTML、Web 服务器和浏览器，以及服务器端开发技术和客户端开发技术。

本章还介绍了 Tomcat 服务器的安装和配置、Eclipse 的安装和配置。最后，通过案例介绍了在 Eclipse 中如何创建动态 Web 项目，如何开发 Servlet 及 JSP 页面，以及如何部署 Web 项目。

通过本章的学习，读者应该了解 Web 的运行机制和基本概念，掌握 Java Web 开发环境的构建和配置，掌握动态 Web 项目的开发和部署。

1.6　习题

1. Web 应用中服务器和浏览器之间通信使用的协议是（　　）。

   A. TELNET　　B. FTP　　C. HTTP　　D. MAIL

2. 下面哪个是 URL？（　　）

   A. www. tsinghua. edu. cn　　B. http://www. baidu. com

   C. 121. 52. 160. 5　　D. /localhost:8080/webcourse

3. 下面哪个不是服务器页面技术？（　　）

   A. JSP　　B. ASP　　C. PHP　　D. JavaScript

4. Servlet 必须在什么环境下运行？（　　）

   A. 操作系统　　B. Java 虚拟机

   C. Web 容器　　D. Web 服务器

5. Web 项目打包后的文件扩展名是（　　）。

   A. JAR　　B. WAR　　C. EAR　　D. EXE

6. Tomcat 服务器默认的端口号是（　　）。

   A. 80　　B. 8080　　C. 127. 0. 0. 1　　D. 168

7. 关于 JavaScript 脚本代码，下列说法正确的是（　　）。

A. 只能在服务器端执行

B. 只能在客户端执行

C. 既能在服务器端执行，又能在客户端执行

D. JavaScript 脚本的语法与 Java 语言完全相同

8. 动态 Web 文档技术有哪些？服务器端动态文档技术和客户端动态文档技术有何不同？

9. 什么是 Web 容器？它的主要作用是什么？什么是 Servlet，它是如何执行的？

10. 在 Eclipse 中如何设置文本文件的字符编码？如何设置 JSP 页面使用的字符编码？如何修改 JSP 模板？

第 2 章　Servlet 基础

Servlet 是 Java Web 应用开发的基础，Servlet API 定义了若干接口和类。本章首先介绍编写 Servlet 所用到的 API，接下来讨论 Servlet 的生命周期，然后重点介绍请求和响应的处理，以及 ServletConext 对象的使用。本章还将介绍 Web 应用程序结构和部署描述文件的使用。

2.1　Servlet 接口与 HttpServlet 类

Servlet 规范提供了一个标准的、平台独立的框架，用于实现在 Servlet 和容器之间的通信。该框架是由一组 Java 接口和类组成的，它们称为 Servlet API。

Servlet 3.0 API 由以下 4 个包组成。

- javax.servlet 包，定义了开发独立于协议的服务器小程序的接口和类。
- javax.servlet.http 包，定义了开发采用 HTTP 协议通信的服务器小程序的接口和类。
- javax.servlet.annotation 包，定义了 9 个注解类型和 2 个枚举类型。
- javax.servlet.descriptor 包，定义了以编程方式访问 Web 应用程序配置信息的类型。

这 4 个包中的接口和类是开发 Servlet 需要了解的主要内容。下面重点介绍 Servlet 接口和 HttpServlet 类。

2.1.1　Servlet 接口

javax.servlet.Servlet 接口是 Servlet API 中的核心接口，每个 Servlet 必须直接或间接实现该接口。该接口定义了以下 5 个方法。

- public void init（ServletConfig config）：该方法由容器调用，完成 Servlet 初始化并准备提供服务。容器传递给该方法一个 ServletConfig 类型的参数。
- public void service（ServletRequest req，ServletResponse res）throwsServletException，IOException：对每个客户请求容器调用一次该方法，它允许 Servlet 为请求提供响应。
- public void destroy()：该方法由容器调用，指示 Servlet 清除本身、释放请求的资源并准备结束服务。
- public ServletConfig getServletConfig()：返回关于 Servlet 的配置信息，如传递给 init() 的参数。
- public String getServletInfo()：返回关于 Servlet 的信息，如作者、版本及版权信息。

2.1.2　HttpServlet 类

HttpServlet 抽象类用来实现针对 HTTP 协议的 Servlet，它扩展了 GenericServlet 类，该类实现了 Servlet 接口和 ServletConfig 接口，提供了 Servlet 接口中除了 service() 方法外的所有方法的实现，同时增加了支持日志的方法。可以扩展该类并实现 service() 方法来创建任何类型的 Servlet。HttpServlet 类与其他接口和类的层次关系如图 2-1 所示。

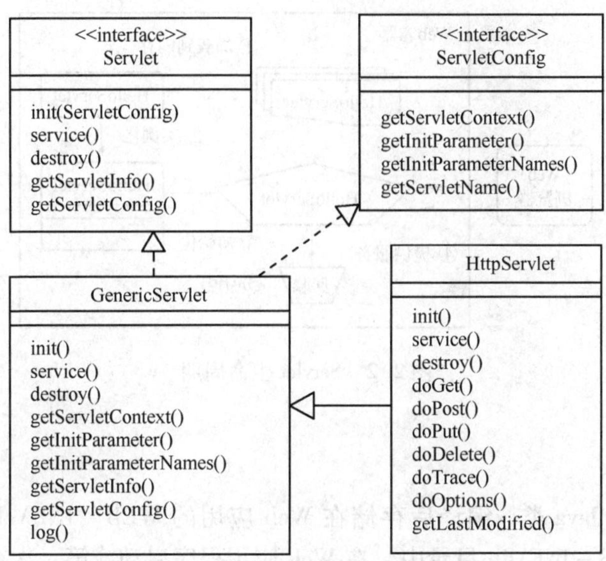

图 2-1 Servlet 接口和类的层次关系

在 HttpServlet 类中增加了一个新的 service()方法，格式如下。

```
protected void service (HttpServletRequest,HttpServletResponse)
                    throws ServletException,IOException
```

该方法是 Servlet 向客户请求提供服务的一个方法，所编写的 Servlet 可以覆盖该方法。此外，在 HttpServlet 中针对不同的 HTTP 请求方法定义了不同的处理方法，如处理 GET 请求的 doGet()方法，格式如下。

```
protected void doGet(HttpServletRequest,HttpServletResponse)
                    throws ServletException,IOException
```

这里编写的 Servlet 通常覆盖 doGet()方法或 doPost()方法。

init (ServletConfig config) 方法的参数是 ServletConfig 对象，ServletConfig 接口为用户提供了有关 Servlet 的配置信息。Servlet 配置包括 Servlet 名称、Servlet 上下文对象和 Servlet 初始化参数等。

service()方法的参数是 HttpServletRequest 对象和 HttpServletResponse 对象。HttpServletRequest 接口扩展了 ServletRequest 接口并提供了针对 HTTP 的请求操作方法，如定义了从请求对象中获取 HTTP 请求头、Cookie 等信息的方法。

HttpServletResponse 接口扩展了 ServletResponse 接口并提供了针对 HTTP 的发送响应的方法，它定义了为响应设置如 HTTP 头、Cookie 等信息的方法。

2.2 Servlet 生命周期

Servlet 是一种在 Web 容器中运行的组件，有一个从创建到销毁的过程，这个过程被称为 Servlet 生命周期，包括 5 个阶段，如图 2-2 所示。

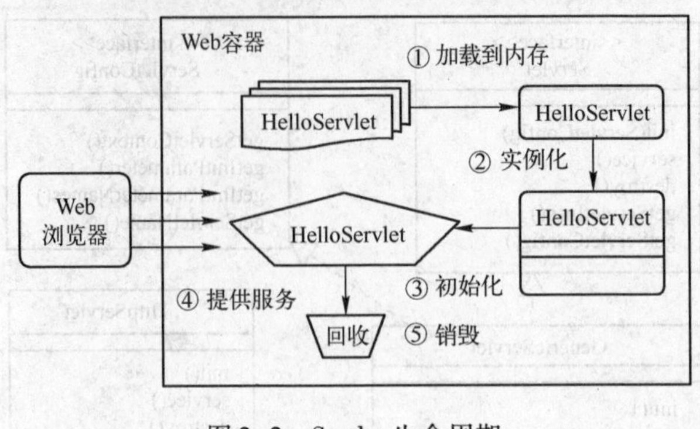

图 2-2　Servlet 生命周期

2.2.1　类加载

Servlet 是普通的 Java 类，编译后存储在 Web 应用的 WEB - INF\classes 目录或打包成 JAR 文件存储在 WEB - INF\lib 目录中。在 Web 应用程序启动或第一次被访问时，应用程序的类加载程序（Class Loader）将查找 Servlet 类文件，找到后将字节码加载到内存中。

2.2.2　Servlet 实例化

Servlet 加载到内存中后，容器将调用类的默认构造方法创建一个实例，因此在编写 Servlet 类时要么提供一个默认构造方法，要么由编译器提供。容器通常使用 Class 类的 newInstance()方法创建 Servlet 实例。

2.2.3　Servlet 初始化

创建 Servlet 实例后，容器将调用 init（ServletConfig）方法对 Servlet 初始化。容器将创建一个 ServletConfig 实例并作为参数传递给 init()方法，ServletConfig 对象包含了 Servlet 初始化参数。调用 init（ServletConfig）后，容器将调用无参数的 init()方法，之后 Servlet 就完成初始化。在 Servlet 生命周期中，init()方法仅被调用一次。

可以在应用程序启动时加载并初始化每个 Servlet，这称为预加载和预初始化。可以使用 @ WebServlet 注解的 loadOnStartup 元素或 web. xml 文件的 <load - on - startup>元素指定当应用程序启动时加载并初始化 Servlet。也可以在 Servlet 第一次被请求时才对它初始化，这称为延迟加载（Lazy Loading）。这种初始化的优点是可以大大提高应用程序的启动时间。但缺点是，如果在 Servlet 初始化时要完成很多任务（如从数据库中读取数据），则发送第一个请求的客户等待时间可能会很长。

2.2.4　为客户提供服务

在 Servlet 初始化后，它就准备为客户提供服务。当容器接收到对 Servlet 的请求时，容器根据请求 URL 找到正确的 Servlet，容器首先创建两个对象，一个是请求对象，一个是响应对象。然后创建一个新的线程，在该线程中调用 service()方法，同时将请求对象和响应对象作为参数传递给该方法。容器要调用两个 service()方法，一个是从 GenericServlet 类继承来的，格式如下。

```
public void service(ServletRequest,HttpServletResponse)
```

之后，调用 HttpServlet 类的 service()方法，格式如下。

```
protected void service(HttpServletRequest,HttpServletResponse)
```

接下来 service()将检查 HTTP 请求的类型（GET、POST 等）来决定调用 Servlet 的 doGet()方法或 doPost()方法。显然，有多少个请求，容器将创建多少个线程。

在 HttpServlet 类中为不同的 HTTP 方法定义了不同的 doXxx()方法，但使用最多的是 doGet()方法和 doPost()方法。

Servlet 可以使用响应对象获得输出流对象，通过输出流对象将响应发送给客户浏览器。但 Servlet 通常作为控制器执行业务逻辑而不向客户直接输出响应，向客户发送响应则由 JSP 实现。

2.2.5 Servlet 销毁

当容器决定不再需要 Servlet 实例时，它将在 Servlet 实例上调用 destroy()方法，Servlet 在该方法中释放资源，如它在 init()中获得的数据库连接。一旦该方法被调用，Servlet 实例不能再提供服务。Servlet 实例从该状态仅能进入卸载状态。在调用 destroy()方法之前，容器会等待其他执行 Servlet 的 service()方法的线程结束。

一旦 Servlet 实例被销毁，它将作为垃圾被回收。如果 Web 容器关闭，Servlet 也将被销毁和卸载。

2.3 Web 应用程序与 DD 文件

本节主要介绍什么是 Web 应用程序及 Web 应用程序结构，同时还将介绍部署描述文件（简称 DD 文件）的作用和元素使用。

2.3.1 Web 应用程序

Web 应用程序是一种可以通过 Web 访问的应用程序。Web 应用程序的一个最大好处是用户很容易访问应用程序。用户只需要有浏览器即可，不需要再安装其他软件。

一个 Web 应用程序是由完成特定任务的各种 Web 组件构成的，并通过 Web 将服务展示给外界。在实际应用中，Web 应用程序是由多个 Servlet、JSP 页面、HTML 文件及图像文件等组成的。所有这些组件相互协调，为用户提供一组完整的服务。

2.3.2 应用服务器

Web 应用程序驻留在应用服务器上。应用服务器为 Web 应用程序提供一种简单的、可管理的对系统资源的访问机制。它也提供低级的服务，如 HTTP 协议的实现和数据库连接管理。Web 容器仅仅是应用服务器的一部分。除了 Web 容器外，应用服务器还可能提供其他的 Java EE（Enterprise Edition）组件，如 EJB 容器、JNDI 服务器及 JMS 服务器等。

有多种类型的应用服务器，常用的有 Tomcat 、Jetty、Resin、JRun、JBoss、Oracle 的 WebLogic 和 IBM 的 WebSphere 等。其中有些如 WebLogic、WebSphere 等，不仅仅是 Web 容器，它们也提供对 EJB、JMS 及其他 Java EE 技术的支持。

2.3.3 Web 应用程序结构

Web 应用程序具有严格定义的目录结构。一个 Web 应用程序的所有资源被保存在一个结构化的目录中，目录结构是按照资源和文件的位置严格定义的。

Tomcat 服务器的 webapps 目录是所有 Web 应用程序的根目录。假如有一个名为 helloweb 的 Web 应用程序，在 webapps 中就应建立一个 helloweb 目录。图 2-3 是 helloweb 应用程序的一个可能的目录结构。

```
helloweb
  ├css（存放级联样式表文件）
  ├html（存放HTML文件）
  ├images（存放GIF、JPEG或PNG文件）
  ├js（存放JavaScript脚本文件）
  ├jsp（存放JSP文件）
  ├index.html（默认的欢迎文件）
  ├WEB-INF
  ├classes（类文件目录）
  ├lib（库文件目录）
     ├web.xml（部署描述文件）
```

图 2-3　Web 应用程序的目录结构

1. 文档根目录

每个 Web 应用程序都有一个文档根目录（Document Root），它是应用程序所在的目录。图 2-3 所示的 helloweb 目录就是 helloweb 应用程序的文档根目录。应用程序所有可以被公开访问的文件（如 Java Applet）都应该放在该目录或其子目录中。通常把该目录中的文件组织在多个子目录中。例如，HTML 文件存放在 html 目录中，JSP 页面存放在 jsp 目录中，而图像文件存放在 images 目录中，这样方便对 Web 应用程序中的文件进行管理。

假设服务器主机名为 www.myserver.com，如果要访问 helloweb 应用程序根目录下的 index.html 文件，应该使用下面的 URL。

```
http://www.myserver.com/helloweb/index.html
```

如果要访问 html 目录中的/hello.html 文件，应该使用下面的 URL。

```
http://www.myserver.com/helloweb/html/hello.html
```

2. WEB-INF 目录

每个 Web 应用程序在它的根目录中都必须有一个 WEB-INF 目录。该目录中主要存放供服务器访问的资源。尽管该目录物理上位于文档根目录中，但不应将它看作文档根目录的一部分，也就是说，在 WEB-INF 目录中的文件并不为客户服务。该目录主要包含以下 3 个内容。

（1）classes 目录

classes 目录存放支持该 Web 应用程序的类文件，如 Servlet 类文件、JavaBeans 类文件等。在运行时，容器自动将该目录添加到类路径中。

（2）lib 目录

lib 目录存放 Web 应用程序使用的全部 JAR 文件，包括第三方的 JAR 文件。例如，如果一个 Servlet 使用 JDBC 连接数据库，JDBC 驱动程序 JAR 文件应该存放在这里。也可以把应用程序所用到的类文件打包成 JAR 文件存放到该目录中。在运行时，容器自动将该目录中的所有 JAR 文件添加到类路径中。

（3）web. xml 文件

每个 Web 应用程序都必须有一个 web. xml 文件。它包含 Web 容器运行 Web 应用程序所需要的信息，如 Servlet 声明、映射、属性、授权及安全限制等。将在下节详细讨论该文件。

在 Web 应用程序中，可能需要阻止用户访问一些特定资源而允许容器访问它们。为了保护这些资源，可以将它们存储在 WEB - INF 目录中。在这些目录中的文件对容器是可见的，但不能为客户提供服务。

3. Web 归档文件

一个 Web 应用程序包含许多文件，可以将这些文件打包成一个扩展名为 . war 的文件，一般称为 WAR 文件。WAR 文件主要是为了方便 Web 应用程序在不同系统之间的移植。例如，可以直接把一个 WAR 文件放到 Tomcat 的 webapps 目录中，Tomcat 会自动把该文件的内容释放到 webapps 目录中，并创建一个与 WAR 文件同名的应用程序。

创建一个 WAR 文件很简单。在 Eclipse IDE 中可直接将项目导出到一个 WAR 文件，然后可以将该文件部署到服务器中。

🕮 还可以使用 Java 的 jar 工具将一个 Web 应用程序导出到 WAR 文件。在命令行提示符下进入 Web 应用程序根目录（如 helloweb 应用程序），然后使用 jar - cvf helloweb. war * 命令即可将 Web 应用程序导出到 helloweb. war 文件。

---

4. 默认的 Web 应用程序

除用户创建的 Web 应用程序外，Tomcat 服务器还维护一个默认的 Web 应用程序。Tomcat 安装目录的\webapps\ROOT 目录被设置为默认的文档根目录。它与其他的 Web 应用程序类似，只不过访问它的资源不需要指定应用程序的名称或上下文路径。访问默认 Web 应用程序的 URL 为：http://localhost:8080/。

2. 3. 4 部署描述文件

Web 应用程序中包含多种组件，有些组件可使用注解配置，有些组件需要使用部署描述文件配置。部署描述文件（Deployment Descriptor，DD）可用来初始化 Web 应用程序的组件。Web 容器在启动时读取该文件，对应用程序进行配置，所以有时也将该文件称为配置文件。下面是一个简单的部署描述文件 web. xml。

【例 2-1】 web. xml 文件，代码如下。

```
<? xml version = "1. 0"  encoding = "ISO - 8859 - 1"? >
<web - app xmlns = "http://xmlns. jcp. org/xml/ns/javaee"
        xmlns:xsi = "http://www. w3. org/2001/XMLSchema - instance"
        xsi:schemaLocation = "http://xmlns. jcp. org/xml/ns/javaee
                http://xmlns. jcp. org/xml/ns/javaee/web - app_3_1. xsd"
    version = "3. 1"    metadata - complete = "true" >
  <description > Servlet and JSP Examples. </description >
```

```
    <display-name>Servlet and JSP Examples</display-name>
    <welcome-file-list>
        <welcome-file>index.html</welcome-file>
        <welcome-file>index.jsp</welcome-file>
    </welcome-file-list>
</web-app>
```

DD 文件是一个 XML 文件。与所有的 XML 文件一样，该文件的第一行是声明，通过 version 属性和 encoding 属性指定 XML 的版本及所使用的字符集。下面所有的内容都包含在 <web-app>和</web-app>元素中，它是 DD 文件的根元素，其他所有元素都应该在这里对元素内部声明。

在<web-app>元素中指定了 5 个属性。xmlns 属性声明了 web.xml 文件命名空间的 XML 模式文档的位置；xmlns：xsi 属性指定了命名空间的实例；xsi：schemaLocation 属性指定了模式的位置；version 指定了模式的版本；metadata-complete 指定了是否可在源程序中使用注解，true 表示注解无效。对使用 Servlet 3.0 和 JSP 2.2 特征的 Web 应用程序，应该使用上述声明。

🕮 如果在 DD 中指定了 metadata-complete="true"，则所有 Web 组件（Servlet、Filter 和监听器）中指定的注解将无效，必须使用 DD 文件配置 Servlet。

下面讨论<web-app>的常用子元素的定义。

1. DD 文件的 DTD 定义

部署描述文件的文档类型定义（Document Type Definition，DTD）的标准规定了文档的语法和标签的规则，这些规则包括一系列的元素和实体声明。下面列出了<web-app>元素的 DTD 定义，这里仅给出常用元素。

```
<!ELEMENT web-app (description?,display-name?,icon?,distributable?,context-param*,filter*,filter-mapping*,listener*,servlet*,servlet-mapping*,session-config?,welcome-file-list?,error-page*,jsp-config*,security-constraint*,login-config?,security-role* )>
```

定义中<web-app>元素是部署描述文件的根元素，其他是<web-app>的子元素。有的元素还有子元素。每个元素都有起始元素和结束元素。

在 DTD 定义中，带问号（?）元素可以出现 0 次或 1 次，带星号（*）元素可以出现 0 次或多次，带加号（+）元素可以出现 1 次或多次，不带符号元素只能出现 1 次。

2. <servlet>元素

为 Web 应用程序定义一个 Servlet，它的 DTD 定义如下。

```
<!ELEMENT servlet (description?,icon?,display-name?,servlet-name,(servlet-class | jsp-file),
                    init-param*,load-on-startup?)>
```

下面代码展示了<servlet>元素的一个典型应用。

```
<servlet>
```

```
        <servlet-name>helloServlet</servlet-name>
        <servlet-class>com.demo.HelloServlet</servlet-class>
        <load-on-startup>2</load-on-startup>
    </servlet>
```

上面的 Servlet 定义告诉容器用 com. demo. HelloServlet 类创建一个名为 helloServlet 的 Servlet。<servlet-name>元素用来定义 Servlet 名称，该元素是必选项。定义的名称在 DD 文件中应该唯一。可以通过 ServletConfig 的 getServletName()方法检索 Servlet 名称。<servlet-class>元素定义 Servlet 类的完整名称，例如 com. demo. HelloServlet。容器将使用该类创建 Servlet 实例。这里也可以使用<jsp-file>元素指定一个 JSP 文件代替<servlet-class>元素。

🕮 可以使用相同的 Servlet 类定义多个 Servlet，如上面的实例中，可以使用 HelloServlet 类定义另一个名为 welcomeServlet 的 Servlet。这样容器将使用一个 Servlet 类创建多个实例，每个实例有一个名称。

<load-on-startup>指定是否在 Web 应用程序启动时载入该 Servlet。一般情况下，Servlet 是在被请求时由容器装入内存的，也可以使 Servlet 在 Web 容器启动时就装入内存。<load-on-startup>元素的值是一个整数。如果没有指定该元素或其内容为一个负数，容器将根据需要决定何时装入 Servlet；如果其内容为一个正数，则在 Web 应用程序启动时载入该 Servlet。对不同的 Servlet，可以指定不同的值，这可以控制容器装入这些 Servlet 的顺序，值小的先装入。

3. <servlet-mapping>元素

<servlet-mapping>元素定义一个映射，它指定哪个 URL 模式被该 Servlet 处理。容器使用这些映射根据实际的 URL 访问合适的 Servlet。下面是<servlet-mapping>元素的 DTD 定义。

```
<!ELEMENT servlet-mapping (servlet-name,url-pattern)>
```

<servlet-name>元素应该是使用<servlet>元素定义的 Servlet 名，而<url-pattern>可以包含要与该 Servlet 关联的模式字符串。如下面的代码所示。

```
<servlet-mapping>
    <servlet-name>helloServlet</servlet-name>
    <url-pattern>/helloServlet.do</url-pattern>
</servlet-mapping>
```

对于上面的映射定义，如果一个请求 URL 串与/helloServlet. do 匹配，容器将使用名为 helloServlet 的 Servlet 为用户提供服务。例如，下面的 URL 就与上面的 URL 模式匹配。

```
http://www.myserver.com/helloweb/helloServlet.do
```

一个请求 URL 可以由多个部分组成，如图 2-4 所示。

图 2-4　一个典型的 URL 的组成

URL 第一部分包括协议、主机名和可选的端口号，第二部分是请求 URI，它是以斜杠“/”开头，到查询串结束，第三部分是查询串。

请求 URI 的内容可以使用 HttpServletRequest 的 getRequestURI( )方法得到，查询串的内容可以使用 getQueryString( )方法得到。

在 <url－pattern>中可以有 3 种形式指定 URL 映射。

1）目录匹配。以斜杠“/”开头，以“/＊”结尾的形式。例如下面的映射将把任何在 Servlet 路径中以/helloServlet/hello/字符串开头的请求都发送到 helloServlet。

```
<servlet-mapping>
    <servlet-name>helloServlet</servlet-name>
    <url-pattern>/helloServlet/hello/*</url-pattern>
</servlet-mapping>
```

2）扩展名匹配。以星号“＊.”开始，后接一个扩展名（如＊.do 或＊.pdf 等）。例如，下面的映射将把所有以.pdf 结尾的请求发送到 pdfGeneratorServlet。

```
<servlet-mapping>
    <servlet-name>pdfGeneratorServlet</servlet-name>
    <url-pattern>*.pdf</url-pattern>
</servlet-mapping>
```

3）精确匹配。所有其他字符串都作为精确匹配。例如下面的映射。

```
<servlet-mapping>
    <servlet-name>reportServlet</servlet-name>
    <url-pattern>/report</url-pattern>
</servlet-mapping>
```

容器将把 http://www.myserver.com/helloweb/report 请求送给 reportServlet。然而，并不会把请求 http://www.myserver.com/helloweb/report/sales 发送给 reportServlet。

4. <welcome－file－list>元素

在 Web 服务器中，如果访问的 URL 是目录，并且没有特定的 Servlet 与这个 URL 模式匹配，那么它将在该目录中首先查找 index.html 文件，如果找不到将查找 index.jsp 文件，这些文件称为欢迎文件。如果找到上述文件，将该文件返回给客户；如果找不到（包括目录也找不到），将向客户发送 404 错误信息。

假设有一个 Web 应用程序，默认的欢迎页面是 index.html，还有一些目录都有自己的欢迎页面，如 default. jsp。可以在 DD 文件 < web - app > 元素中使用 < welcome - file - list > 元素指定欢迎页面的查找列表，代码如下所示。

```
<welcome-file-list>
    <welcome-file>index.html</welcome-file>
    <welcome-file>index.jsp</welcome-file>
    <welcome-file>default.jsp</welcome-file>
</welcome-file-list>
```

经过上述配置，如果客户使用目录访问该应用程序，Tomcat 将在指定的目录中按 < welcome - file > 指定的文件的顺序查找文件，如果找到，则把该文件发送给客户。

2.3.5 @WebServlet 注解

在 Servlet 3.0 中可以使用@ WebServlet 注解定义 Servlet，而不需要在 web. xml 文件中定义。该注解属于 javax. servlet. annotation 包，因此在定义 Servlet 时应使用下列语句导入。

```
import javax.servlet.annotation.WebServlet;
```

下面一行是为 HelloServlet 添加的注解。

```
@WebServlet(name = "HelloServlet", urlPatterns = {"/hello.do"})
```

这里，使用@ WebServlet 注解 name 元素指定 Servlet 名称，urlPatterns 元素指定访问该 Servlet 的 URL。注解在应用程序启动时被 Web 容器处理，容器根据具体的元素配置将相应的类部署为 Servlet。如果为 Servlet 指定了注解，就无需在 web. xml 文件中定义该 Servlet，但需要将 web. xml 文件中根元素 < web - app > 的 metadata - complete 属性值设置为 false。@ WebServlet 注解包含多个元素，它们与 web. xml 中的对应元素等价，如表 2-1 所示。

表 2-1 @WebServlet 注解的常用元素

元 素 名	类 型	说 明
name	String	指定 Servlet 名称，等价于 web. xml 中的 < servlet - name > 元素。如果没有显式指定，则使用 Servlet 的完全限定名作为名称
urlPatterns	String[ ]	指定一组 Servlet 的 URL 映射模式，该元素等价于 web. xml 文件中的 < url - pattern > 元素
value	String[ ]	该元素等价于 urlPatterns 元素。两个元素不能同时使用
loadOnStartup	int	指定该 Servlet 的加载顺序，等价于 web. xml 文件中的 < load - on - startup > 元素
initParams	WebInitParam[ ]	指定 Servlet 的一组初始化参数，等价于 < init - param > 元素
asyncSupported	boolean	声明 Servlet 是否支持异步操作模式，等价于 web. xml 文件中的 < async - supported > 元素
description	String	指定该 Servlet 的描述信息，等价于 < description > 元素
dispalyName	String	指定该 Servlet 的显示名称，等价于 < display - name > 元素

@WebInitParam 注解通常不单独使用，而是配合@ WebServlet 和@ WebFilter 使用，它的主要作用是为 Servlet 或 Filter 指定初始化参数，它等价于 web. xml 文件中 <servlet> 和 <filter> 元素的 <init-param> 子元素。@ WebInitParam 注解的常用元素如表 2-2 所示。

表 2-2　@WebInitParam 注解的常用元素

元 素 名	类 型	说 明
name	String	指定初始化参数名，等价于 <param-name> 元素
value	String	指定初始化参数值，等价于 <param-value> 元素
description	String	关于初始化参数的描述，等价于 <description> 元素

在 Servlet 3. 0 中定义的注解类型还有很多，将在后面的章节中进行介绍。

2. 4　处理 HTTP 请求

2. 4. 1　HTTP 请求结构

由客户向服务器发出的消息称为 HTTP 请求（HTTP request）。HTTP 请求通常包括请求行、请求头、空行和请求的数据。图 2-5 是一个典型的 POST 请求。

1. 请求行

HTTP 的请求行由 3 部分组成：方法名、请求资源的 URI 和 HTTP 版本。这 3 部分用空格分隔。图 2-5 所示的请求行中，方法为 POST，资源的 URI 为/helloweb/selectProduct. do，使用的协议与版本为 HTTP/1. 1。

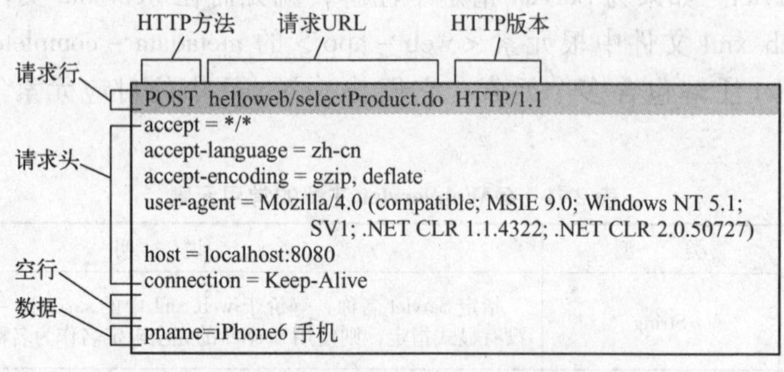

图 2-5　一个典型的 POST 请求消息

2. 请求头

请求行之后的内容称为请求头（Request Header），它可以指定请求使用的浏览器信息、字符编码信息及客户能处理的页面类型等。

接下来是一个空行。空行的后面是请求的数据。如果是 GET 请求，可能不包含请求数据。

3. HTTP 的请求方法

请求行中的方法名指定了客户请求服务器完成的动作。HTTP 1. 1 版本共定义了 8 个方法，如表 2-3 所示。

表 2-3　HTTP 的请求方法

方　法	说　明	方　法	说　明
GET	请求读取一个 Web 页面	DELETE	移除 Web 页面
POST	请求向服务器发送数据	TRACE	返回收到的请求
PUT	请求存储一个 Web 页面	OPTIONS	查询特定选项
HEAD	请求读取一个 Web 页面的头部	CONNECT	保留作将来使用

4. GET 方法和 POST 方法

在所有的 HTTP 请求方法中，GET 方法和 POST 方法是两种最常用的方法。GET 方法用来检索资源。它的含义是“获得（get）由该 URI 标识的资源”。GET 方法请求的资源通常是被动资源，使用 GET 也可以请求主动资源，但一般要提供少量的请求参数。

POST 方法用来向服务器发送需要处理的数据，它的含义是“将数据发送（post）到由该 URI 标识的主动资源”。POST 方法只能请求动态资源，如将表单数据发给程序处理。注意，在 GET 请求中，请求参数是请求 URI 的一部分，在 POST 请求中，请求参数是在消息体中发送的。表 2-4 比较了 GET 方法和 POST 方法的不同。

表 2-4　GET 和 POST 方法的比较

特　征	GET 方法	POST 方法
资源类型	主动的或被动的	主动的
数据类型	文本	文本或二进制数据
数据量	一般不超过 255 个字符	没有限制
可见性	数据是 URL 的一部分，在浏览器的地址栏中对用户可见	数据不是 URL 的一部分而是作为请求的消息体发送，在浏览器的地址栏中对用户不可见
数据缓存	数据可在浏览器的 URL 历史中缓存	数据不能在浏览器的 URL 历史中缓存

2.4.2　发送和处理 HTTP 请求

客户端如果发生下面的事件，浏览器就向 Web 服务器发送一个 HTTP 请求。

- 用户在浏览器的地址栏中输入 URL 并按〈Enter〉键。
- 用户单击了 HTML 页面中的超链接。
- 用户在 HTML 页面中填写了一个表单并提交。

在上面的 3 种方法中，前两种方法向 Web 服务器发送的都是 GET 请求。如果使用 HTML 表单发送请求，可以通过 method 属性指定使用 GET 请求或 POST 请求。

默认情况下使用表单发送的请求也是 GET 请求，如果发送 POST 请求，需要将 method 属性值指定为 post，如下面的代码所示。

```
<form action = "login. do" method = "post" >
    用户名:<input type = "text" name = "username" / >
    密码:<input type = "password" name = "password" / >
    <input type = "submit"  value = "登录" >
</form >
```

在 HttpServlet 类中，除定义了 service( )方法为客户提供服务外，还针对每个 HTTP 方法定义了相应的 doXxx( )方法，Servlet 使用这些方法处理请求，一般格式如下。

```
protected void doXxx( HttpServletRequest, HttpServletResponse)
                throws ServletException, IOException;
```

这里，doXxx( )方法依赖于 HTTP 方法，如处理 GET 请求使用 doGet( )方法，处理 POST 请求使用 doPost( )方法。所有的 doXxx( )方法都有两个参数：HttpServletRequest 对象和 HttpServletResponse 对象。

2.4.3 检索请求参数

客户发送给服务器的请求信息被封装在 HttpServletRequest 对象中，其中包含了由浏览器发送给服务器的数据，这些数据包括请求参数、客户端有关信息等。

请求参数（Request Parameter）是随请求一起发送到服务器的数据，它以“名/值”对的形式发送。下面是与检索请求参数有关的方法。

- public String getParameter（String name）：返回由 name 指定的请求参数值，如果指定的参数不存在，则返回 null 值；若指定的参数存在，用户没有提供值，则返回空字符串。使用该方法必须保证指定的参数值只有一个。
- public String[ ] getParameterValues(String name)：返回指定参数 name 所包含的所有值，返回值是一个 String 数组；如果指定的参数不存在，则返回 null 值。该方法适用于参数有多个值的情况。如果参数只有一个值，则返回的数组的长度为 1。

一般有下面两种方法从客户端向服务器端传递参数。

1）通过表单指定请求参数，每个表单域可以传递一个请求参数，这种方法适用于 GET 请求和 POST 请求。

2）通过查询串指定请求参数，将参数名和值附加在请求的 URL 后面，这种方法只适用于 GET 请求。

下面是一个登录页面 login. jsp，通过表单提供请求参数，然后在 Servlet 中检索参数并验证，最后向用户发送验证消息。

【例 2-2】 login. jsp 页面，代码如下。

```
<%@ page contentType="text/html; charset=UTF-8" pageEncoding="UTF-8"%>
<html>
<head><title>登录页面</title></head>
<body>
<form action="login.do" method="post">
    <table>
    <tr><td>用户名:</td>
        <td><input type="text" name="username"/></td> </tr>
    <tr><td>密  码:</td>
        <td><input type="password" name="password"/></td> </tr>
    <tr><td><input type="submit" value="登录"/></td>
         <td><input type="reset" value="取消"/></td> </tr>
    </table>
```

```
</form>
</body>
</html>
```

这里，将表单的 action 属性值设置为 login. do，它是一个要执行的动作的相对路径。如果该路径不以“/”开头，则是相对于当前 Web 应用程序的根目录；如果以“/”开头，则相对于 Web 服务器的根目录。将 method 属性值设置为 post，因此向服务器发送的是 POST 请求。下面的 LoginServlet 检索表单提交的数据（请求参数），验证数据并向用户发回响应消息。

【例 2-3】 LoginServlet. java 程序，代码如下。

```
packagecom. demo;
import java. io. * ;
import javax. servlet. * ;
import javax. servlet. http. * ;
import javax. servlet. annotation. WebServlet;

@ WebServlet( name = "LoginServlet" ,urlPatterns = { "/login. do" } )
public class LoginServlet extends HttpServlet {
    public void doPost( HttpServletRequest request, HttpServletResponse response)
                    throws ServletException, IOException {
        response. setContentType( " text/html;charset = UTF - 8" ) ;
        PrintWriter out = response. getWriter( ) ;
        //检索客户端传来的请求参数
        String username = request. getParameter( "username") ;
        String password = request. getParameter( "password") ;
        out. println( " <html > <body > " ) ;
        // 若用户名和密码均为 admin,认为登录成功
        if( "admin". equals( username) && "admin". equals( password) ) {
            out. println( "登录成功！欢迎您，" + username) ;
        } else{
            out. println( "对不起！您的用户名或密码不正确. " ) ;
        }
        out. println( " </body > </html > " ) ;
    }
}
```

这里为了方便，假设用户输入的用户名和密码都为 admin 时，认为验证成功，显示登录成功的消息。在实际应用中，用户名和密码信息可能需要从数据库中读取。

访问 login. jsp 页面，显示结果如图 2-6 所示。输入用户名和密码（均为 admin），提交表单，请求将由 LoginServlet 处理，它从请求对象（request）中读取两个参数值，并显示有关结果。

在 LoginServlet 类中仅覆盖了 doPost( ) 方法，这样该 Servlet 只能处理 POST 请求，不能处理 GET 请求。如果将 login. jsp 中 form 元素的 method 属性修改为 get，则该程序不能正常运行。如果希望该 Servlet 既能处理 POST 请求，又能处理 GET 请求，可以添加下面的 doGet( )

方法，并在其中调用 doPost( )方法。

图 2-6　login. jsp 页面运行结果

```
public void doGet( HttpServletRequest request, HttpServletResponse response)
                        throws ServletException, IOException {
    doPost( request, response) ;
}
```

如果向服务器发送 GET 请求，还可以将请求参数附加在请求 URL 的后面。例如，可以直接使用下面的 URL 访问 LoginServet，而不需要通过表单提供参数。

```
http://localhost:8080/app02/login. do? username = admin&password = admin
```

问号后面的内容称为查询串（Query String），内容为请求参数的“名/值”对，参数名和参数值之间用等号（=）分隔，若有多个参数，中间用“&”符号分隔。可以通过请求对象的 getQueryString( )方法得到查询串的内容。

在超链接中也可以传递请求参数，代码如下。

```
<a href = "/app02/login. do? username = admin&password = admin" >登录</a>
```

📖 使用查询串提供请求参数的方法只能用在 GET 请求中，不能用在 POST 请求中，并且请求参数将显示在浏览器的地址栏中。

2.4.4　使用请求对象存储数据

可以使用请求对象存储数据。请求对象是一个作用域（Scope）对象，可以在其上存储属性实现数据共享。属性（Attribute）包括属性名和属性值。属性名是一个字符串，属性值是一个对象。有关属性存储的方法有以下 4 个，它们定义在 ServletRequest 接口中。

- public void setAttribute（String name，Object obj）：将指定名称 name 的对象 obj 作为属性值存储到请求对象中。
- public Object getAttribute（String name）：返回请求对象中存储的指定名称的属性值，如果指定名称的属性不存在，则返回 null。使用该方法在必要时需要进行类型转换。
- public Enumeration getAttributeNames( )：返回一个 Enumeration 对象，它是请求对象中包含的所有属性名的枚举。

- public void removeAttribute（String name）：从请求对象中删除指定名称的属性。

下列代码用于创建一个购物车对象，并将其存储在请求作用域（request）中。

```
ShoppingCart cart  = new ShoppingCart( );        // 创建购物车对象
request. setAttribute( " cart" ,cart) ;          // 将购物车对象存储在请求作用域中
```

下列代码从请求作用域中检索出购物车对象。

```
ShoppingCart cart = ( ShoppingCart) resuets. getAttribute( " cart" ) ;
```

2.4.5 请求转发

在实际应用中，可能需要将请求转发（Forward）到其他资源。例如，对于一个登录系统，如果用户输入了正确的用户名和密码，LoginServlet 应该将请求转发到欢迎页面，否则应将请求转发到登录页面或错误页面。

为实现请求转发，需要通过请求对象的 getRequestDispatcher( )方法得到 RequestDispatcher 对象，该对象称为请求转发器对象，该方法的格式如下。

```
RequestDispatcher getRequestDispatcher( String path)
```

参数 path 用来指定要转发到的资源路径。它可以是绝对路径，即以“/”开头，它被解释为相对于当前应用程序的文档根目录，也可以是相对路径，即不以“/”开头，它被解释为相对于当前资源所在的目录。

RequestDispatcher 接口定义了下面两个方法。

- publicvoid forward（ServletRequest request，ServletResponse response）：将请求转发到服务器上的另一个动态或静态资源（如 Servlet、JSP 页面或 HTML 页面）。该方法只能在响应没有被提交的情况下调用，否则将抛出 IllegalStateException 异常。
- publicvoid include（ServletRequest request，ServletResponse response）：将控制转发到指定的资源，并将其输出包含到当前输出中。这种控制的转移是“暂时”的，目标资源执行完以后，控制再转回当前资源，接着处理请求完成服务。

修改 LoginServlet 程序，实现当用户登录成功时将请求转发到 welcome. jsp，当登录失败时将请求转发到 login. jsp，该例实现了使用请求对象存储数据。

【例 2-4】修改后的 LoginServlet. java 程序，代码如下。

```
package com. demo;
import java. io. * ;
import javax. servlet. * ;
import javax. servlet. http. * ;
import javax. servlet. annotation. WebServlet;

@ WebServlet( name = " LoginServlet" ,urlPatterns = { "/login. do" } )
public class LoginServlet extends HttpServlet {
    public void doPost( HttpServletRequest request,HttpServletResponse response)
                        throws ServletException,IOException {
```

```
// 检索客户端传来的请求参数
        String username = request. getParameter( "username" ) ;
        String password = request. getParameter( "password" ) ;
        //若用户名和密码均为 admin,认为登录成功
        if( username. equals( "admin" ) &&password. equals( "admin" ) ) {
            // 将用户名作为属性存储在请求作用域中
            request. setAttribute( "username" ,username) ;
            // 将请求转发到 welcome. jsp 页面
            RequestDispatcher rd = request. getRequestDispatcher( "/welcome. jsp") ;
            rd. forward( request,response) ;
        } else{
            // 将请求转发到 login. jsp 页面
            RequestDispatcher rd = request. getRequestDispatcher( "/login. jsp" ) ;
            rd. forward( request,response) ;
        }
    }
}
```

该程序仍然使用前面的 login. jsp 页面输入用户名和口令，单击“登录”按钮，将请求发送到 LoginServlet，根据用户输入的用户名和密码是否正确，决定将请求转发到 welcome. jsp 页面还是 login. jsp 页面。

【例 2-5】 welcome. jsp 页面，代码如下。

```
<%@ page contentType = "text/html;charset = UTF - 8" pageEncoding = "UTF - 8"% >
<html > <head > <title >欢迎页面 </title > </head >
<body >
   <p >您好！ <% = (String)request. getAttribute("username")% > </p >
   <p >欢迎您登录本系统 </p >
</body > </html >
```

这里，<% = (String) request. getAttribute("username")% >是 JSP 表达式，request 是隐含变量。关于 JSP 表达式将在第 3 章中进行学习。

2.4.6 其他请求处理方法

在 HttpServletRequest 接口中还定义了下面一些常用的方法，用来检索客户端的有关信息。

- public String getMethod( )：返回请求使用的 HTTP 方法名，如 GET、POST 或 PUT 等。
- public String getRemoteHost( )：返回客户端的主机名。如果容器不能解析主机名，将返回点分十进制形式的 IP 地址。
- public String getRemoteAddr( )：返回客户端的 IP 地址。
- public int getRemotePort( )：返回客户端 IP 地址的端口号。
- public String getProtocol( )：返回客户使用的请求协议名和版本，如 HTTP/1. 1。
- public String getRequestURI( )：返回请求行中 URL 的查询串前面的部分。

- public String getQueryString( )：返回请求行中 URL 的查询串的内容。
- public String getContentType( )：返回请求体的 MIME 类型。
- public String getCharacterEncoding( )：返回客户请求的编码方式。

下列代码输出请求的有关信息。

```
out.println("<tr><td>请求方法</td>");
out.println("<td>" +request.getMethod() + "</td></tr>");
out.println("<tr><td>请求 URI</td>");
out.println("<td>" + request.getRequestURI() + "</td></tr>");
out.println("<tr><td>请求协议</td>");
out.println("<td>" +request.getProtocol() + "</td></tr>");
out.println("<tr><td>客户主机名</td>");
out.println("<td>" +request.getRemoteHost() + "</td></tr>");
out.println("<tr><td>客户 IP 地址</td>");
out.println("<td>" +request.getRemoteAddr() + "</td></tr>");
out.println("<tr><td>端口</td>");
out.println("<td>" + request.getRemotePort() +"</td></tr>");
```

在 HttpServletRequest 接口中还定义了检索请求头的方法。HTTP 请求头是随请求一起发送到服务器的信息，它是以“名/值”对的形式发送的。例如，关于浏览器的信息就是通过 User - Agent 请求头发送的。在服务器端可以调用请求对象的 getHeader("User - Agent")得到浏览器的信息。

下面是该接口中用于处理请求头的方法。

- public String getHeader（String name)：返回指定名称的请求头的值。
- public Enumeration getHeaders（String name)：返回指定名称的请求头的 Enumeration 对象。
- public Enumeration getHeaderNames( )：返回一个 Enumeration 对象，它包含所有请求头名。
- public int getIntHeader（String name)：返回指定名称的请求头的整数值。
- public long getDateHeader（String name)：返回指定名称的请求头的日期值。

下列代码可输出所有请求头信息。

```
Enumeration<String> headers = request.getHeaderNames();
while(headers.hasMoreElements()){
    // 返回请求头名
    String header = (String) headers.nextElement();
    String value = request.getHeader(header);
    out.println(header + " = " + value + "<br>");
}
```

2.5 发送 HTTP 响应

2.5.1 HTTP 响应结构

由服务器向客户发送的 HTTP 消息称为 HTTP 响应（HTTP Response），HTTP 响应也由 3

部分组成：状态行、响应头和响应的数据。图 2-7 所示为一个典型的 HTTP 响应消息。

图 2-7　一个典型的 HTTP 响应消息

1. 状态行与状态码

HTTP 响应的状态行由 3 部分组成，各部分用空格分隔：HTTP 版本、说明请求结果的响应状态码，以及描述状态码的短语。HTTP 定义了许多状态码，常见的状态码是 200，它表示请求被正常处理。下面是两个可能的状态行。

```
HTTP/1.1 404 Not Found          // 表示没有找到与给定的 URI 匹配的资源
HTTP/1.1 500 Internal Error     // 表示服务器检测到一个内部错误
```

2. 响应头

状态行之后的头行称为响应头（Response Header）。响应头是服务器向客户端发送的消息。在图 2-7 所示的响应消息中包含了 3 个响应头。Date 响应头表示消息发送的日期，Content-Type 响应头指定响应的内容类型，Content-Length 响应头表示响应内容的长度。

3. 响应数据

响应头后面是一个空行，空行的后面是响应的数据。图 2-7 中的响应数据如下。

```
<html>
<head><title>Hello World</title></head>
<body>
    <h1>Hello,World!  </h1>
</body>
</html>
```

2.5.2 输出流与内容类型

Servlet 可以使用输出流直接向客户发送响应。调用响应对象的 getWriter()方法可以得到 PrintWriter 对象，使用它可向客户发送文本数据。调用响应对象的 getOutputStream()方法可以得到 ServletOutputStream 对象，使用它可向客户发送二进制数据。通常，在发送响应数据之前，还需要通过响应对象的 setContentType()方法设置响应的内容类型。

- public PrintWriter getWriter()：返回一个 PrintWriter 对象，用于向客户发送文本数据。

- public ServletOutputStream getOutputStream( ) throws IOException：返回一个输出流对象，它用来向客户发送二进制数据。
- public void setContentType（String type）：设置发送到客户端响应的 MIME 内容类型。

PrintWriter 对象被 Servlet 用来动态产生页面。调用响应对象的 getWriter( ) 方法返回 PrintWriter 类的对象，它可以向客户发送文本数据。

```
PrintWriter out = response. getWriter( );
```

如果要向客户发送二进制数据（如 JAR 文件），应该使用 OutputStream 对象。调用响应对象的 getOutputStream( ) 方法，返回一个 javax. servlet. ServletOutputStream 类对象，该类是 OutputStream 类的子类。

```
ServletOutputStream sos = response. getOutputStream ( );
```

在向客户发送数据之前，一般应该设置发送数据的 MIME（Multipurpose Internet Mail Extensions）内容类型。MIME 是描述消息内容类型的因特网标准。MIME 消息包含文本、图像、音频、视频，以及其他应用程序专用的数据。在客户端，浏览器根据响应消息的 MIME 类型决定如何处理数据。默认的响应类型是 text/html，对这种类型的数据，浏览器解释执行其中的标签，然后在浏览器中显示结果。如果指定了其他 MIME 类型，浏览器可能打开文件下载对话框或选择应用程序打开文件。

使用响应对象的 setContentType( ) 方法设置响应数据内容类型，如果没有调用该方法，内容类型将使用默认值 text/html，即 HTML 文档。给定的内容类型可能包括所使用的字符集，如下面的代码所示。

```
response. setContentType( " text/html; charset = UTF - 8" );
```

可以调用响应对象 response 的 setCharacterEncoding( ) 方法设置响应的字符编码（如 UTF - 8）。如果没有指定响应的字符编码，PrintWriter 将使用 ISO - 8859 - 1 编码。

🕮 如果要设置非默认的响应内容类型，应该先调用响应的 setContentType( ) 方法，然后再调用 getWriter( ) 方法或 getOutputStream( ) 方法获得输出流对象。

表 2-5 给出了常用的 MIME 内容类型名和含义。

表 2-5　常见的 MIME 内容类型

类　型　名	含　义
application/msword	Microsoft Word 文档
application/pdf	Acrobat 的 PDF 文件
application/vnd. ms - excel	Excel 电子表格
application/vnd. ms - powerpoint	PowerPoint 演示文稿
application/jar	JAR 文件

（续）

类型名	含义
application/zip	ZIP 压缩文件
audio/midi	MIDI 音频文件
image/gif	GIF 图像
image/jpeg	JPEG 图像
text/html	HTML 文档
text/plain	纯文本
video/mpeg	MPEG 视频片段

通过将响应内容类型设置为 application/vnd. ms - excel，可将输出以 Excel 电子表格的形式发送给客户浏览器，这样客户可将结果保存到电子表格中。输出内容可以是用制表符分隔的数据或 HTML 表格数据等，并且还可以使用 Excel 内建的公式。下面的 Servlet 使用制表符分隔数据生成 Excel 电子表格。

【例 2-6】ExcelServlet. java 程序，代码如下。

```
package com. demo;
import java. io. * ;
import javax. servlet. * ;
import javax. servlet. http. * ;
import javax. servlet. annotation. WebServlet;
@ WebServlet( name = "ExcelServlet" ,urlPatterns = { "/excel. do" } )
public class ExcelServlet extends HttpServlet{
    public void doGet( HttpServletRequest request, HttpServletResponse response)
                    throws ServletException, IOException{
    //指定页面在传输过程中使用的编码方式
    response. setHeader( "Content - Encoding" , "UTF - 8" ) ;
    //设置响应的内容类型
    response. setContentType( " application/vnd. ms - excel;charset = UTF - 8" ) ;
    PrintWriter out = response. getWriter( ) ;
    // 向客户端输出数据
    out. println( "学号\t 姓名\t 性别\t 年龄\t 所在系" ) ;
    out. println( "95001\t 李勇\t 男\t20\t 信息" ) ;
    out. println( "95002\t 刘晨\t 女\t19\t 数学" ) ;
  }
}
```

请求该 Servlet，在安装有 Microsoft Office 的客户机的浏览器中首先显示如图 2-8 所示的文件下载对话框，单击“保存”按钮，可将输出内容保存到 Excel 文件中，单击“打开”按钮，将在浏览器窗口中打开 Excel 显示输出内容，如图 2-9 所示。

如果将响应的内容类型设置为 application/msword;charset = UTF - 8，在客户端将用 Word 显示输出内容。

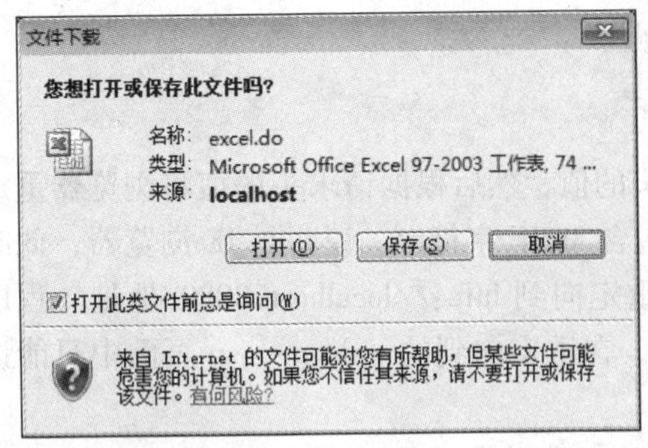

图 2-8　文件下载对话框

A1　　f_x　学号

	A	B	C	D	E
1	学号	姓名	性别	年龄	所在系
2	95001	李勇	男	20	信息
3	95002	刘晨	女	19	数学
4					

图 2-9　电子表格的输出内容

2.5.3　响应重定向

Servlet 在对请求进行分析后，可能不直接向浏览器发送响应，而是向浏览器发送一个 Location 响应头，告诉浏览器访问其他资源，这称为响应重定向。响应重定向是通过响应对象的 sendRedirect( )方法实现的，格式如下。

```
public void sendRedirect(String location)
```

location 为资源的 URL，该 URL 既可以是绝对 URL（如 http://www.microsoft.com），也可以是相对 URL。相对 URL 若以“/”开头，则相对于服务器根目录（如/app02/login.html）；若不以“/”开头，则相对于 Web 应用程序的文档根目录（如 login.jsp）。

下面的程序是一个使用 sendRedirect( )方法重定向响应的例子。

【例 2-7】 RedirectServlet.java 程序，代码如下。

```
package com.demo;
import java.io.*;
import javax.servlet.*;
import javax.servlet.http.*;
import javax.servlet.annotation.*;

@WebServlet(name = "SendRedirect",urlPatterns = {"/redirect.do"})
public class RedirectServlet extends HttpServlet{
    public void doGet(HttpServletRequest request,HttpServletResponse response)
                          throws IOException,ServletException{
    String userAgent = request.getHeader("User-Agent");
    // 在请求对象上存储一个属性
   request.setAttribute("param1","请求作用域属性");
    // 在会话对象上存储一个属性
    request.getSession().setAttribute("param2","会话作用域属性");
    if((userAgent! = null)&&(userAgent.indexOf("MSIE")! = -1)){
        response.sendRedirect("welcome.jsp");
    }else{
        response.sendRedirect("http://localhost:8080/");
    }
```

```
    }
}
```

在该 Servlet 中，首先获得 User - Agent 请求头的值，然后根据请求头的值将浏览器重定向到不同的 URL。如果 User - Agent 请求头的值包含 MSIE 字符串，说明是 IE 浏览器，此时将响应重定向到 welcome. jsp 页面，否则将响应重定向到 http://localhost:8080/地址。程序在请求作用域和会话作用域中各存储了一个属性，在重定向到的 welcome. jsp 页面中只能访问会话作用域中的属性。

前面讨论了使用 RequestDispatcher 的 forward( )方法转发请求，响应重定向与请求转发不同，区别如下。

1）请求转发的过程如图 2-10 所示。客户 C 向服务器 S 发送请求，服务器做部分处理后不直接向 C 发回响应，而是把请求转发到资源 R，这时它要创建转发器对象 RequestDispatcher，它需要指定目标资源，目标资源可以是 JSP 页面，也可以是 Servlet。最后由目标资源向 C 发回响应。可见请求转发是服务器端控制权的转移，客户端发来的请求将交给新的资源处理。使用请求转发，在客户浏览器的地址栏中不会显示转发后的资源地址。

2）响应重定向的过程如图 2-11 所示。客户 C 向服务器 S 发送的请求不能被处理，服务器只是向浏览器发送一个 Location 响应头（状态码是 302），它包含资源 R 的地址，浏览器收到 Location 响应后连接到新的资源 R，最后由资源 R 向客户发回响应。可见，重定向是浏览器向新资源发送的一个请求，因此所有请求作用域的参数在重定向到下一个页面时都会失效。使用响应重定向新资源的 URL 在浏览器的地址栏中可见。注意，使用 sendRedirect( )方法重定向时，资源不能位于 WEB - INF 目录中，因为该目录中的资源仅供服务器访问。

图 2-10　请求转发示意图　　　　图 2-11　响应重定向示意图

3）使用请求转发可以共享请求作用域中的数据，即在服务器 S 中使用 request. setAttribute( )方法存储在请求作用域中的数据可在 R 中使用。使用请求转发，还可以将前一个页面的数据、状态等信息传递到转发的页面。而使用响应重定向不能共享请求中的数据，即在 R 中不能使用 S 存储在请求作用域中的数据。但是使用响应重定向可以共享会话作用域中的数据，即 S 使用 session. setAttribute( )方法存储在会话作用域中的数据可在 R 中使用。关于会话的概念将在第 4 章中进行讨论。

2.5.4　设置响应头

响应头是随响应数据一起发送到浏览器的附加信息。每个响应头通过“名/值”对的形式发送到客户端。例如，可以使用一个响应头告诉浏览器每隔一定时间重新装载一次页面，或者指定浏览器对页面缓存多长时间。在 HttpServletResponse 接口中定义了有关响应头管理的如下方法。

- public void setHeader（String name，String value）：将指定名称的响应头设置为指定的值。
- public void addHeader（String name，String value）：用给定的名称和值添加响应头。
- public boolean containsHeader（String name）：返回是否已经设置指定的响应头。

从上述方法可以看到，HttpServletResponse 接口除提供 setHeader( )方法设置响应头外，还提供 addHeader( )方法添加一个响应头。另外，有些响应头的值是整数或日期值，因此还提供 setIntHeader( )、setDateHeader( )、addIntHeader( )和 addDateHeader( )等方法。

表 2-6 给出了几个重要的响应头名称，关于响应头名称的详细信息请参阅 HTTP 规范。

表 2-6 典型的响应头名称及其用途

响应头名称	说 明
Date	指定服务器的当前时间
Expires	指定内容被认为过时的时间
Last - Modified	指定文档被最后修改的时间
Refresh	告诉浏览器重新装载页面
Content - Type	指定响应的内容类型
Content - Length	指定响应的内容长度
Content - Disposition	为客户指定将响应的内容保存到磁盘上的名称
Content - Encoding	指定页面在传输过程中使用的编码方式

2.5.5 发送状态码和错误消息

服务器向客户发送的响应的第一行是状态行，它由 3 部分组成：HTTP 版本、状态码和状态码的描述信息，如下是一个典型的状态行。

```
HTTP/1.1 200 OK
```

由于 HTTP 的版本是由服务器决定的，而状态的消息与状态码有关，因此，在 Servlet 中一般只需要设置状态码。状态码 200 是系统自动设置的，Servlet 一般不需要指定该状态码。对于其他状态码，可以由系统自动设置，也可以使用响应对象的 setStatus( )方法设置，该方法的格式如下。

```
public void setStaus (int sc)
```

该方法可以设置任意的状态码。参数 sc 表示要设置的状态码，它可以用整数表示，但为了避免输入错误和增强代码可读性，在 HttpServletResponse 接口中定义了近 40 个表示状态码的常量，推荐使用这些常量指定状态码。这些常量名与状态码对应的消息名有关。例如，404 状态码的消息为 Not Found，所以 HttpServletResponse 接口中为该状态码定义的常量名为 SC_NOT_FOUND。

在 HTTP 协议 1.1 版本中定义了若干个状态码，这些状态码由 3 位整数表示，一般分为 5 类，如表 2-7 所示。

表 2-7　状态码的分类

状态码范围	含义	示例
100～199	表示信息	100 表示服务器同意处理客户的请求
200～299	表示请求成功	200 表示请求成功，204 表示内容不存在
300～399	表示重定向	301 表示页面移走了，304 表示缓存的页面仍然有效
400～499	表示客户的错误	403 表示禁止的页面，404 表示页面没有找到
500～599	表示服务器的错误	500 表示服务器内部错误，503 表示以后再试

关于其他状态码的含义可以参阅有关文献或直接到 http://www.w3.org/Protocols 上查阅相关文档。

HTTP 为常见的错误状态定义了状态码，这些错误状态包括：资源没有找到、资源被永久移动及非授权访问等。所有这些代码都在接口 HttpServletResponse 中作为常量定义。HttpServletResponse 也提供了 sendError()方法，用来向客户发送状态码，该方法有以下两个重载的形式。

- public void sendError（int sc）：通过指定一个状态码向客户发送错误消息。例如，调用 sendError（HttpServletResponse. SC_ UNAUTHORIZED），表示客户不应访问该资源。
- public void sendError（int sc，String msg）：除发送状态码外，还指定显示消息。服务器在默认情况下创建一个 Web 响应页面，其中包含指定的错误消息。如果为 Web 应用程序声明了错误页面，将优先返回错误页面。

2.6 ServletContext 对象

Web 容器在启动时会加载每个 Web 应用程序，并为每个 Web 应用程序创建一个唯一的 javax.servlet.ServletContext 实例对象，该对象一般称为 Servlet 上下文对象。

在 Servlet 中可以直接调用 getServletContext()方法，得到 ServletContext 对象的引用。

```
ServletContext context = getServletContext();
```

另一种方法是先得到 ServletConfig 引用，再调用它的 getServletContext()方法。

```
ServletContext context = getServletConfig().getServletContext();
```

得到 ServletContext 引用后，就可以使用 ServletContext 接口定义的方法，检索 Web 应用程序的初始化参数、检索 Web 容器的版本信息、通过属性共享数据，以及登录日志等。

2.6.1 使用 ServletContext 对象存储数据

前面讨论了使用请求对象存储数据的方法。使用 ServletContext 对象也可以存储数据，该对象也是一个作用域对象，它的作用域是整个应用程序。在 ServletContext 接口中也定义了 4 个处理属性的方法，如下所示。

- public void setAttribute（String name，Object object）：将给定名称的属性值对象绑定到上下文对象上。

- public Object getAttribute（String name）：返回绑定到上下文对象上的给定名称的属性值，如果没有该属性，则返回 null。
- public Enumeration getAttributeNames( )：返回绑定到上下文对象上的所有属性名的 Enumeration对象。
- public void removeAttribute（String name）：从上下文对象中删除指定名称的属性。

在 Web 应用中可以使用不同的对象存储数据，但要注意这些对象的作用域不同。简单地说，使用 HttpServletRequest 存储的对象仅在请求的生命期中可被访问，而使用 ServletContext 存储的对象可在 Web 应用程序的生命期中可被访问。后面还要讲到，可以使用会话 HttpSession 对象存储数据，使用 HttpSession 存储的数据仅在会话的生命期中可被访问。

2.6.2 获取上下文初始化参数

ServletContext 对象是在 Web 应用程序装载时初始化的。正如 Servlet 具有初始化参数一样，ServletContext 也有初始化参数。Servlet 上下文初始化参数指定应用程序范围内的信息，如开发人员的联系信息、数据库连接信息等。

可以使用下面两个方法检索 Servlet 上下文初始化参数。

- public String getInitParameter（String name）：返回指定参数名的字符串参数值，如果参数不存在，则返回 null。
- public Enumeration getInitParameterNames( )：返回一个包含所有初始化参数名的 Enumeration 对象。

应用程序初始化参数应该在 web. xml 文件中使用 <context - param >元素定义，而不能通过注解定义。下面是一个例子。

```
<context - param >
    < param - name > adminEmail </param - name >
    < param - value > webmaster@ 163. com </param - value >
</context - param >
```

注意，<context - param >元素是针对整个应用的，所以并不嵌套在 <servlet >元素中。该元素是 <web - app >元素的直接子元素。

在 Servlet 中可以使用下面代码检索 adminEmail 参数值。

```
ServletContext context = getServletContext( );
String email = context. getInitParameter( " adminEmail" );
```

🕮 Servlet 上下文初始化参数与 Servlet 初始化参数是不同的。Servlet 上下文初始化参数是属于 Web 应用程序的，可以被 Web 应用程序的所有的 Servlet 和 JSP 页面访问。Servlet 初始化参数是属于定义它们的 Servlet 的，不能被 Web 应用程序的其他组件访问。

2.6.3 使用 RequestDispatcher 实现请求转发

使用 ServletContext 接口的下列两个方法也可以获得 RequestDispatcher 对象，实现请求转发。

- RequestDispatcher getRequestDispatcher（String path）：参数 path 表示资源路径，它必须以“/”开头，表示相对于 Web 应用的文档根目录。如果不能返回一个 RequestDispatcher 对象，该方法将返回 null。
- RequestDispatcher getNamedDispatcher（String name）：参数 name 为一个命名的 Servlet 对象。Servlet 和 JSP 页面都可以通过 Web 应用程序的 DD 文件指定名称。

ServletContext 和 HttpServletRequest 的 getRequestDispatcher( ) 方法的区别是：前者的 getRequestDispatcher( ) 方法只能传递以“/”开头的路径，后者的 getRequestDispatcher( ) 方法可传递一个相对路径。这里建议使用 ServletContext 创建转发器对象。

2.6.4 通过 ServletContext 对象获得资源

在 Servlet 中经常需要访问服务器上的资源，如读取一个文件的内容，或将文件发送到客户端，可以使用下列方法获得资源的路径及输入流。

- publicURL getResource（String path）：返回由给定路径指定的资源的 URL 对象。这里，路径必须以“/”开头，它相对于该 Web 应用程序的文档根目录。
- publicInputStream getResourceAsStream（String path）：由给定路径获得一个输入流对象。该方法等价于 getResource(path). openStream( ) 方法。
- public String getRealPath（String path）：返回给定的相对路径的绝对路径。

本书 4.3.2 节开发的文件下载的 Servlet，就用到了上述方法。

2.6.5 登录日志和检索容器信息

使用 ServletContext 接口的 log( ) 方法可以将指定的消息写到服务器的日志文件中，该方法有以下两种格式。

- public void log（String msg）：参数 msg 为写到日志文件中的消息。默认情况下把日志信息写到 <tomcat - install> \logs\localhost. 2016 - 09 - 10. log 文件中，文件名中的日期为写入日志的日期。
- public void log（String msg，Throwable throwable）：将 msg 指定的消息和异常的栈跟踪信息写入日志文件。

ServletContext 接口还定义了有关方法检索容器信息：getServerInfo( ) 方法返回 Web 容器的名称和版本；getMajorVersion( ) 方法和 getMinorVersion( ) 方法返回 Web 容器所支持的 Servlet API 的主版本号和次版本号；getServletContextName( ) 方法返回 Web 应用程序的名称，它是在 web. xml 中使用 <display - name> 元素定义的名称。

2.7 案例：Web 应用的表单数据处理

HTML 表单允许在 Web 页面内创建各种用户界面控件，收集用户的输入。每个控件一般都有名称和值，名称在 HTML 中指定，值或来自用户的输入，或来自 Web 页面指定的默认值。整个表单与某个程序的 URL 相关联，这个程序将会处理表单提交的数据，当用户提交表单时（一般通过单击提交按钮实现），控件的名称和值就以下面形式的字符串发送到指定的 URL 中。

```
name1 = value1&name2 = value2&…&nameN = valueN
```

这个字符串可以通过下面的两种方式发送到指定的程序：GET 或 POST。HTTP GET 请求是将表单数据附加在指定的 URL 的末尾，中间以问号分隔。HTTP POST 请求是在请求头和空行之后发送这些数据。在使用表单向服务器发送数据时，通常使用 POST 请求，即在 <form>元素中将 method 属性指定为 post。

下面首先介绍 HTML 的 <form>元素和主要控件元素，然后通过实例演示如何使用这些控件。

2.7.1 常用表单控件元素

1. form 元素

表单使用 <form>元素创建，一般格式如下。

```
<form action="…" method="…">…</form>
```

action 属性指定处理表单数据的服务器端程序。如果 Servlet 或 JSP 页面和 HTML 表单位于同一服务器上，那么在 action 属性中应使用相对 URL。

method 属性指定数据如何传输到服务器，它的取值可为 post 或 get。使用 get 时发送 GET 请求，使用 post 时发送 POST 请求。

2. 文本控件

HTML 支持 3 种类型的文本输入元素：文本字段、密码域和文本区域。每种类型的控件都有一个给定的名称，这个名称对应的值取自控件的内容。在表单提交时，名称和值一同发送到服务器。

文本字段的一般格式如下。

```
<input type="text" name="…" value="…" size="…" >
```

该元素创建单行的输入字段，用户可以在其中输入文本。name 属性指定该控件的名称，可选的 value 属性指定文本字段的初始内容，size 属性指定文本字段的平均字符宽度。如果输入的文本超出这个值，文本字段会自动滚动以容纳这些文本。

密码域的一般格式如下。

```
<input type="password" name="…" value="…" size="…" >
```

密码域的创建和使用与文本字段相同，只不过用户输入文本时，输入并不回显，而是显示掩码字符，一般为黑点号。掩码输入对于收集信用卡号码或密码等数据比较有用。为了保护用户的隐私，在创建含有密码域的表单时，一定要使用 POST 请求。

文本区域的一般格式如下。

```
<textarea name="…" rows="…" cols="…" >…</textarea>
```

该元素创建多行文本区域。rows 属性指定文本区域的行数，如果输入文本内容超过这里指定的行数，浏览器会为文本区添加垂直滚动条，cols 属性指定文本区域的平均字符宽度，如果输入文本超出指定的宽度，文本自动换到下一行显示。

上述 3 种文本控件的输入值在服务器端的 Servlet 中使用 request. getParameter（name）方法取得，如果值为空，将返回空字符串。

3. 按钮控件

HTML 的按钮控件包括提交和重置按钮，以及普通的按钮控件。

提交和重置按钮控件的一般格式如下。

```
<input type="submit" name="…" value="…">
<input type="reset" name="…" value="…">
```

单击提交按钮后，将表单数据发送到服务器程序，即由 form 元素的 action 属性指定的程序。重置按钮的作用是清除表单域中已输入的数据。

这两个控件都有 value 属性，指定在浏览器中显示的按钮上的文本内容，省略该属性将显示默认值。

📖 在 HTML 中还可以创建普通按钮控件，如 <input type="button" name="…" value="…">，这种类型的按钮通常使用 JavaScript 脚本触发按钮提交动作。

---

4. 单选按钮和复选框

单选按钮在给定的一组值中只能选择一个，它的一般格式如下。

```
<input type="radio" name="…" value="…" checked>text
```

对于单选按钮，只有当 name 属性值相同的情况下，它们才属于一个组，在一组中只能有一个按钮被选中。在表单提交时，只有被选中按钮的 value 属性值被发送到服务器。value 属性值不显示在浏览器中，该标签后面的文本显示在浏览器中。如果提供了 checked 属性，那么在相关的 Web 页面载入时，单选按钮的初始状态为选定，否则初始状态为未选定。

复选框通常用于多选的情况，它的一般格式如下。

```
<input type="checkbox" name="…" value="…" checked >text
```

如果是多个复选框组成一组，也需要 name 属性值相同。复选框组中可以选中 0 个或多个选项。

在服务器端，获取单选按钮被选中的值使用 request. getParameter（name）方法。要获取复选框被选中的值，通常使用 request. getParameterValues（name）方法，它返回一个字符串数组，通过对数组的迭代可知用户选中了哪些选项。

5. 组合框和列表框

组合框和列表框可为用户提供一系列选项，它通过下拉列表框为用户列出各个选项，供用户选择。它的一般格式如下。

```
<select name = name = "…" [multiple] >
    <option value = "value1" >值 1 文本
    <option value = "value2" >值 2 文本
    …
    <option value = "valueN" >值 N 文本
</select>
```

如果省略可选属性 multiple，则控件为组合框且只允许选择一项，在 Servlet 中使用 request. getParameter（name）返回选中值。若指定 multiple 属性，则控件为列表框且允许选择多项，在 Servlet 中用 request. getParameterValues（name）返回选中值的数组。

🕮 对于多选的列表框，request. getParameterValues（name）返回选中值的数组中值的次序，可能与列表中值的显示次序不对应。

---

6. 文件上传控件

文件上传控件用于向服务器上传文件，一般格式如下。

```
<input type = "file" name = "…" size = "…" >
```

该控件生成一个文本框和一个“浏览”按钮。用户可以直接在文本框中输入带路径的文件名，或单击“浏览”按钮，打开文件对话框选择文件。使用该控件要求其所在表单 <form>元素必须将 enctype 属性值指定为 multipart/form - data，并且 method 属性值必须指定为 post。

当表单提交时，文件内容和其他控件值被一同传送到服务器端，在服务器端的 Servlet 中使用 Part 对象存储上传来的文件内容，解析 Part 对象可以得到文件内容。请参阅 4. 3. 1 节了解 Part 对象的使用。

2. 7. 2　表单页面的创建

本节创建一个名为 register. html 的页面，其中包含多种表单控件，访问该页面运行结果如图 2-12 所示。

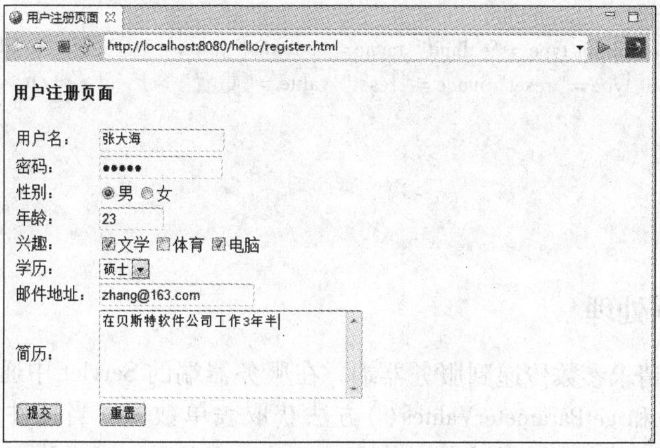

图 2-12　register. html 页面运行结果

【例 2-8】register. html 页面，代码如下。

```
<! DOCTYPE html>
<html>
<head>
<meta charset="UTF-8">
<title>用户注册页面</title>
</head>
<body>
<body>
<h4>用户注册页面</h4>
<form action="register. action" method="post">
<table>
<tr><td>用户名:</td>
    <td><input type="text" name="username" size="15"></td></tr>
<tr><td>密码:</td>
    <td><input type="password" name="password" size="16"></td></tr>
<tr><td>性别:</td>
    <td><input type="radio" name ="sex" value="male">男
       <input type="radio" name ="sex" value="female">女</td></tr>
<tr><td>年龄:</td> <td><input type="text" name="age" size="5"></td></tr>
<tr><td>兴趣:</td>
<td><input type="checkbox" name="hobby" value="read">文学
       <input type="checkbox" name="hobby" value="sport">体育
       <input type="checkbox" name="hobby" value="computer">电脑</td></tr>
<tr><td>学历:</td>
<td><select name="education">
       <option value="bachelor">学士</option>
       <option value="master">硕士</option>
       <option value="doctor">博士</option>
       </select>
/td></tr>
<tr><td>邮件地址:</td><td><input type="text" name="email" size="20"></td>
</tr>
<tr><td>简历:</td><td><textarea name="resume" rows="5" cols="30"></textarea>
</td></tr>
<tr><td><input type="submit" name="submit" value="提交"></td>
<td><input type="reset" name="reset" value="重置"></td></tr>
<table>
</form>
</body>
</html>
```

2.7.3 表单数据处理

表单数据作为请求参数传递到服务器端，在服务器端的 Servlet 中通常使用请求对象的 getParameter()方法和 getParameterValues()方法获取表单数据。当控件只有一个值时使用 getParameter()方法，当控件有多个值时使用 getParameterValues()方法。

下面的 FormServlet 读取 register. html 页面传递来的请求参数，并显示用户输入信息，运行结果如图 2-13 所示。

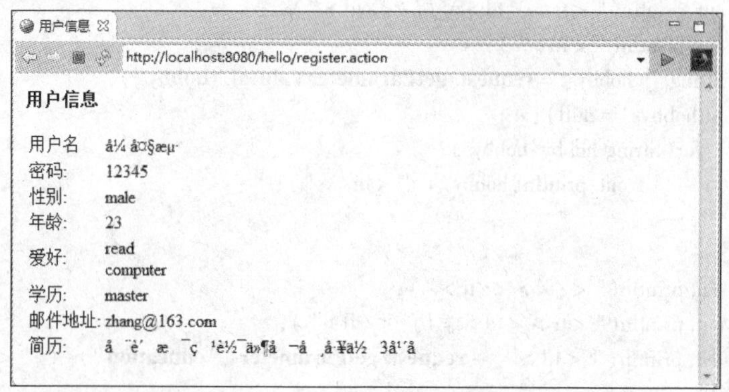

图 2-13　FormServlet 运行结果

【例 2-9】 FormServlet. java 程序，代码如下。

```
package com. demo;
import java. io. IOException;
import java. io. PrintWriter;
import javax. servlet. ServletException;
import javax. servlet. annotation. WebServlet;
import javax. servlet. http. HttpServlet;
import javax. servlet. http. HttpServletRequest;
import javax. servlet. http. HttpServletResponse;
@ WebServlet( name = "FormServlet" ,urlPatterns = { "/register. action" } )
public class FormServlet extends HttpServlet {
    private static final long serialVersionUID  = 54L;
    private static final String TITLE = "用户信息";
    @ Override
    public void doPost( HttpServletRequest request, HttpServletResponse response)
                throws ServletException, IOException {
        response. setContentType( "text/html;charset = UTF - 8" );
        PrintWriter out = response. getWriter( );
        out. println( " <html > " );
        out. println( " <head > " );
        out. println( " <title > "  + TITLE  + " </title > </head > " );
        out. println( " </head > " );
        out. println( " <body > <h4 > "  + TITLE  + " </h4 > " );
        out. println( " <table > " );
        out. println( " <tr > <td >用户名 </td > " );
        String username  = request. getParameter( "username" );
        out. println( " <td > "  + username  + " </td > </tr > " );
        out. println( " <tr > <td >密码: </td > " );
        out. println( " <td > "  + request. getParameter( "password" )  + " </td > </tr > " );
        out. println( " <tr > <td >性别: </td > " );
        out. println( " <td > "  + request. getParameter( "sex" )  + " </td > </tr > " );
```

```
            out.println("<tr><td>年龄:</td>");
            out.println("<td>" +request.getParameter("age") + "</td></tr>");
            out.println("<tr><td>爱好:</td>");
            out.println("<td>");
            String[] hobbys =request.getParameterValues("hobby");
            if(hobbys!=null){
              for(String hobby:hobbys){
                    out.println(hobby + "<br/>");
              }
            }
            out.println("</td></tr>");
            out.println("<tr><td>学历:</td>");
            out.println("<td>" +request.getParameter("education") + "</td></tr>");

            out.println("<tr><td>邮件地址:</td>");
            out.println("<td>" + request.getParameter("email") + "</td></tr>");
            out.println("<tr><td>简历:</td>");
            out.println("<td>" +request.getParameter("resume") + "</td></tr>");
            out.println("</table>");
            out.println("</body>");
            out.println("</html>");
        }
    }
```

使用请求对象的 getParameterNames()方法，可以得到提交表单中的所有参数名，在这些参数上调用 getParameterValues()方法可以得到所有参数值。

```
Enumeration<String> parameterNames = request.getParameterNames();
while (parameterNames.hasMoreElements()) {
     String paramName = parameterNames.nextElement();
    out.println(paramName + ":");
    String[] paramValues = request.getParameterValues(paramName);
    for (String paramValue : paramValues) {
          out.println(paramValue + "<br/>");
    }
}
```

注意，在图 2-13 显示的结果中“用户名”和“简历”的值为乱码，这是因为表单数据传输默认使用 ISO-8859-1 编码，这种编码不能正确解析中文。一种解决办法是将请求对象的字符编码和响应的内容类型都设置为 UTF-8，如下所示。

```
request.setCharacterEncoding("UTF-8");
response.setContentType("text/html;charset=UTF-8");
```

另一种解决办法是将从客户端读取的中文使用 String 类的 getBytes()方法转换成字节数组，然后作为 String 的第一个参数，UTF-8 作为第二个参数重新创建字符串，之后显示中文正常。

```
String username = request. getParameter( "username" );
username  = new String( username. getBytes( "ISO - 8859 - 1" ) ," UTF - 8" );
```

📖 在 Servlet 中仅使用 response. setContentType("text/html;charset = UTF - 8")；语句将响应的内容类型设置为 UTF - 8，输出中文时也可能产生乱码。

2.8 小结

本章介绍了 Servlet 的基本概念和常用接口、Servlet 的执行过程和生命周期，重点介绍了请求和响应模型，其中包括如何获取请求参数、如何检索请求头，以及如何发送响应、ServletContext 接口的应用等。最后介绍了 Web 应用中最常用的功能表单数据的处理，还讨论了乱码的解决方案。

Web 应用程序是一种运行在应用程序服务器中并可以通过 Web 访问的应用程序，它是由多个 Servlet、JSP 页面、HTML 文件及图像文件等组成的。Web 应用程序具有严格定义的目录结构，不同的文件需存放在不同的目录中，用于每个 Web 应用程序在它的根目录中都必须有一个 WEB - INF 目录，用于存放部署描述文件 web. xml 和只供服务器访问的文件。

2.9 习题

1. 下面哪个方法不是 Servlet 生命周期方法？(　　)

A. public void destroy( )　　B. public void service( )

C. public ServletConfig getServletConfig( )　　D. public void init( )

2. Web 应用程序需要访问数据库，数据库驱动程序的 JAR 文件应该存放在哪个目录中？(　　)

A. Web 文档根目录　　B. WEB - INF\classes 目录

C. WEB - INF\lib 目录　　D. 任意目录均可

3. 如果一个 JSP 页面不允许客户直接访问，应该将它存放在哪个目录中？(　　)

A. Web 文档根目录　　B. \jsp 目录

C. WEB - INF 目录或其子目录　　D. 任意目录均可

4. 给定一个 URL，如下所示：

http://www. hacker. com/myapp/cool/bar. do？q = JSP

调用 request. getRequestURI( )方法返回的结果是（　　）。

A. www. hacker. com　　B. myapp/cool

C. myapp/cool/bar. do　　D. q = JSP

5. 要使向服务器发送的数据不在浏览器的地址栏中显示，应该使用什么方法？(　　)

A. POST　　B. GET　　C. PUT　　D. HEAD

6. 考虑下面的 HTML 页面代码：<a href = "/HelloServlet">请求</a>

当用户在显示的超链接上单击时，将调用 HelloServlet 的哪个方法？(　　)

A. doPost( )

B. doGet( )

C. doForm( )

D. doHref( )

7. 如果一个 HttpServlet 类要为 HTTP POST 请求提供服务，它应该覆盖下面哪个方法？(   )

A. doPost (ServletRequest, ServletResponse)

B. doPOST (ServletRequest, ServletResponse)

C. servicePost (HttpServletRequest, HttpServletResponse)

D. doPost (HttpServletRequest, HttpServletResponse)

8. 将一个 Student 类的对象 student 用名称 studobj 存储到请求作用域中，下面代码哪个是正确的？(   )

A. request. setAttribute("student", studobj)

B. request. addAttribute("student", studobj)

C. request. setAttribute("studobj", student)

D. request. getAttribute("studobj", student)

9. 如果要将 DataServlet 的输出包含到另一个 Servlet 中，应该使用下面哪段代码实现？(   )

A. RequestDispatcher rd = request. getRequestDispatcher( );
   rd. include("DataServlet", request, response);

B. RequestDispatcher rd = request. getRequestDispatcher( );
   rd. include("DataServlet", response);

C. RequestDispatcher rd = request. getRequestDispatcher("DataServlet");
   rd. include(request, response);

D. RequestDispatcher rd = request. getRequestDispatcher("DataServlet");
   rd. include(response);

10. 如果需要向浏览器发送 Microsoft Word 文档，应该使用下面哪个语句创建 out 对象？(   )

A. PrintWriter out = response. getServletOutput( );

B. PrintWriter out = response. getPrintWriter( );

C. OutputStream out = response. getWriter( );

D. OutputStream out = response. getOutputStream( );

11. 如果 Servlet 在处理请求中发生异常，可以使用哪个方法向浏览器发送错误响应？(   )

A. HttpServlet 的 sendError(int errorCode)方法

B. HttpServletRequest 的 sendError(int errorCode)方法

C. HttpServletResponse 的 sendError(int errorCode)方法

D. HttpServletRequest 的 sendError(String errorMsg)方法

12. 下面哪个方法用于从 ServletContext 中检索属性？(   )

A. String getAttribute(int index)

B. String getObject(int index)

C. Object getAttribute(int index)

D. Object getObject(int index)

E. Object getAttribute(String name)　　　　F. String getAttribute(String name)

13. 下面哪个方法用来检索 ServletContext 初始化参数？(　　)

A. Object getInitParameter(int index)

B. Object getParameter(int index)

C. Object getInitParameter(String name)

D. String getInitParameter(String name)

E. String getParameter(String name)

14. 有一个 URL，http://www.myserver.com/hello? userName = John，问号后面的内容称为什么？

15. HTTP 请求结构由哪几部分组成？请求行由哪几部分组成？

16. HTTP 响应结构由哪几部分组成？状态行由哪几部分组成？

17. GET 请求和 POST 请求有什么异同？

18. 使用 RequestDispatcher 的 forward()转发请求和使用响应对象的 sendRedirect()重定向有何异同？

19. 在部署描述文件中 <servlet>元素的子元素 <load-on-startup>的功能是什么？使用注解如何指定该元素？

第3章　JSP基础

JSP（JavaServer Pages）是一种动态页面技术，它在 Java Web 应用中主要实现表示逻辑。本章首先讨论 JSP 页面基本语法、生命周期，然后介绍 JSP 页面指令属性、脚本元素的使用、JSP 隐含对象及 JSP 页面作用域。另外，还介绍了 JavaBeans 的应用和 MVC 设计模式等。这些内容是 JSP 技术模型的基础知识，它将有助于理解后面章节中更复杂的问题。

3.1　JSP 页面概述

JSP 页面是在 HTML 页面中嵌入 JSP 元素的动态 Web 页面，一般来说在 JSP 页面中可以包含的元素如表 3-1 所示。

表 3-1　JSP 页面元素

JSP 页面元素	简要说明	标签语法
声明	声明变量与定义方法	<%! Java 声明% >
小脚本	执行业务逻辑的 Java 代码	<% Java 代码% >
表达式	用于在 JSP 页面输出表达式的值	<% =表达式% >
指令	指定转换时向容器发出的指令	<%@ 指令% >
动作	向容器提供请求时的指令	<jsp:动作名/ >
EL 表达式	JSP 2.0 引进的表达式语言	${applicationScope.email}
注释	用于文档注释	<% --任何文本 --% >

下面是一个简单的 JSP 页面 todayDate.jsp，用于输出当前的日期。

【例 3-1】 todayDate.jsp 页面，代码如下。

```
<%@ page contentType = "text/html;charset = UTF - 8" pageEncoding = "UTF - 8"% >
<%@ page import = "java.time.LocalDate" % >
<%! LocalDate date = null; % >
<html > <head > <title >当前日期</title > </head >
<body >
  <%
     date = LocalDate.now( );  // 创建一个 LocalDate 对象
  % >
今天的日期是: <% = date.toString( ) % >
</body > </html >
```

该页面包含 JSP 指令、声明、小脚本和 JSP 表达式。页面中除 JSP 元素外的其他内容称为模板文本（Template Text）。当 JSP 页面被客户访问时，页面首先在服务器端被转换成一个 Java

源程序文件，然后该程序在服务器端编译和执行，最后向客户发送执行结果，通常是文本数据。这些数据由HTML标签包围起来，然后发送到客户端。由于嵌入在JSP页面中的Java代码是在服务器端处理的，客户并不了解这些代码。访问该页面，输出结果如图3-1所示。

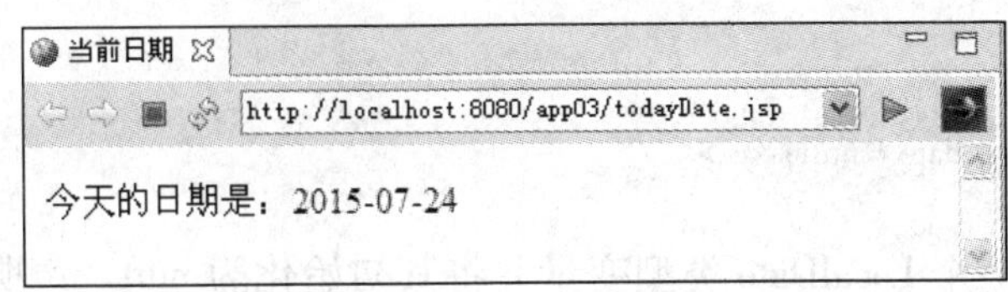

图3-1　todayDate. jsp输出结果

3.1.1　JSP指令

指令（Directive）用于向容器提供关于JSP页面的总体信息。在JSP页面中，指令是以"<%@"开头，以"%>"结束的标签。指令有3种类型：page指令、include指令和taglib指令。3种指令的语法格式如下。

```
<%@ page attribute-list %>
<%@ include attribute-list %>
<%@ taglib attribute-list %>
```

在上面的指令标签中，attribute-list表示一个或多个针对指令的属性/值对，多个属性之间用空格分隔。

1. page指令

page指令用于通知容器关于JSP页面的总体特性。例如，下面的page指令通知容器页面输出的内容类型和使用的字符集。

```
<%@ page contentType="text/html;charset=UTF-8" %>
<%@ page import="java.time.LocalDate" %>
```

2. include指令

include指令实现把另一个文件（HTML、JSP等）的内容包含到当前页面中。下面是include指令的一个例子。

```
<%@ include file="copyright.html" %>
```

3. taglib指令

taglib指令用来指定在JSP页面中使用标准标签或自定义标签的前缀与标签库的URI，下面是taglib指令的例子。

```
<%@ taglib prefix ="demo" uri="/WEB-INF/mytaglib.tld" %>
```

3.1.2　JSP脚本元素

在JSP页面中有3种脚本元素（Scripting Elements）：声明、小脚本和表达式。

1. JSP 声明

声明（Declaration）用来在 JSP 页面中声明变量和定义方法。声明是以“<%!”开头，以“%>”结束的标签，其中可以包含任意数量的合法的 Java 声明语句。下面是 JSP 声明的一个例子。

```
<%! LocalDate date = null; %>
```

上面代码声明了一个 LocalDate 类型变量并将其初始化为 null。声明的变量将被转换成页面实现类的成员变量。注意，由于声明包含的是声明语句，所以每个变量的声明语句必须以分号结束。

下面代码在一个标签中声明了一个变量和一个方法。

```
<%!
    String color[] = {"red","green","blue"};
    String getColor(int i){
        return color[i];
    }
%>
```

2. JSP 小脚本

小脚本（Scriptlets）是嵌入在 JSP 页面中的 Java 代码段。小脚本是以“<%”开头，以“%>”结束的标签。例如，下面就是 JSP 小脚本的一个例子。

```
<%
    date = LocalDate.now();   // 创建一个 LocalDate 对象
%>
```

小脚本在每次访问页面时都被执行。由于小脚本可以包含任何 Java 代码，所以它通常用来在 JSP 页面嵌入计算逻辑。

注意，小脚本的起始标签“<%”后面没有任何特殊字符，在小脚本中的代码必须是合法的 Java 语言代码，例如下面的代码是错误的，因为它没有使用分号结束。

```
<% out.print(date.toString() %>
```

不能在小脚本中声明方法，因为在 Java 语言中不能在方法中定义方法。

3. JSP 表达式

表达式（Expression）是以“<%=”开头，以“%>”结束的标签，它作为 Java 语言表达式的占位符。下面是 JSP 表达式的例子。

```
<% = date.toString() %>
```

在页面每次被访问时都要计算表达式，然后将其值嵌入到 HTML 的输出中。与变量声明不同，表达式不能以分号结束，因此下面的代码是非法的。

```
<% =date.toString(); %>
```

使用表达式可以向输出流输出任何对象或任何基本数据类型（int、boolean 和 char 等）的值，也可以打印任何算术表达式、布尔表达式或方法调用返回的值。

📖 在 JSP 表达式的百分号和等号之间，不能有空格。

3.1.3 JSP 动作

动作（Actions）是页面发给容器的命令，它指示容器在页面执行期间完成某种任务。一般语法格式如下。

```
<prefix:actionName attribute-list />
```

动作是一种标签，在动作标签中，prefix 为前缀名，actionName 为动作名，attribute-list 表示针对该动作的一个或多个属性/值对。

在 JSP 页面中可以使用 3 种动作：JSP 标准动作、标准标签库（JSTL）中的动作和用户自定义动作。例如，下面一行指示容器把另一个 JSP 页面 copyright.jsp 的输出包含在当前 JSP 页面的输出中。

```
<jsp:include page="copyright.jsp" />
```

下面是常用的 JSP 标准动作。

- jsp：include，在当前页面中包含另一个页面的输出。
- jsp：forward，将请求转发到指定的页面。
- jsp：useBean，查找或创建一个 JavaBeans 对象。
- jsp：setProperty，设置 JavaBeans 对象的属性值。
- jsp：getProperty，返回 JavaBeans 对象的属性值。

3.1.4 表达式语言

表达式语言（Expression Language，EL）是 JSP 2.0 新增加的特性，它是一种可以在 JSP 页面中使用的简洁的数据访问语言。它的格式如下。

```
${expression}
```

表达式语言以 $ 开头，后面是一对大括号，括号里面是合法的 EL 表达式。该结构可以出现在 JSP 页面的模板文本中，也可以出现在 JSP 标签的属性中。

```
${param.userName}
```

该 EL 显示请求参数 userName 的值。

3.1.5 JSP 注释

JSP 注释是以“<% --”开头，以“--%>”结束的标签。注释不影响 JSP 页面的输出，但它对用户理解代码很有帮助。JSP 注释的格式如下。

```
<% --这里是 JSP 注释内容 --% >
```

Web 容器在输出 JSP 页面时去掉 JSP 注释内容，所以在调试 JSP 页面时可以将 JSP 页面中的一大块内容注释掉，包括嵌套的 HTML 和其他 JSP 标签。然而，不能在 JSP 注释内嵌套另一个 JSP 注释。

还可以在小脚本或声明中使用一般的 Java 风格的注释，也可以在页面的 HTML 部分使用 HTML 风格的注释，如下所示。

```
<% // 这里是 Java 注释 % >
<! -- 这里是 HTML 注释 -- >
```

3.2 JSP 页面生命周期

一个 JSP 页面在其生命周期中要经历 6 个阶段，这些阶段称为生命周期阶段（Life - cycle Phases）。在讨论 JSP 页面的生命周期之前，需要了解 JSP 页面和它的页面实现类。

3.2.1 JSP 页面实现类

JSP 页面尽管从结构上看与 HTML 页面类似，但它实际上是作为 Servlet 运行的。当 JSP 页面第一次被访问时，Web 容器解析 JSP 文件并将其转换成相应的 Java 文件，该文件声明了一个 Servlet 类，称为页面实现类。接下来，Web 容器编译该类并将其装入内存，然后与其他 Servlet 一样执行，并将其输出结果发送到客户端。

下面以 todayDate. jsp 页面为例来看一下 Web 容器转换后的 Java 文件代码。在页面转换阶段，Web 容器自动将该页面转换成一个名为 todayDate_jsp. java 的类文件，位于 <tomcat - install> \work\Catalina\localhost\app03\org\apache\jsp 目录中，该文件是 JSP 页面实现类。

【例 3-2】 todayDate. jsp 页面实现类 todayDate_jsp. java 代码如下。

```
package org. apache. jsp;
import javax. servlet. * ;
import javax. servlet. http. * ;
import javax. servlet. jsp. * ;
import java. time. LocalDate;

public final class todayDate_jsp extends org. apache. jasper. runtime. HttpJspBase
                    implements org. apache. jasper. runtime. JspSourceDependent,
                              org. apache. jasper. runtime. JspSourceImports {
    LocalDate date = null;
    private static final javax. servlet. jsp. JspFactory _jspxFactory =
                              javax. servlet. jsp. JspFactory. getDefaultFactory( ) ;
```

```
private static java. util. Map < java. lang. String, java. lang. Long > _jspx_dependants;
private static final java. util. Set < java. lang. String > _jspx_imports_packages;
private static final java. util. Set < java. lang. String > _jspx_imports_classes;
static {
    _jspx_imports_packages = new java. util. HashSet < > ( ) ;
    _jspx_imports_packages. add( "javax. servlet" ) ;
    _jspx_imports_packages. add( "javax. servlet. http" ) ;
    _jspx_imports_packages. add( "javax. servlet. jsp" ) ;
    _jspx_imports_classes = new java. util. HashSet < > ( ) ;
    _jspx_imports_classes. add( "java. time. LocalDate" ) ;
}
 private javax. el. ExpressionFactory _el_expressionfactory;
private org. apache. tomcat. InstanceManager _jsp_instancemanager;
 public java. util. Map < java. lang. String, java. lang. Long > getDependants( ) {
  return _jspx_dependants;
}
public java. util. Set < java. lang. String > getPackageImports( ) {
    return _jspx_imports_packages;
}
public java. util. Set < java. lang. String > getClassImports( ) {
    return _jspx_imports_classes;
}
public void _jspInit( ) {
    _el_expressionfactory = _jspxFactory. getJspApplicationContext(
                getServletConfig( ). getServletContext( ) ). getExpressionFactory( ) ;
    _jsp_instancemanager = org. apache. jasper. runtime. InstanceManagerFactory.
                getInstanceManager( getServletConfig( ) ) ;
 }
public void _ jspDestroy ( ) {
}
public void _ jspService ( final javax. servlet. http. HttpServletRequest request,
                           final javax. servlet. http. HttpServletResponse response)
      throws java. io. IOException,  javax. servlet. ServletException {
    final java. lang. String _ jspx_ method = request. getMethod ( ) ;
    if ( !" GET" . equals ( _ jspx_ method) && !" POST" . equals ( _ jspx_ method)
          && !" HEAD" . equals ( _ jspx_ method) &&
          ! DispatcherType. ERROR. equals ( request. getDispatcherType ( ) ) ) {
      response. sendError ( HttpServletResponse. SC_ METHOD_ NOT_ ALLOWED,
             " JSPs only permit GET POST or HEAD" ) ;
      return;
    }
    final javax. servlet. jsp. PageContext pageContext;
    javax. servlet. http. HttpSession session = null;
    final javax. servlet. ServletContext application;
    final javax. servlet. ServletConfig config;
    javax. servlet. jsp. JspWriter out  =  null;
    final java. lang. Object page = this;
    javax. servlet. jsp. JspWriter _ jspx_  out = null;
```

```
        javax.servlet.jsp.PageContext _jspx_page_context = null;
        try {
          response.setContentType("text/html;charset = UTF-8;charset = UTF-8");
          pageContext = _jspxFactory.getPageContext(this,request,response,
                          null,true,8192,true);
          _jspx_page_context = pageContext;
          application = pageContext.getServletContext();
          config = pageContext.getServletConfig();
          session = pageContext.getSession();
          out = pageContext.getOut();
          _jspx_out = out;
          out.write("<html><head><title>当前日期</title></head>\r\n");
          out.write("<body>\r\n");
          date = LocalDate.now();   // 创建一个 LocalDate 对象
          out.write(" \r\n");
          out.write("今天的日期是:");
          out.print(date.toString());
          out.write("\r\n");
          out.write("</body></html>\r\n");
    } catch (java.lang.Throwable t) {
          if (!(t instanceof javax.servlet.jsp.SkipPageException)){
          out = _jspx_out;
          if (out != null && out.getBufferSize() != 0)
            try {
              if (response.isCommitted()) {
                out.flush();
              } else {
                out.clearBuffer();
              }
            } catch (java.io.IOException e) {}
          if (_jspx_page_context != null) _jspx_page_context.handlePageException(t);
          else throw new ServletException(t);
          }
      } finally {
          _jspxFactory.releasePageContext(_jspx_page_context);
      }
    }
}
```

从上述代码中可以看到，页面实现类 todayDate_ jsp 继承了 HttpJspBase 类，它是 HttpServlet 的子类，因此 JSP 本质上也是作为 Servlet 执行的。

JSP 页面中的所有元素都转换成页面实现类的对应代码，page 指令的 import 属性转换成 import 语句，page 指令的 contentType 属性转换成 response.setContentType()调用，JSP 声明的变量转换为成员变量，小脚本转换成正常 Java 语句，模板文本和 JSP 表达式都使用 out.write()方法打印输出，输出是在转换的_jspService()方法中完成的。另外，在页面实现类中还定义了几个隐含变量，如 out、request、response、session 和 application 等，这些隐含变量可以直接在 JSP 页面中使用。

3.2.2 JSP 页面执行过程

下面以 todayDate.jsp 页面为例说明 JSP 页面生命周期的 6 个阶段。当客户首次访问 todayDate.jsp页面时，Web 容器执行该 JSP 页面要经过 6 个生命周期阶段，如图 3-2 所示。

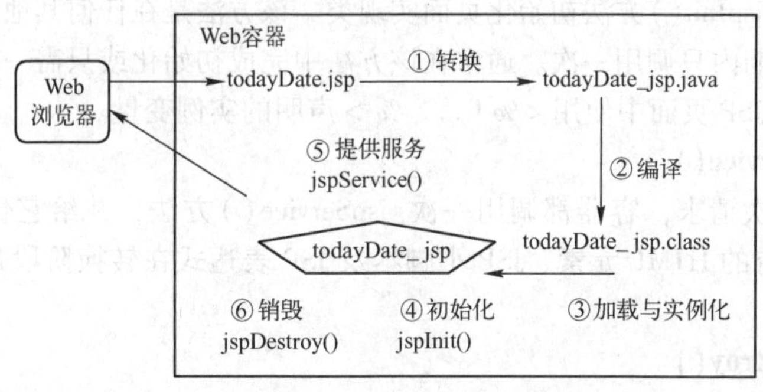

图 3-2　JSP 页面生命周期阶段

JSP 生命周期的前 3 个阶段将 JSP 页面转换成一个 Servlet 类，并装载和创建该类实例，后 3 个阶段为初始化、提供服务和销毁阶段。

1. 转换阶段

Web 容器读取 JSP 页面对其解析，并将其转换成 Java 源代码。JSP 文件中的元素都转换成页面实现类的成员。在这个阶段，容器将检查 JSP 页面中标签的语法，如果发现错误将不能转换。例如，下面的指令就是非法的，因为在 Page 中使用了大写字母 P，这将在转换阶段被捕获。

```
<%@ Page import = "java.util.*" %>
```

除了检查语法外，容器还将执行其他有效性检查，其中包括指令中“属性/值”对与标准动作的合法性检查；同一个 JavaBeans 名称在一个转换单元中没有被多次使用；如果使用了自定义标签库，标签库是否合法、标签的用法是否合法等。一旦验证完成，Web 容器将 JSP 页面转换成 Java 源文件，它实际上是一个 Servlet。

2. 编译阶段

在将 JSP 页面转换成 Java 文件后，Web 容器调用 Java 编译器 javac 编译该文件。在编译阶段，编译器将检查在声明中、小脚本中及表达式中所写的全部 Java 代码。例如，下面的声明标签尽管能够通过转换阶段，但由于声明语句没有以分号结束，所以不是合法的 Java 声明语句，因此在编译阶段会被查出。

```
<%! int count = 0 %>
```

大家可能注意到，当 JSP 页面被首次访问时，服务器响应要比以后的访问慢一些。这是因为在 JSP 页面向客户提供服务之前，必须要转换成 Servlet 类的实例。对于每个请求，容器要检查 JSP 页面源文件的时间戳及相应的 Servlet 类文件，以确定页面是否是新的或是否已经转换成类文件。因此，如果修改了 JSP 页面，将 JSP 页面转换成 Servlet 的整个过程要重新执行一遍。

3. 类的加载和实例化

Web 容器将页面实现类编译成类文件后，调用类加载程序（Class Loader）将页面实现类加载到内存中。之后，Web 容器调用页面实现类的默认构造方法，创建一个 Servlet 类的实例。

4. 调用 jspInit()

Web 容器调用 jspInit()方法初始化页面实现类。该方法是在任何其他方法调用之前调用的，并在页面生命期内只调用一次。通常在该方法中完成初始化或只需一次的设置工作，如获得资源及初始化 JSP 页面中使用 <%!... %>声明的实例变量。

5. 调用_jspService()

对该页面的每次请求，容器都调用一次_jspService()方法，并给它传递请求和响应对象。JSP 页面中所有的 HTML 元素、JSP 小脚本及 JSP 表达式在转换阶段都成为该方法的一部分。

6. 调用 jspDestroy()

当容器决定停止为该实例提供服务时，它将调用 jspDestroy()方法，这是在 Servlet 实例上调用的最后一个方法，它主要用来清理 jspInit()方法获得的资源。

一般不需要实现 jspInit()方法和 jspDestroy()方法，因为它们已经由基类实现了。但可以根据需要使用 JSP 的声明标签 <%!... %>覆盖这两个方法。然而，不能覆盖_jspService()方法，因为该方法由 Web 容器自动产生。

在 JSP 页面中可以使用 <%@ include … %>指令把另一个文件（如 JSP 页面、HTML 页面等）的内容包含到当前页面中。容器在为当前 JSP 页面产生 Java 代码时，它也把被包含的文件的内容插入到产生的页面实现类中。这些被转换成单个页面实现类的页面集合称为转换单元（Translation Unit）。有些 JSP 标签影响整个转换单元而不只是它们所在的页面，例如，page 指令影响整个转换单元。有些指令通知容器关于页面的总体性质，例如，page 指令的 contentType 属性指定响应的内容类型，session 属性指定页面是否参加 HTTP 会话。

3.3 page 指令

page 指令用于告知容器关于 JSP 页面的总体特性，该指令适用于整个转换单元而不仅仅是它所声明的页面。表 3-2 描述了 page 指令的常用属性。

表 3-2 page 指令的常用属性

属性名	说明	默认值
import	导入在 JSP 页面中使用的 Java 类和接口，其间用逗号分隔	java.lang.*; javax.servlet.*; javax.servlet.jsp.*; javax.servlet.http.*;
contentType	指定输出的内容类型和字符集	text/html; charset = ISO-8859-1
pageEncoding	指定 JSP 文件的字符编码	ISO-8859-1
session	用布尔值指定 JSP 页面是否参加 HTTP 会话	true
errorPage	用相对 URL 指定另一个 JSP 页面来处理当前页面的错误	null

（续）

属性名	说明	默认值
isErrorPage	用一个布尔值指定当前 JSP 页面是否用来处理错误	false
language	指定容器支持的脚本语言	java
extends	任何合法实现了 javax. servlet. jsp. JspPage 接口的 Java 类	与实现有关
buffer	指定输出缓冲区的大小	与实现有关
autoFlush	指定是否当缓冲区满时自动刷新	true
info	关于 JSP 页面的任何文本信息	与实现有关
isThreadSafe	指定页面是否同时为多个请求服务	true
isELIgnored	指定是否在此转换单元中对 EL 表达式求值	若 web. xml 采用 Servlet 2. 4 格式，默认值为 true

应该了解 page 指令的所有属性及它们的取值，但下面几个属性是最重要的：import、contentType、pageEncoding、session、errorPage 和 isErrorPage。

3. 3. 1　import 属性

import 属性的功能类似于 Java 程序的 import 语句，它将指定的类导入到页面中。在转换阶段，容器对每个包都转换成页面实现类的一个 import 语句。可以在一个 import 属性中导入多个包，包名用逗号分开即可，如下所示。

```
<%@ page import = "java.util.*,java.io.*,com.demo.*" %>
```

为了增强代码的可读性，也可以使用多个 page 指令，如上面的 page 指令也可以写成下面的格式。

```
<%@ page import = "java.util.*" %>
<%@ page import = "java.io.*" %>
<%@ page import = "com.demo.*" %>
```

由于在 Java 程序中 import 语句的顺序是没有关系的，因此这里 import 属性的顺序也没有关系。另外，容器总是导入 java. lang. *、javax. servlet. *、javax. servlet. http. * 和 javax. servlet. jsp. * 包，所以不必明确地导入它们。

3. 3. 2　contentType 和 pageEncoding 属性

contentType 属性指定 JSP 页面输出的 MIME 类型和字符集，MIME 类型的默认值是 text/html，字符集的默认值是 ISO－8859－1。MIME 类型和字符集之间用分号分隔，如下所示。

```
<%@ page contentType = "text/html;charset =ISO-8859-1" %>
```

上述代码与在 Servlet 中的下面一行等价。

```
response.setContentType("text/html;charset=ISO-8859-1");
```

如果页面需要显示中文，字符集应该指定为 UTF－8 或 GB18030，如下所示。

```
<%@ page contentType = "text/html;charset = UTF-8" %>
```

pageEncoding 属性指定 JSP 页面的字符编码，它的默认值为 ISO－8859－1。如果设置了该属性，则 JSP 页面使用这里设置的字符集编码；如果没有设置这个属性，则页面使用 contentType 属性指定的字符集。如果页面中含有中文，应该将该属性值指定为 UTF－8 或 GB18030，如下所示。

```
<%@ page pageEncoding = "UTF-8" %>
```

3.3.3 session 属性

session 属性指定 JSP 页面是否参加 HTTP 会话，其默认值为 true，在这种情况下容器将声明一个隐含变量 session。如果不希望页面参加会话，可以明确地加入下面一行。

```
<%@ page session = "false" %>
```

3.3.4 errorPage 与 isErrorPage 属性

在页面执行过程中，嵌入在页面中的 Java 代码可能抛出异常。与一般的 Java 程序一样，在 JSP 页面中也可以使用 try－catch 块处理异常。然而，JSP 规范定义了一种更好的方法，它可以使错误处理代码与主页面代码分离，从而提高异常处理机制的可重用性。在该方法中，JSP 页面使用 page 指令的 errorPage 属性将异常代理给另一个包含错误处理代码的 JSP 页面。在 error. jsp 页面中，指定 errorHandler. jsp 为错误处理页面。

【例 3-3】 error. jsp 页面，代码如下。

```
<%@ page contentType = "text/html; charset = UTF-8" %>
<%@ page errorPage = "errorHandler.jsp" %>
<html> <body>
下面故意抛出一个异常！
<%
    int i = 8 / 0;          <! -- 这里抛出一个 ArithmeticException 异常 -- >
    out.println("i = " + i);
%>
</body> </html>
```

访问该页面，其中小脚本代码发生了一个 ArithmeticException 异常。页面本身没有异常处理代码，通过 errorPage 属性指示容器将错误处理代码给 errorHandler. jsp 页面。

errorPage 属性值不必是 JSP 页面，它也可以是静态的 HTML 页面。

```
<%@ page errorPage = "errorHandler.html" %>
```

显然，在 errorHandler. html 文件中不能编写小脚本或表达式产生动态信息。

在 errorHandler. jsp 页面通过 isErrorPage 属性指定当前页面是否作为其他 JSP 页面的错误处理页面。若将 isErrorPage 属性值设置为 true，它将成为错误处理页面，否则是一般页面。在这种情况下，容器在页面实现类中声明一个名为 exception 的隐含变量。isErrorPage 属性的默认值为 false。

【例 3-4】errorHandler. jsp 页面，代码如下。

```
<%@ page contentType = "text/html; charset = UTF - 8" %>
<%@ pageisErrorPage = "true" %>
<html> <body>
    页面发生了下面错误: <% = exception. toString( )% > <br>
</body> </html>
```

📖 在 Eclipse 中使用内部浏览器测试上述页面不能正常运行，应该使用外部浏览器执行 JSP 页面。选择 Window→Web Browser 命令，设置外部浏览器。

3.3.5 在 DD 中配置错误页面

可以在 web. xml 文件中为整个 Web 应用配置错误处理页面。使用这种方法还可以根据异常类型的不同或 HTTP 错误码的不同配置错误处理页面。

在 DD 中配置错误页面需要使用 <error - page>元素，它的子元素有 <exception - type>、<error - code>和 <location>，它们分别指定处理错误的异常类型、HTTP 错误码和错误处理页面。

下面代码声明了一个处理算术异常（ArithmeticException）的错误页面。

```
<error - page>
    <exception - type>java. lang. ArithmeticException</exception - type>
    <location>/errorHandler. jsp </location>
</error - page>
```

还可以像下面这样，声明一个更通用的处理页面。

```
<error - page>
    <exception - type>java. lang. Throwable</exception - type>
    <location>/error/errorPage. jsp</location>
</error - page>
```

以下代码为 HTTP 的状态码 404 配置了一个错误处理页面。

```
<error - page>
    <error - code>404</error - code>
    <location>/error/notFoundError. jsp</location>
</error - page>
```

注意，<location>元素的值必须以“/”开头，它相对于 Web 应用的上下文根目录。

另外，如果在 JSP 页面中使用 page 指令的 errorPage 属性指定了错误处理页面，则 errorPage 属性指定的页面优先。

一般来说，为所有的 JSP 页面可能出现的错误指定一个错误页面是一个良好的编程习惯，这可以防止在客户端显示不希望的错误消息。

3.4 JSP 隐含变量

在 JSP 页面的转换阶段，Web 容器在页面实现类的_jspService( )方法中声明并初始化一些变量，可以在 JSP 页面小脚本或表达式中直接使用这些变量。这些变量是由容器创建的，可像变量一样使用，因此被称为隐含变量（Implicit Variables）。表 3-3 给出了容器声明的全部 9 个隐含对象。注意，这些隐含变量只能在 JSP 的小脚本和表达式中使用。

表 3-3　JSP 页面中可使用的隐含变量

隐含变量	类或接口	说　明
application	javax. servlet. ServletContext 接口	引用 Web 应用程序上下文
session	javax. servlet. http. HttpSession 接口	引用用户会话
request	javax. servlet. http. HttpServletRequest 接口	引用页面的当前请求对象
response	javax. servlet. http. HttpServletResponse 接口	用来向客户发送一个响应
out	javax. servlet. jsp. JspWriter 类	引用页面输出流
page	java. lang. Object 类	引用页面的 Servlet 实例
pageContext	javax. servlet. jsp. PageContext 类	引用页面上下文
config	javax. servlet. ServletConfig 接口	引用 Servlet 的配置对象
exception	java. lang. Throwable 类	用来处理错误

关于页面实现类可参阅 3.2.1 节中的内容。下面介绍最常用的隐含变量。

3.4.1 request 与 response 变量

request 和 response 分别是请求对象和响应对象，当页面实现类向客户提供服务时，它们作为参数传递给_jspService( )方法。在 JSP 页面中使用它们与在 Servlet 中完全一样，即用来分析请求和发送响应，如下面代码的所示。

```
<%
    String remoteAddr = request.getRemoteAddr();
    response.setContentType("text/html;charset=UTF-8");
%>
你的 IP 地址为：<%=remoteAddr%><br>
你的主机名为：<%=request.getRemoteHost()%>
```

📖 关于 request 和 response 对象可以调用哪些方法，请参阅 2.4 节和 2.5 节中的内容。

3.4.2 out 变量

out 是输出流对象，使用它的 print( )方法可向客户端打印输出所有的基本数据类型、字符串，以及用户定义的对象。可以在小脚本中直接使用它，也可以在表达式中间接使用它产生 HTML 代码。

```
<% out.print("HelloWorld!"); %>
<% = "HelloUser!" %>
```

上面两行代码，在页面实现类中都使用 out. print( )语句输出。

3.4.3 application 变量

application 是应用上下文对象，在 JSP 页面中使用和在 Servlet 中使用相同。下面两段小脚本是等价的。

```
<%
    String path = application.getRealPath("/WEB-INF/counter.db");
    application.log("绝对路径为:" + path);
%>
<%
    String path = getServletContext().getRealPath("/WEB-INF/counter.db");
    getServletContext().log("绝对路径为:" + path);
%>
```

3.4.4 session 变量

session 是会话对象。要使用会话对象，必须要求 JSP 页面参加 HTTP 会话，即要求将 JSP 页面的 page 指令的 session 属性值设置为 true（默认值）。如果明确将 session 属性值设置为 false，容器将不会声明该变量，对该变量的使用将产生错误，如下所示。

```
<%@ pagesession = "false" %>
<html><body>
    会话 ID = <% = session.getId() %>
</body></html>
```

3.4.5 pageContext 变量

pageContext 是页面上下文对象，它是 javax. servlet. jsp. PageContext 类的实例，主要有以下 3 个作用。

1）存储隐含对象的引用。pageContext 对象是作为管理所有在 JSP 页面中使用的其他对象的一个地方，包括用户定义的和隐含的对象，并且它提供了一个访问方法来检索它们。如果查看 JSP 页面生成的 Servlet 代码，会看到 session、application、config 与 out 这些隐含变量是调用 pageContext 对象的相应方法得到的。

2）提供了在不同作用域内返回或设置属性的非常方便的方法。

3）提供了 forward( )方法和 include( )方法实现将请求转发到另一个资源和将一个资源的输出包含到当前页面中的功能，它们的格式如下。

- publicvoid include（String relativeURL）：将另一个资源的输出包含在当前页面的输出中，与 RequestDispatcher 接口的 include( )方法功能相同。
- publicvoid forward（String relativeURL）：将请求转发到参数指定的资源，与 RequestDispatcher 接口的 forward( )方法功能相同。

例如，从 Servlet 中将请求转发到另一个资源，需要写出下面两行代码。

```
RequestDispatcherrd = request. getRequestDispatcher( " other. jsp" ) ;
rd. forward( request, response) ;
```

在 JSP 页面中，通过使用 pageContext 变量仅需一行就可以完成上述功能。

```
pageContext. forward( " other. jsp" ) ;
```

3.4.6 config 变量

config 是 Servlet 配置对象。在创建 Servlet 时可以通过部署描述文件或注解为 Servlet 传递一组初始化参数，然后使用 ServletConfig 对象检索这些参数。

类似地，也可以为 JSP 页面传递一组初始化参数，这些参数在 JSP 页面中可以使用 config 隐含变量来检索。要实现这一点，应该首先在部署描述文件 web. xml 中使用 < servlet - name >声明一个 Servlet，然后，使用 < jsp - file >元素使其与 JSP 页面关联。对该命名的 Servlet 初始化参数，就可以在 JSP 页面中通过 config 隐含变量使用。

3.4.7 exception 变量

exception 是异常对象，它被用来进行异常处理。为使页面能够使用 exception 变量，必须在 page 指令中将 isErrorPage 的属性值设置为 true。

```
< %@  page isErrorPage = true´% >
< %@  page contentType = " text/html; charset = utf - 8" % >
< html > < body >
    页面发生了下面错误: < % = exception. toString( ) % >
</body > </html >
```

3.5 作用域对象

在 JSP 页面中有 4 个作用域对象，它们的类型分别是 ServletContext、HttpSession、HttpServletRequest 和 PageContext，这 4 个作用域分别称为应用（application）作用域、会话（session）作用域、请求（request）作用域和页面（page）作用域，如表 3-4 所示。

表 3-4 JSP 作用域对象

作用域名	对应的对象	存在性和可访问性
应用作用域	application	在整个 Web 应用程序有效
会话作用域	session	在一个用户会话范围内有效
请求作用域	request	在用户的请求和转发的请求内有效
页面作用域	pageContext	只在当前的页面（转换单元）内有效

在 JSP 页面中，所有的隐含对象及用户定义的对象都处于这 4 种作用域之一，这些作用域定义了对象存在性，以及从 JSP 页面和 Servlet 中的可访问性。应用作用域对象具有最大的访问作用域，页面作用域对象具有最小的访问作用域。

3.5.1 应用作用域

存储在应用作用域中的对象可被 Web 应用程序的所有组件共享，并在应用程序生命期内都可以访问。这些对象是通过 ServletContext 实例作为“属性/值”对维护的。在 JSP 页面中，该实例可以通过隐含对象 application 访问。因此，要在应用程序级共享对象，可以使用 ServletContext 接口的 setAttribute( )方法和 getAttribute( )方法。例如，在 Servlet 中使用下面代码将对象存储在应用作用域中。

```
User loginUser = new User( );
ServletContext context = getServletContext( );
context. setAttribute( "user" ,loginUser) ;
```

在 JSP 页面中就可使用下面代码访问 context 中的数据。

```
< % = application. getAttribute( "user" ) % >
```

3.5.2 会话作用域

存储在会话作用域中的对象可以被属于一个用户会话的所有请求共享，并只能在会话有效时才可被访问。这些对象是通过 HttpSession 类的一个实例作为“属性/值”对维护的。在 JSP 页面中，该实例可以通过隐含对象 session 访问。因此，要在会话级共享对象，可以使用 HttpSession 接口的 setAttribute( )方法和 getAttribute( )方法。关于会话的概念和 HttpSession 接口的使用，在第 4 章中将详细讨论。

在购物车应用中，用户的购物车对象就应该存放在会话作用域中，它在整个的用户会话中共享。

```
HttpSession session = request. getSession( true) ;
//从会话对象中检索购物车
ShoppingCart cart = ( ShoppingCart) session. getAttribute( "cart" ) ;
if (cart == null) {
    cart = new ShoppingCart( ) ;
    //将购物车存储到会话对象中
    session. setAttribute( "cart" ,cart) ;
}
```

在 JSP 页面中可使用下面代码访问会话作用域中的数据。

```
<% =session.getAttribute("cart") %>
```

3.5.3 请求作用域

存储在请求作用域中的对象可以被处理同一个请求的所有组件共享。这些对象是由 HttpServletRequest 对象作为“属性/值”对保存的。在 JSP 页面中，该实例是通过隐含对象 request 的形式被使用的。通常，在 Servlet 中用请求对象的 setAttribute( ) 方法将一个对象存储到请求作用域中，然后将请求转发到 JSP 页面，在 JSP 页面中通过脚本或 EL 取出作用域中的对象。

例如，下面代码在 Servlet 中创建一个 User 对象并存储在请求作用域中，然后将请求转发到 valid.jsp 页面。

```
User user = new User();
user.setName(request.getParameter("name"));
user.setPassword(request.getParameter("password"));
request.setAttribute("user",user);
RequestDispatcher rd = request.getRequestDispatcher("/valid.jsp");
rd.forward(request,response);
```

下面是 valid.jsp 文件。

```
<%
User user = (User) request.getAttribute("user");
if (isValid(user)){                              // 验证用户是否合法
    request.removeAttribute("user");             // 从请求作用域中删除 user 对象
    session.setAttribute("user",user);           // 将 user 对象存储在会话作用域中
    pageContext.forward("account.jsp");          // 将请求转发到 account.jsp 页面
}else{
    pageContext.forward("loginError.jsp");
}
%>
```

这里，valid.jsp 页面根据数据库验证用户信息，根据验证处理的结果，或者将对象存储在会话作用域中并将请求转发给 account.jsp，或者将请求转发给 loginError.jsp，它可以使用 user 对象产生一个适当的响应。

3.5.4 页面作用域

存储在页面作用域中的对象只能在它们所定义的转换单元中被访问。它们不能存在于一个转换单元的单个请求处理之外。这些对象是由 PageContext 抽象类的一个具体子类的一个实例通过“属性/值”对保存的。在 JSP 页面中，该实例可以通过隐含对象 pageContext 访问。页面作用域使用较少，这里不再讨论。

3.6 JSP 组件包含

代码的可重用性是软件开发的一个重要原则。使用可重用的组件可提高应用程序的生产率和可维护性。JSP 规范定义了一些允许重用 Web 组件的机制，其中包括在 JSP 页面中包含另一个 Web 组件的内容或输出。这可以通过两种方式实现：静态包含或动态包含。

3.6.1 静态包含：include 指令

静态包含是在 JSP 页面转换阶段将另一个文件的内容包含到当前 JSP 页面中。使用 JSP 的 include 指令完成这一功能，它的语法如下。

```
<%@ include file="relativeURL" %>
```

file 属性是唯一的属性，它是指被包含的文件。文件使用相对路径指定。相对路径或者以斜杠（/）开头，是相对于 Web 应用程序文档根目录的路径；或者不以斜杠开头，是相对于当前 JSP 文件的路径。被包含的文件可以是任何基于文本的文件，如 HTML、JSP 和 XML 文件，甚至是简单的 TXT 文件。

下面的两个例子在 hello.jsp 页面中使用 include 指令包含 response.jsp 页面。

【例 3-5】 hello.jsp 页面，代码如下。

```
<%@ page contentType="text/html;charset=utf-8" %>
<html>
<head><title>Hello</title></head>
<body bgcolor="white">
    <img src="images/duke.gif">
    My name is Duke. What is yours?
    <formaction="" method="post">
      <input type="text" name="username" size="25">
      <input type="submit" value="提交">
      <input type="reset" value="重置">
    </form>
    <%! String userName="Duke"; %>
    <%@include file="response.jsp" %>
</body>
</html>
```

【例 3-6】 response.jsp 页面，代码如下。

```
<%@ page contentType="text/html;charset=utf-8" %>
<% userName=request.getParameter("username");%>
<h3>Hello, <%=userName%>! </h3>
```

在 hello.jsp 页面中声明了一个变量 userName，并使用 include 指令包含了 response.jsp 页面。由于被包含 JSP 页面的代码成为主页面代码的一部分，因此，每个页面都可以访问在另一个页面中定义的变量。在 response. jsp 页面中使用了 hello. jsp 页面中声明的变量 userName。包含页面和被包含页面也共享所有的隐含变量。

程序的运行结果如图 3-3 所示。

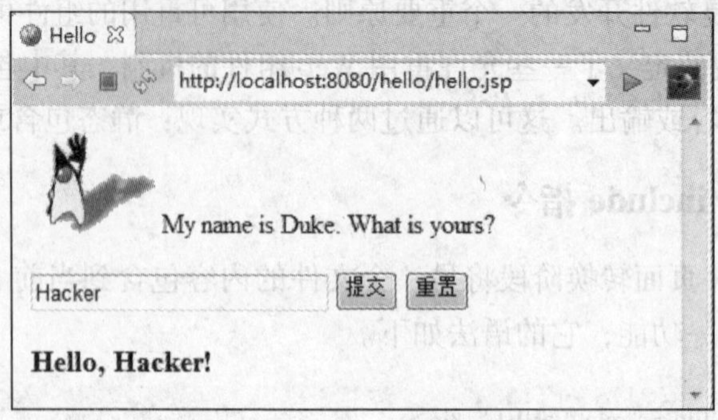

图 3-3　hello. jsp 的运行结果

3. 6. 2　动态包含：include 动作

动态包含是通过 JSP 标准动作 <jsp:include> 实现的。动态包含是在请求时将另一个页面的输出包含到主页面的输出中。该动作的格式如下。

```
<jsp:include page = "relativeURL"  flush = "true  |  false" />
```

这里，page 属性是必须的，其值必须是相对 URL，并指向任何静态或动态 Web 组件，包括 JSP 页面、Servlet 等。可选的 flush 属性是指在将控制转向被包含页面之前是否刷新主页面。如果当前 JSP 页面被缓冲，那么在把输出流传递给被包含组件之前，应该刷新缓冲区。flush 属性的默认值为 false。

page 属性的值可以是请求时表达式，如下所示。

```
<%! String pageURL = "other. jsp"; %>
<jsp:include page = "<% = pageURL %>" />
```

1. 使用 <jsp:param> 传递参数

在 <jsp:include> 动作中可以使用 <jsp:param /> 向被包含的页面传递参数。下面的代码向 somePage. jsp 页面传递两个参数。

```
<jsp:include page = "somePage. jsp" >
    <jsp:param name = "name1"  value = "value1"  />
    <jsp:param name = "name2"  value = "value2"  />
</jsp:include>
```

在 <jsp:include> 元素中,可以嵌入任意多的 <jsp:param> 元素。value 的属性值也可以像下面这样使用请求时属性表达式来指定。

```
<jsp:include page = "somePage. jsp" >
    <jsp:param name = "name1"  value = "<% = someExpr1 %>" />
```

```
    <jsp:param name = "name2" value = "<% = someExpr2 %>" />
</jsp:include>
```

通过<jsp:param>动作传递的“名/值”对保存在 request 对象中并只能由被包含的组件使用，在被包含的页面中使用 request 隐含对象的 getParameter( )方法获得传递来的参数。这些参数的作用域是被包含的页面，在被包含的组件完成处理后，容器将从 request 对象中清除这些参数。

2. 与动态包含的组件共享对象

由于被包含的页面是单独执行的，因此它们不能共享在主页面中定义的变量和方法。然而，它们处理的请求对象是相同的，因此可以共享属于请求作用域的对象。下面的程序说明了这一点。

【例 3–7】 hello2. jsp 页面，代码如下。

```
<%@ page contentType = "text/html;charset = UTF - 8"% >
<html>
<head> <title>Hello</title> </head>
<body bgcolor = "white" >
    <img src = "images/duke. gif" >
   My name is Duke. What is yours?
    <formaction = "" method = "post" >
       <input type = "text" name = "username" size = "25" >
       <input type = "submit" value = "提交" >
       <input type = "reset" value = "重置" >
    </form>
    <% String userName = request. getParameter( "username" );
       request. setAttribute( "username" ,userName);
    %>
    <jsp:include page = "response2. jsp" />
</body>
</html>
```

访问该页面产生的输出结果与前面程序的输出结果相同，但它使用了动态包含而不是静态包含。主页面 hello2. jsp 通过调用 request. setAttribute( )方法，把 userName 对象添加到请求作用域中，然后，被包含的页面 response2. jsp 通过调用 request. getAttribute( )方法检索该对象并使用表达式输出。

【例 3–8】 response2. jsp 页面，代码如下。

```
<%@ page contentType = "text/html;charset = UTF - 8" % >
<% String userName = (String)request. getAttribute( "username" );% >
<h3>Hello, <% = userName% >!  </font> </h3>
```

这里，在 hello2. jsp 文件中的隐含变量 request 与 response2. jsp 文件中的隐含变量 request 是请求作用域内的同一个对象。

除 request 对象外，还可以使用隐含变量 session 和 application 在被包含的页面中共享对象。例如，如果使用 application 代替 request，那么 username 对象就可被多个客户使用。

3.6.3 使用 <jsp:forward> 动作

使用 <jsp:forward> 动作把请求转发到其他组件，然后由转发到的组件把响应发送给客户，该动作的格式如下。

```
<jsp:forward page = "relativeURL" />
```

page 属性的值为转发到的组件的相对 URL，它可以使用请求时属性表达式。它与 <jsp:include> 动作的不同之处在于，当转发到的页面处理完输出后，并不将控制转回主页面。使用 <jsp:forward> 动作，主页面也不能包含任何输出。

在 JSP 页面中使用 <jsp:forward> 标准动作实际上实现的是控制逻辑的转移。在 MVC 体系结构中，控制逻辑应该由控制器（Servlet）实现而不应该由视图（JSP 页面）实现。因此，尽可能不在 JSP 页面中使用 <jsp:forward> 动作转发请求。

3.7 JavaBeans 应用

JavaBeans 是 Java 平台的组件技术，在 Java Web 开发中常用 JavaBeans 来存放数据、封装业务逻辑等，从而更好地实现业务逻辑和表示逻辑的分离，使系统具有更好的健壮性和灵活性。对程序员来说，JavaBeans 最大的好处是可以实现代码重用，另外对程序的易维护性等也有很大的意义。

3.7.1 JavaBeans 概述

JavaBeans 是用 Java 语言定义的类，这种类的设计需要遵循 JavaBeans 规范的有关约定。任何满足下面两个要求的 Java 类都可以作为 JavaBeans 使用。

1）JavaBeans 应该是 public 类，且具有无参数的构造方法，定义不带参数的构造方法或使用默认的构造方法均可满足这个要求。为了使 JavaBeans 对象可序列化，该类还应该实现 java.io.Serializable 接口。

2）JavaBeans 类的成员一般称为属性（Property）。属性的访问权限应为 private，并为每个属性定义一个访问方法（getter）和一个修改方法（setter），它们用来访问和修改 JavaBeans 的属性。访问方法名应该定义为 getXxx()方法，修改方法名应该定义为 setXxx()方法。

除了访问方法和修改方法外，JavaBeans 类中还可以定义其他的方法实现某种业务逻辑。也可以只为某个属性定义访问方法，这样的属性就是只读属性。

下面的 Customer 类使用 3 个 private 属性封装了客户信息，并提供了访问和修改这些信息的方法。

【例 3-9】 Customer.java 程序，代码如下。

```
package com.demo;
import java.io.Serializable;
public class Customer implements Serializable{
```

```
    // 属性声明
    private String custName;
    private String email;
    private String phone;
    // 默认构造方法的定义
    public Customer() {}
    // 带参数构造方法的定义
    public Customer(String custName,String email,String phone) {
        this.custName = custName;
        this.email = email;
        this.phone = phone;
    }
    public void setCustName(String custName) {    // custName 属性的修改方法
        this.custName = custName;
    }
    public String getCustName() {                 // custName 属性的访问方法
        return this.custName;
    }
    public void setEmail(String email) {
        this.email = email;
    }
    public String getEmail() {
        return this.email;
    }
    public void setPhone(String phone) {
        this.phone = phone;
    }
    public String getPhone() {
        return this.phone;
    }
}
```

要在 JSP 页面中使用这些类，可以通过 JSP 标准动作 <jsp: useBean> 创建 JavaBeans 类的一个实例，JavaBeans 类的实例一般称为一个 bean。

使用 JavaBeans 的优点是：在 JSP 页面中使用 JavaBeans 可使代码更简洁；JavaBeans 有助于增强代码的可重用性；它们是 Java 语言对象，可以充分利用该语言面向对象的特征。

在 JSP 页面中通过 3 个 JSP 标准动作使用 JavaBeans，分别是 <jsp:useBean> 动作、<jsp:setProperty> 动作和 <jsp:getProperty> 动作。

3.7.2 <jsp:useBean>动作

<jsp:useBean>动作用来在 JSP 页面中查找或创建一个 bean 实例。一般格式如下。

```
<jsp:useBean  id="beanName"  scope="page | request | session | application"
      {class="package.class" | type="package.class" |
      class="package.class"  type="package.class"}
{/> | >其他元素</jsp:useBean>}
```

id 属性用来唯一标识一个 bean 实例，该属性是必需的。scope 属性指定 bean 实例的作用域。JavaBeans 在 JSP 页面中的存在和可访问性是由 4 个作用域决定的：page、request、session 和 application。该属性是可选的，默认值为 page 作用域。

class 属性指定创建 bean 实例的 Java 类，type 属性指定由 id 属性声明的变量的类型，它们都应该使用完整的名称，如 com. demo. Customer。

在 <jsp:useBean> 动作的属性中，id 属性是必需的，scope 属性是可选的。class 和 type 属性至少指定一个或两个同时指定。

1. 只指定 class 属性的情况

下面的动作使用 id、class 和 scope 属性声明一个 JavaBeans。

```
<jsp:useBean id="customer" class="com.demo.Customer" scope="session"/>
```

当 JSP 页面执行到该动作时，容器在会话作用域中查找名为 customer 的属性，如果找到则用 customer 指向它；如果找不到则使用 Customer 类的默认构造方法创建一个 bean 实例，并用 customer 指向它，并将其存储在会话作用域中。

2. 只指定 type 属性的情况

可以使用 type 属性代替 class 属性，如下面的代码所示。

```
<jsp:useBean id="customer" type="com.demo.Customer" scope="session"/>
```

该动作在指定作用域中查找类型为 Customer 的实例，如果找到用 customer 指向它；如果找不到产生 Instantiation 异常。因此，使用 type 属性必须保证 bean 实例存在。

3. class 属性和 type 属性的组合

大多数情况下，使用 <jsp:useBean> 动作创建或查找的 bean 实例与 class 属性指定的类型相同。但有时希望声明的类型是实际类型的超类或实现某个接口的类型，此时应使用 type 属性指定超类型。

例如，假设有一个 Person 类，它是 Customer 类的超类。可以按如下方式声明。

```
<jsp:useBean id="person" scope="session"
             type="com.demo.Person" class="com.demo.Customer"/>
```

这样声明后，容器将首先在会话作用域中查找名为 person 的 Person 类型的实例。如果找到就用 person 指向它；如果找不到，则使用 class 属性指定的 Customer 类创建一个实例。

3.7.3 <jsp:setProperty> 动作

<jsp:setProperty> 动作用来给 bean 实例的属性赋值，它的格式如下。

```
<jsp:setProperty name="beanName"
    { property="propertyName" value="{ string | <%=expression%>}" |
    property="propertyName" [ param="paramName" ] | property="*" } />
```

name 属性用来标识一个 bean 实例，它是使用 <jsp:useBean> 动作的 id 属性声明的，该属性是必需的。property 属性指定要设置值的属性名，value 属性为 bean 的属性指定新值，param 属性指定使用请求参数值为属性赋值。

假设已按下面的代码声明了一个 bean 实例。

```
<jsp:useBean id = "customer" class = "com.demo.Customer"/>
```

1. 使用 value 属性

下面动作将名为 customer 的 bean 的 custName 属性值设置为“李小明”。

```
<jsp:setProperty name = "customer" property = "custName" value = "李小明"/>
```

2. 使用 param 属性

下面的例子中没有指定 value 属性的值，而是使用 param 属性指定请求参数名，它使用请求参数 myEmail 的值为 email 属性赋值。

```
<jsp:setProperty name = "customer" property = "email" param = "myEmail"/>
```

3. 使用默认参数机制

如果请求参数名与 bean 的属性名匹配，就不必指定 param 属性或 value 属性，如下所示。

```
<jsp:setProperty name = "customer" property = "email"/>
<jsp:setProperty name = "customer" property = "phone"/>
```

在这种情况下，将使用相应的请求参数值设置 bean 的属性。

4. 在一个动作中设置所有属性

下面为 property 的属性值指定"*"，将用与属性同名的请求参数为每个属性赋值，这是在一个动作中设置 bean 的所有属性的一个捷径。

```
<jsp:setProperty name = "customer" property = "*"/>
```

3.7.4 <jsp:getProperty>动作

<jsp:getProperty>动作检索并向输出流中打印 bean 的属性值，它的语法非常简单，如下所示。

```
<jsp:getProperty name = "beanName" property = "propertyName"/>
```

该动作只有两个必需的属性 name 和 property，name 指定 bean 实例名，property 指定要输出的属性名。

下面的动作指示容器打印 customer 的 email 和 phone 属性值。

```
<jsp:getProperty name = "customer" property = "email"/>
<jsp:getProperty name = "customer" property = "phone"/>
```

下面的示例在 inputCustomer. jsp 中输入客户信息，然后将控制转到 CustomerServlet，最后将请求转发到 displayCustomer. jsp 页面。

【例 3-10】 inputCustomer. jsp 页面，代码如下。

```
<%@ page contentType = "text/html;charset = UTF - 8" %>
<html> <head> <title>输入客户信息</title> </head>
<body>
<h4>输入客户信息</h4>
<form action = "CustomerServlet" method = "post" >
 <table>
  <tr> <td>客户名:</td> <td> <input type = "text" name = "custName" > </td> </tr>
  <tr> <td>邮件地址:</td> <td> <input type = "text" name = "email" > </td> </tr>
  <tr> <td>电话:</td> <td> <input type = "text" name = "phone" > </td> </tr>
  <tr> <td> <input type = "submit" value = "确定" > </td>
       <td> <input type = "reset" value = "重置" > </td>
  </tr>
</table>
</form>
</body> </html>
```

【例 3-11】 CustomerServlet. java 程序，代码如下。

```
package com. demo;
import javax. servlet. *;
import javax. servlet. http. *;
import javax. servlet. annotation. WebServlet;
@WebServlet("/CustomerServlet")
public class CustomerServlet extends HttpServlet {
   public void doPost(HttpServletRequest request,HttpServletResponse response)
                  throws java. io. IOException,ServletException {
      String name = request. getParameter("custName");
      String email = request. getParameter("email");
      String phone = request. getParameter("phone");
      Customer customer = new Customer(name,email,phone);
      // 返回会话对象并将 customer 存储到会话对象中
      HttpSession session = request. getSession();
      synchronized(session) {
            session. setAttribute("customer",customer);
      }
      RequestDispatcher rd = request. getRequestDispatcher("/displayCustomer. jsp");
      rd. forward(request,response);
   }
}
```

在该 Servlet 中使用请求参数创建了 JavaBeans 实例，然后将它存储在会话作用域中，并把请求转发到 displayCustomer. jsp 页面。

这里需要注意的是，会话作用域对象的访问使用了同步（Synchronized）代码块，这是因为 HttpSession 对象不是线程安全的，其他 Servlet 和 JSP 页面可能在多个线程中同时访问或修改这些对象。

下面的 displayCustomer. jsp 页面在会话作用域内查找 Customer 的一个实例，并用表格的形式打印出它的属性值。

【例 3-12】 displayCustomer. jsp 页面，代码如下。

```
<%@ page contentType = "text/html;charset = UTF - 8" pageEncoding = "UTF - 8" %>
<jsp:useBean id = "customer" class = "com.demo.Customer" scope = "session"/>
<html><head><title>显示客户信息</title></head>
<body>
<h4>客户信息如下</h4>
<table border = "1">
    <tr><td>客户名:</td>
        <td><jsp:getProperty name = "customer" property = "custName"/></td>
    </tr>
    <tr><td>邮箱地址:</td>
        <td><jsp:getProperty name = "customer" property = "email"/></td>
    </tr>
    <tr><td>电话:</td>
    <td><jsp:getProperty name = "customer" property = "phone"/></td>
    </tr>
</table>
</body></html>
```

3.8 MVC 设计模式

Servlet 技术推出的主要目的是代替 CGI 编程。可以把 Servlet 看成是含有 HTML 的 Java 代码。仅使用 Servlet 当然可以实现 Web 应用程序的所有功能，但它的一大缺点是业务逻辑和表示逻辑不分，这对涉及大量 HTML 内容的应用编写 Servlet 非常复杂，程序的修改很困难，代码的可重用性也较差。因此，Sun 又推出了 JSP 技术。可以把 JSP 看成是含有 Java 代码的 HTML 页面。JSP 页面本质上也是 Servlet，它可以完成 Servlet 能够完成的所有任务。

JSP 技术出现后，人们提出了建立 Web 应用程序的两种体系结构方法，分别称为 JSP Model 1 体系结构和 JSP Model 2 体系结构，二者的差别在于处理请求的方式不同。

3.8.1 Model 1 体系结构

在 Model 1 体系结构中，每个请求的目标都是 JSP 页面。JSP 页面负责完成请求所需要的所有任务，其中包括验证客户、使用 JavaBeans 访问数据库及管理用户状态等。最后响应结果也通过 JSP 页面发送给客户。

在该结构中没有一个核心组件控制应用程序的工作流程，所有的业务处理都使用JavaBeans 实现。该结构具有明显的缺点。首先，它需要将实现业务逻辑的大量 Java 代码嵌入到 JSP 页面中，这对不熟悉服务器端编程的 Web 页面设计人员来说将十分困难。其次，这种方法并不具有代码可重用性。例如，为一个 JSP 页面编写的用户验证代码无法在其他 JSP 页面中重用。

3.8.2 Model 2 体系结构

Model 2 体系结构又称 MVC（Model - View - Controller）设计模式，如图 3-4 所示。在这种结构中，将 Web 组件分为模型（Model）、视图（View）和控制器（Controller），每种组件完成各自的任务。

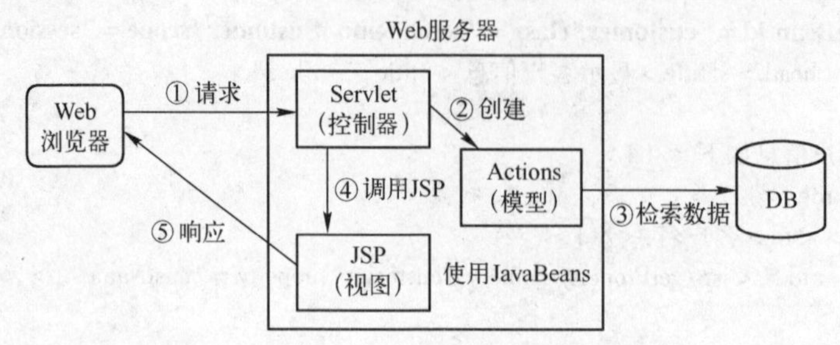

图 3-4 MVC 设计模式结构

在这种结构中，所有请求的目标都是 Servlet 或过滤器（Filter），它充当应用程序的控制器。Servlet 分析请求并将响应所需要的数据收集到 Action 对象或 JavaBeans 对象中，该对象作为应用程序的模型。最后，Servlet 控制器将请求转发到 JSP 页面。这些页面使用存储在 JavaBeans 中的数据产生响应。JSP 页面构成了应用程序的视图。

MVC 设计模式的最大优点是将业务逻辑和数据访问从表示层分离出来。控制器提供了应用程序的单一入口点，它提供了较清晰的实现安全性和状态管理的方法，并且这些组件可以根据需要实现重用。然后，根据客户的请求，控制器将请求转发给合适的表示组件，由该组件来响应客户。这使得 Web 页面开发人员可以只关注数据的表示，因为 JSP 页面不需要任何复杂的业务逻辑。

3.8.3 实现 MVC 模式的一般步骤

使用 MVC 设计模式开发 Web 应用程序，可采用下面的一般步骤。

1. 定义 JavaBeans 存储数据

在 Web 应用中通常使用 JavaBeans 对象或实体类存放数据，从 JSP 页面作用域中取出数据。因此，首先应根据应用处理的实体设计合适的 JavaBeans。例如，在订单应用中就可能需要设计 Product、Customer、Orders 和 OrderItem 等 JavaBeans 类。

2. 使用 Servlet 处理用户请求

在 MVC 模式中，Servlet 充当控制器功能，它从请求中读取请求信息（如表单数据）、创建 JavaBeans 对象、执行业务逻辑，最后将请求转发到视图组件。Servlet 通常不直接向客户输出数据。控制器创建 JavaBeans 对象后需要填写该对象的值。可以通过请求参数值或访问数据库得到有关数据。

3. 结果的存储

创建了与请求相关的数据并将数据存储到 JavaBeans 对象中后，接下来应该将这些对象存储在 JSP 页面能够访问的地方。在 Web 中主要可以在 3 个位置存储 JSP 页面所需的数据，它们是 HttpServletRequest 对象、HttpSession 对象和 ServletContext 对象。这些存储位置对应 <jsp:useBean>动作的 scope 属性的 3 个非默认值：request、session 和 application。

下面的代码用于创建 Customer 类对象并将其存储到会话作用域中。

```
Customer customer = new Customer(name,email,phone);
HttpSession session = request.getSession();
session.setAttribute("customer",customer);
```

4. 将请求转发到 JSP 页面

在使用请求作用域共享数据时，应该使用 RequestDispatcher 对象的 forward()方法将请求转发到 JSP 页面。使用 ServletContext 对象或请求对象的 getRequestDispatcher()方法获得 RequestDispatcher 对象后，调用它的 forward()方法将控制转发到指定的组件。

在使用会话作用域共享数据时，使用响应对象的 sendRedirect()方法重定向可能更合适。

5. 从 JavaBeans 或其他作用域对象中提取数据

请求到达 JSP 页面之后，使用 <jsp:useBean>和<jsp:getProperty>动作提取 JavaBeans 数据，也可以使用表达式语言（见第5 章的介绍）提取数据。但应注意，不应在 JSP 页面中创建对象，创建 JavaBeans 对象是由 Servlet 完成的。为了保证 JSP 页面不会创建对象，应该使用以下动作。

```
<jsp:useBean id="customer" type="com.demo.Customer"/>
```

而不应该使用下列动作。

```
<jsp:useBean id="customer" class="com.demo.Customer"/>
```

在 JSP 页面中也不应该修改对象。因此，只应该使用<jsp:getProperty>动作，而不应该使用<jsp:setProperty>动作。

3.9 案例：使用包含设计页面布局

Web 应用程序界面应该具有统一的视觉效果，或者说所有的页面都有同样的整体布局。一种比较典型的布局通常包含标题部分、脚注部分、菜单、广告区和主体内容等部分。设计这些页面时如果在所有的页面中都复制相同的代码，这不仅不符合模块化设计原则，将来若修改布局也非常麻烦。使用 JSP 技术提供的 include 指令（<%@ include…）（包含静态文件）和 include 动作（<jsp:include …>）（包含动态资源）就可以实现一致的页面布局。

下面的 index.jsp 页面使用<div>标签和 include 指令实现页面布局。

【例 3-13】 index.jsp 页面，代码如下。

```
<%@ page contentType="text/html;charset=UTF-8" pageEncoding="UTF-8"%>
<!DOCTYPE html PUBLIC "-//W3C//DTD HTML 4.01 Transitional//EN"
    "http://www.w3.org/TR/html4/loose.dtd">
<html>
<head>
```

```
<meta http-equiv="Content-Type" content="text/html;charset=UTF-8">
<title>百斯特电子商城</title>
<link href="css/layout.css"rel="stylesheet"type="text/css"/>
</head>
<body>
    <div id="container">
        <div id="header"><%@ include file="header.jsp"%></div>
        <div id="topmenu"><%@ include file="topmenu.jsp"%></div>
        <div id="mainContent">
            <div id="leftmenu"><%@ include file="leftmenu.jsp"%></div>
            <div id="content"><%@ include file="content.jsp"%></div>
        </div>
        <div id="footer"><%@ include file="footer.jsp"%></div>
    </div>
</body>
</html>
```

该页面使用了 CSS 对页面进行布局，style.css 代码如下。

```
@CHARSET"UTF-8";
body,div,p,ul{
    margin:0;
    padding:0;
}
#container{
    width:1004px;
    margin:0 auto;
}
#header{
    margin-bottom:5px;
}
#topmenu{
    margin-bottom:5px;
}
.clearfix:after{clear:both;content:".";display:block;height:0;visibility:hidden;}
.clearfix{display:block; *zoom:1;}
#mainContent{
    margin:0 0 5px 0;
}
#leftmenu{
    float:left;width:200px;
    padding:5px 0 5px 30px;
}
#leftmenu ul{
    list-style:none;
}
#leftmenu p{
    margin:0 0 10px 0;
```

```
}
#content {
    float:left;width:750px;
}
#footer {
    height:60px;
}
```

下面分别是标题页面 header. jsp、顶部菜单页面 topmenu. jsp 和主体内容页面 content. jsp 的代码。

【例 3-14】 header. jsp 页面的代码。

```
<%@ page contentType="text/html;charset=UTF-8" pageEncoding="UTF-8"%>
<script language="JavaScript" type="text/javascript">
  function check(){
        open("/helloweb/register.jsp","register");
  }
</script>
<p><img src="images/head.jpg"/></p>
```

【例 3-15】 顶部菜单 topmenu. jsp 页面的代码。

```
<%@ page contentType="text/html;charset=UTF-8" pageEncoding="UTF-8"%>
<table border='0'>
<tr>
    <td><a href="/helloweb/index.jsp">首页 | </a></td>
    <td><a href="showProduct?category=101">手机数码 </a> | </td>
    <td><a href="showProduct?category=102">家用电器</a> | </td>
    <td><a href="showProduct?category=103">汽车用品</a> | </td>
    <td><a href="showProduct?category=104">服饰鞋帽</a> | </td>
    <td><a href="showProduct?category=105">运动健康</a> | </td>
    <td><a href="showOrder">我的订单</a> | </td>
    <td><a href="showCart">查看购物车</a></td>
</tr>
</table>
<form action="login.do" method="post" name="login">
  用户名<input type="text" name="username" size="13"/>
  密　码 <input type="password" name="password" size="13" />
  <input type="submit" name="submit" value="登　录">
  <input type="button" name="register" value="注　册" onclick="check();">
</form>
```

【例 3-16】 content. jsp 页面的代码。

```
<%@ page contentType="text/html;charset=UTF-8" pageEncoding="UTF-8"%>
<table border="0">
  <tr><td colspan="2">
      <b><i>${sessionScope.message}</i></b></td>
```

```
    </tr>
    <tr>
        <td colspan="4">百斯特 11.11! 手机价格真正低,买苹果 6 送苹果 5! </td>
    </tr>
    <tr>
        <td width=20%> <img src="images/phone.jpg"> </td>
        <td> <p style="text-indent:2em">苹果(APPLE)iPhone 6 A1589 16G 版
       4G 手机(金色)TD-LTE/TD-SCDMA/GSM 特价:5288 元</p> </td>
        <td width=20%> <img src="images/comp.jpg"> </td>
        <td> <p style="text-indent:2em">联想(Lenovo)G460AL-ITH 14.0 英寸笔记本电脑
                    (i3-370M 2G 500G 512 独显 DVD 刻录 摄像头 Win7)特价:3199 元!
     </p>
        </td>
    </tr>
  </table>
```

在上面这些被包含的文件中，没有使用<html>、<body>等标签。实际上，它们不是完整的页面，而是页面片段，因此文件名也可以完全不使用.jsp 作为扩展名，而可以使用任意的扩展名，如.htmlf 或.jspf 等。

访问该页面，运行结果如图 3-5 所示。

图 3-5　index.jsp 页面运行结果

由于被包含的文件是由服务器访问的，因此可以将被包含的文件存放到 Web 应用程序的 WEB-INF 目录中，这样可以防止用户直接访问被包含的文件。

3.10　小结

JSP 技术的主要目标是实现 Web 应用的数据表示和业务逻辑分离，在 MVC 设计模式中通常使用 JSP 实现视图。在 JSP 页面中可以使用指令、声明、小脚本、表达式、动作及注释等语法元素。

一个 JSP 页面在其生命周期中要经历 6 个阶段，即页面转换、页面编译、加载和实例化、调用 jspInit( )、调用_jspService( )，以及调用 jspDestroy( )。

在 JSP 页面中还可以使用 9 个隐含变量：application、session、request、response、page、pageContext、out、config 和 exception。JSP 页面中可以使用的指令有 3 种：page 指令、include 指令和 taglib 指令。

在 Java Web 开发中可以有多种方式重用 Web 组件。在 JSP 页面中包含组件的内容或输出实现 Web 组件的重用。有两种实现方式：使用 include 指令的静态包含和使用 <jsp:include> 动作的动态包含。

JavaBeans 是遵循一定规范的 Java 类，它在 JSP 页面中主要用来表示数据。JSP 规范提供了下列 3 个标准动作：<jsp:useBean>、<jsp:setProperty> 和 <jsp:getProperty>。

MVC 设计模式将 Web 组件分为模型、视图和控制器，它的最大优点是将业务逻辑和数据访问从表示层分离出来。

3.11 习题

1. 下面左边一栏是 JSP 元素类型，右边是对应名称，请连线。

<% Float one = new Float(88.88);%>	指令
<%! int y = 3;%>	EL 表达式
<%@ page import = "java.util.*"%>	声明
<jsp:include page = "foo.jsp"/>	小脚本
<% = pageContext.getAttribute("foo")%>	动作
邮箱地址是:${applicationScope.mail}	表达式

2. 下面哪个 page 指令是合法的？(　　)

A. <% page language = "java"%>　　B. <%! page language = "java"%>

C. <%@ page language = "java"%>　　D. <%@ PAGE language = "java"%>

3. 假设 myObj 是一个对象的引用，m1( )是该对象上一个合法的方法。下面的 JSP 结构哪个是合法的？(　　)

A. <% myObj.m1()%>　　B. <% = myObj.m1()%>

C. <% = myObj.m1()%>　　D. <% = myObj.m1();%>

4. 下面哪些是合法的 JSP 隐含变量？(　　)

A. stream　　B. context

C. exception　　D. listener

E. application

5. 以下关于 JSP 生命周期方法，哪个是正确的？(　　)

A. 只有 jspInit( )可以被覆盖

B. 只有 jspdestroy( )可以被覆盖

C. 只有 jspInit( )和 jspDestroy( )可以被覆盖

D. jspInit( )、_jspService( )和 jspDestroy( )都可以被覆盖

6. 下面哪个 JSP 标签可以在请求时把另一个 JSP 页面的结果包含到当前页面中？(　)

A. <%@ page import %>　　B. <jsp:include>
C. <jsp:plugin>　　D. <%@ include %>

7. 在一个 JSP 页面中要把请求转发到 view.jsp 页面，下面哪个是正确的？（　　）

A. <jsp:forward file = "view.jsp"/>　　B. <jsp:forward page = "view.jsp"/>
C. <jsp:dispatch file = "view.jsp"/>　　D. <jsp:dispatch page = "view.jsp"/>

8. 给定下面的 MyBean 定义。

```
package com.example;
public class MyBean{
    private int value;
    public MyBean(){value =42;}
    public int getValue(){return value;}
    public void setValue(int value){this.value = value;}
}
```

假设还没有创建 MyBean 实例，以下哪个标准动作可以创建一个 bean 实例，并将它存储在请求作用域中？（　　）

A. <jsp:useBean id = "mybean" type = "com.example.MyBean"/>
B. <jsp:makeBean id = "mybean" type = "com.example.MyBean"/>
C. <jsp:useBean id = "mybean" class = "com.example.MyBean" scope = "request"/>
D. <jsp:makeBean id = "mybean" class = "com.example.MyBean" scope = "request"/>

9. MVC 设计模式不包括下面哪个？（　　）

A. 模型　　B. 视图
C. 控制器　　D. 数据库

10. 下面 JSP 代码输出结果是什么？为什么？

```
<% int x =3;%>
<%! int x =5;%>
<%! int y =6;%>
```

x 与 y 的和是：<% =x + y%>

11. 有下面的 JSP 页面，给出该页面每一行在页面实现类中的代码。

```
<html><body>
<%! int count =0;%>
```

页面被访问的次数是：

```
<% = ++count %>
</body></html>
```

12. 下面是 JSP 生命周期的各个步骤，正确的顺序应该是（　　）。

① 调用_jspService()

② 把 JSP 页面转换为页面实现类

③ 编译页面实现类

④ 调用 jspInit( )

⑤ 调用 jspDestroy( )

⑥ 加载与实例化 Servlet

13. 下面的代码有什么错误?

```
<jsp:setProperty name = "customer" param = "phone" value = "8899123"/>
```

14. 什么是 MVC 设计模式,它有什么优点?

15. 简述实现 MVC 设计模式的一般步骤。

第4章　会话与文件管理

在很多的Web应用中都需要跟踪用户的状态，跟踪用户状态可以使用多种方式实现，如会话API、Cookie、URL重写和隐藏表单域等，还可以使用数据库。本章主要讨论使用会话对象和Cookie跟踪用户。文件上传和文件下载也是Web系统的常用功能，本章将介绍Servlet 3.0提供的新的文件上传方法和文件下载方法。

4.1　会话管理

4.1.1　理解状态与会话

协议记住用户及其请求的能力称为状态（State）。按这个观点，协议分成两种类型：有状态的和无状态的。HTTP协议是一种无状态的协议，HTTP服务器对用户的每个请求和响应都是作为一个分离的事务处理的。服务器无法确定多个请求是来自相同的用户还是不同的用户，这意味着服务器不能在多个请求中维护用户的状态。

在某些情况下服务器不需要记住用户，HTTP无状态的特性对这样的应用会工作得很好。但某些Web应用程序中用户与服务器的交互就需要有状态的。典型的例子是购物车应用。一个用户可以多次向购物车中添加商品，也可以清除商品。在处理过程中，服务器应该能够显示购物车中的商品并计算总价格。为了实现这一点，服务器必须跟踪所有的请求并把它们与用户关联。

会话（Session）是用户与服务器之间的不间断的请求响应序列。当一个用户向服务器发送第一个请求时，就开始了一个会话。对该用户之后的每个请求，服务器能够识别出请求来自于同一个用户。当用户明确结束会话或服务器在一个预定义的时限内没有从用户接收任何请求时，会话就结束了。当会话结束后，服务器就忘记了用户及用户的请求。

4.1.2　会话管理机制

Web容器通过javax. servlet. http. HttpSession接口抽象会话的概念。该接口由容器实现并提供了一个简单的管理用户会话的方法。容器使用HttpSession对象管理会话的过程如图4-1所示。

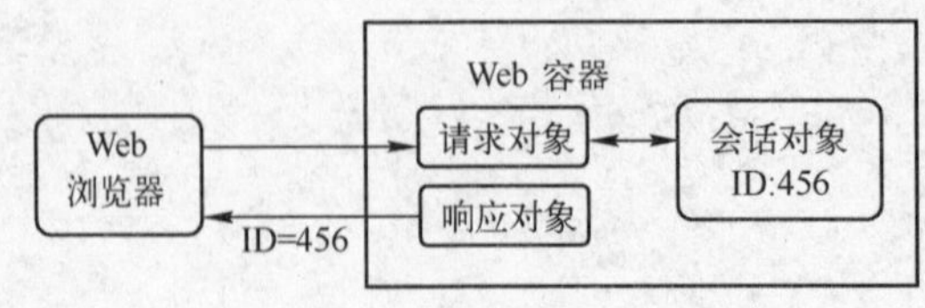

图4-1　会话管理过程示意图

1）当用户向服务器发送第一个请求时，Web 容器就可以使用请求对象为该用户创建一个 HttpSession 会话对象，并将请求对象与该会话对象关联。服务器在创建会话对象时为其指定一个唯一标识符，称为会话 ID，它是一个 32 位的十六进制数，可作为该客户的唯一标识。此时，该会话处于新建状态，可以使用 HttpSession 的 isNew( ) 方法来确定会话是否属于该状态。

2）当服务器向用户发送响应时，服务器将该会话 ID 与响应数据一起发送给客户，这是通过 Set - Cookie 响应头实现的，响应消息可能如下所示。

```
HTTP/1.1 200 OK
Set-Cookie:JSESSIONID=61C4F23524521390E70993E5120263C6
Content-Type:text/html
...
```

这里，JSESSIONID 的值即为会话 ID，它是 32 位的十六进制数。

3）用户在接收到响应后，将会话 ID 存储在浏览器的内存中。当用户再次向服务器发送一个请求时，它将通过 Cookie 请求头把会话 ID 与请求一起发送给服务器。这时请求消息可能如下所示。

```
POST /helloweb/selectProduct.do HTTP/1.1
Host:www.mydomain.com
Cookie:JSESSIONID=61C4F23524521390E70993E5120263C6
...
```

4）服务器接收到请求后，从请求对象中取出会话 ID，在服务器中查找之前创建的会话对象，找到后将该请求与之前创建的 ID 值相同的会话对象关联起来。

上述过程的第 2）~4）步一直保持重复。如果用户在指定时间没有发送任何请求，服务器将使会话对象失效。一旦会话对象失效，即使客户再发送同一个会话 ID，会话对象也不能恢复。对于服务器来说，此时客户的请求被认为是第一次请求（如第 1）步），它不与某个存在的会话对象关联。服务器可以为客户创建一个新的会话对象。

通过会话机制可以实现购物车应用。当用户登录购物网站时，Web 容器就为用户创建一个 HttpSession 对象。实现购物车的 Servlet 使用该会话对象存储用户的购物车对象，购物车中存储着用户购买的商品列表。当用户向购物车中添加商品或删除商品时，Servlet 就更新该列表。当用户要结账时，Servlet 就从会话中检索购物车对象，从购物车中检索商品列表并计算总价格。一旦客户完成结算，容器就会关闭会话。如果用户再发送另一个请求，就会创建一个新的会话。显然，有多少个会话，服务器就会创建多少个 HttpSession 对象。换句话说，对每个会话（用户）都有一个对应的 HttpSession 对象。然而，无需担心 HttpSession 对象与用户的关联，容器会为用户做这一点，一旦接收到请求，它会自动返回合适的会话对象。

📖 不能使用用户的 IP 地址唯一标识用户。因为，用户可能是通过局域网访问 Internet。尽管在局域网中每个用户都有一个 IP 地址，但对于服务器来说，用户的实际 IP 地址是路由器的 IP 地址，所以该局域网的所有用户的 IP 地址都相同，因此也就无法唯一标识用户。

4.1.3 常用 HttpSession API

下面是 HttpSession 接口中定义的常用方法。

- public String getId( )：返回为该会话指定的唯一标识符，它是一个 32 位的十六进制数。
- public long getCreationTime( )：返回会话创建的时间。时间为从 1970 年 1 月 1 日 0 时 0 分到现在的毫秒数。
- public long getLastAccessedTime( )：返回会话最后被访问的时间。
- public boolean isNew( )：如果会话对象还没有同客户关联，则返回 true。
- public ServletContext getServletContext( )：返回该会话所属的 ServletContext 对象。
- publicvoid setAttribute（String name，Object value）：将一个指定名称和值的属性存储到会话对象上。
- public ObjectgetAttribute（String name）：返回存储到会话上的指定名称的属性值，如果没有指定名称的属性，则返回 null。
- public Enumeration getAttributeNames( )：返回存储在会话上的所有属性名的一个枚举对象。
- public void removeAttribute（String name）：从会话中删除存储的指定名称的属性。
- public void setMaxInactiveInterval（int interval）：设置在容器使该会话失效前客户的两个请求之间最大间隔的时间，单位为秒。若参数为负值，表示会话永不失效。
- public int getMaxInactiveInterval( )：返回以秒为单位的最大间隔时间，在这段时间内，容器将在客户请求之间保持会话打开状态。
- public void invalidate( )：使会话对象失效并删除存储在其上的任何对象。

4.1.4 使用 HttpSession 对象

使用会话对象通常需要 3 步：①创建或返回与客户请求关联的 HttpSession 对象；②在会话对象中添加或删除“名/值”对属性；③如果需要，可使会话失效。

创建或返回 HttpSession 对象需要使用 HttpServletRequest 接口提供的 getSession( )方法，该方法有以下两种格式。

- public HttpSession getSession(boolean create)：返回或创建与当前请求关联的会话对象。如果没有与当前请求关联的会话对象，当参数为 true 时创建一个新的会话对象，当参数为 false 时返回 null。
- public HttpSession getSession( )：该方法与调用 getSession(true)等价。

下面的 Servlet 可显示客户会话的基本信息。程序调用 request. getSession( )方法获取现存的会话，在没有会话的情况下创建新的会话。然后，在会话对象上查找类型为 Integer 的 accessCount属性。如果找不到这个属性，则使用 1 作为访问计数。然后，对这个值进行递增，并用 setAttribute( )方法与会话关联起来。

【例 4-1】 ShowSessionServlet. java 程序，代码如下。

```
package com. demo;
import java. io. * ;
import javax. servlet. * ;
```

```java
import javax.servlet.http.*;
import java.util.Date;
import javax.servlet.annotation.WebServlet;

@WebServlet("/ShowSessionServlet")
public class ShowSessionServlet extends HttpServlet{
    public void doGet(HttpServletRequest request,HttpServletResponse response)
                            throws ServletException,IOException {
        response.setContentType("text/html;charset = UTF-8");
        // 创建或返回用户会话对象
        HttpSession session = request.getSession(true);
        String heading = null;
        // 从会话对象中检索 accessCount 属性
        Integer accessCount = (Integer)session.getAttribute("accessCount");
        if(accessCount == null){
            accessCount = new Integer(1);
            heading = "欢迎您,首次登录该页面!";
        }else{
            heading = "欢迎您,再次访问该页面!";
            accessCount = accessCount + 1;
        }
        // 将 accessCount 作为属性存储到会话对象中
        session.setAttribute("accessCount",accessCount);
        PrintWriter out = response.getWriter();
        out.println("<html><head>");
        out.println("<title>会话跟踪示例</title></head>");
        out.println("<body><center>");
        out.println("<h4>" + heading
                + "<a href='ShowSessionServlet'>再次访问</a>" + "</h4>");
        out.println("<table border='0'>");
        out.println("<tr><td>信息</td><td>值</td>\n");
        String state = session.isNew()?"新会话":"旧会话";
        out.println("<tr><td>会话状态:<td>" + state + "\n");
        out.println("<tr><td>会话 ID:<td>" + session.getId() + "\n");
        out.println("<tr><td>创建时间:<td>");
        out.println("" + new Date(session.getCreationTime()) + "\n");
        out.println("<tr><td>最近访问时间:<td>");
        out.println("" + new Date(session.getLastAccessedTime()) + "\n");
        out.println("<tr><td>最大不活动时间:<td>" +
        session.getMaxInactiveInterval() + "\n");
        out.println("<tr><td>Cookie:<td>" + request.getHeader("Cookie") + "\n");
        out.println("<tr><td>已被访问次数:<td>" + accessCount + "\n");
        out.println("</table>");
        out.println("</center></body></html>");
    }
}
```

第一次访问该 Servlet，将显示如图 4-2 所示的页面，此时计数变量 accessCount 值为 1，

Cookie 请求头的值为 null。

图 4-2 首次访问结果

再次访问页面（单击“再次访问”链接或刷新页面），计数变量 accessCount 的值增 1，但会话 ID 的值相同。如果再打开一个浏览器窗口访问该 Servlet，计数变量仍从 1 开始，因为又开始了一个新的会话，服务器将为该会话创建一个新的会话对象并分配一个新的会话 ID。

4.1.5 会话超时与失效

会话对象会占用一定的系统资源，因此不希望会话不必要地长久保留。然而，HTTP 协议没有提供任何机制让服务器知道用户已经离开，但可以规定当用户在一个指定的期限内处于不活动状态时，就将用户的会话终止，这称为会话超时（Session Timeout）。

可以在 DD 文件中设置会话超时时间。

```
<session-config>
    <session-timeout>10</session-timeout>
</session-config>
```

<session-timeout>元素中指定以分钟为单位的超时期限。0 或小于 0 的值表示会话永不过期。如果没有通过上述方法设置会话的超时期限，默认情况下是 30 分钟。如果用户在指定时间内没有执行任何动作，服务器就认为用户处于不活动状态并使会话对象无效。

在 DD 中设置的会话超时时间针对 Web 应用程序中的所有会话对象，但有时可能需要对特定的会话对象指定超时时间，可使用 setMaxInactiveInterval()方法。注意该方法仅对调用它的会话有影响，其他会话的超时期限仍然是 DD 中设置的值。

在某些情况下，可能希望通过编程的方式结束会话。例如，在购物车的应用中，希望在用户付款处理完成后结束会话。这样，当客户再次发送请求时，就会创建一个购物车中不包含商品的新的会话。可使用 HttpSession 接口的 invalidate()方法结束会话。

4.2 Cookie 及其应用

Cookie 是用户访问 Web 服务器时服务器在用户硬盘上存放的信息，好像是服务器送给用户的“点心”。Cookie 实际上是一小段文本信息，用户以后访问同一个 Web 服务器时，浏览器会把它们原样发送给服务器。

通过让服务器读取它原先保存到客户端的信息，网站能够为浏览者提供一系列的方便，例如，在线交易过程中标识用户身份、安全要求不高的场合避免用户登录时重复输入用户名和密码等。

4.2.1 Cookie API

对 Cookie 的管理需要使用 javax. servlet. http. Cookie 类，构造方法如下。

```
public Cookie(String name,String value)
```

参数 name 为 Cookie 名，value 为 Cookie 的值，它们都是字符串。

Cookie 类的常用方法如下。

- public String getName()：返回 Cookie 名称，名称一旦被创建就不能改变。
- public String getValue()：返回 Cookie 的值。
- public void setValue(String newValue)：在 Cookie 创建后为它指定一个新值。
- public void setMaxAge(int expiry)：设置 Cookie 在浏览器中的最长存活时间，单位为秒。如果参数值为负，表示 Cookie 并不存储到磁盘上；如果是 0，表示删除该 Cookie。
- public int getMaxAge()：返回 Cookie 在浏览器上的最大存活时间。
- public void setDomain(String pattern)：设置该 Cookie 所在的域。域名以点号（.）开头，例如，. foo. com。默认情况下，只有发送 Cookie 的服务器才能得到它。
- public String getDomain()：返回为该 Cookie 设置的域名。

Cookie 的管理包括两个方面：将 Cookie 对象发送到客户端和从客户端读取 Cookie。

4.2.2 向客户端发送 Cookie

要把 Cookie 发送到客户端，先使用 Cookie 类的构造方法创建一个 Cookie 对象，通过 setXxx()方法设置各种属性，通过响应对象的 addCookie(cookie)把 Cookie 加入响应头。具体步骤如下。

1）创建 Cookie 对象。调用 Cookie 类的构造方法创建 Cookie 对象。下面语句创建了一个 Cookie 对象。

```
Cookie userCookie = new Cookie("username","hacker");
```

2）设置 Cookie 的最大存活时间。在默认情况下，发送到客户端的 Cookie 对象只是一个会话级别的 Cookie，它存储在浏览器的内存中，用户关闭浏览器后 Cookie 对象将被删除。如果希望浏览器将 Cookie 对象存储到磁盘上，需要使用 Cookie 类的 setMaxAge()方法设置 Cookie 的最大存活时间。下面的代码将 userCookie 对象的最大存活时间设置为一个星期。

```
userCookie.setMaxAge(60 * 60 * 24 * 7);
```

3）向客户发送 Cookie 对象。调用响应对象的 addCookie()方法将 Cookie 添加到 Set-Cookie 响应头，代码如下所示。

```
response.addCookie(userCookie);
```

下面的 SendCookieServlet 向客户发送一个 Cookie 对象。

【例 4-2】SendCookieServlet. java 程序，代码如下。

```
package com. demo;
import java. io. * ;
import javax. servlet. * ;
import javax. servlet. http. * ;
import javax. servlet. annotation. WebServlet;

@ WebServlet( "/SendCookie" )
public class SendCookieServlet extends HttpServlet{
   public void doGet( HttpServletRequest request,HttpServletResponse response)
         throws IOException,ServletException{
         Cookie userCookie = new Cookie( "username" ," hacker" ) ;
         userCookie. setMaxAge(60 * 60 * 24 * 7) ;
         response. addCookie( userCookie) ;
         response. setContentType( " text/html;charset = UTF - 8" ) ;
         PrintWriter out = response. getWriter( ) ;
         out. println( " <html > <title >发送 Cookie </title >" ) ;
         out. println( " <body > <h3 >已向浏览器发送一个 Cookie。 </h3 > </body >" ) ;
         out. println( " </html >" ) ;
   }
}
```

访问该 Servlet，服务器将在浏览器上写一个 Cookie 文件，该文件是一个文本文件，一般存放在 C:\Document and Settings\username\Cookies 文件夹中。

4.2.3　从客户端读取 Cookie

从客户端读入 Cookie，应该调用请求对象的 getCookies( )方法，该方法返回一个 Cookie 对象的数组。大多数情况下，只需要用循环访问该数组的各个元素寻找指定名称的 Cookie，然后对该 Cookie 调用 getValue( )方法，取得与指定名称关联的值，具体步骤如下。

1）调用请求对象的 getCookies( )方法。该方法返回一个 Cookie 对象的数组。如果请求中不含 Cookie，返回 null 值。

```
Cookie[ ] cookies = request. getCookies( ) ;
```

2）对 Cookie 数组循环。有了 Cookie 对象数组后，就可以通过循环访问它的每个元素，然后调用每个 Cookie 的 getName( )方法，直到找到一个与希望的名称相同的对象为止。找到所需要的 Cookie 对象后，一般要调用它的 getValue( )方法，并根据得到的值做进一步处理。下面的 ReadCookieServlet 从客户端读取 Cookie。

【例 4-3】ReadCookieServlet. java 程序，代码如下。

```
packagecom. demo;
import java. io. * ;
import javax. servlet. * ;
```

```
import javax. servlet. http. * ;
import javax. servlet. annotation. WebServlet;
@ WebServlet( "/ReadCookie" )
public classReadCookieServlet extends HttpServlet{
  public void doGet( HttpServletRequest request,HttpServletResponse response)
                    throws IOException,ServletException{
        String cookieName = " username" ;
        String cookieValue = null;
        Cookie[ ] cookies = request. getCookies( ) ;
        if( cookies! = null) {
           for( int i = 0;i < cookies. length;i ++ ) {
              Cookie cookie = cookies[ i] ;
              if( cookie. getName( ). equals( cookieName) )
                 cookieValue = cookie. getValue( ) ;
           }
        }
              response. setContentType( " text/html;charset = UTF - 8" ) ;
              PrintWriter out = response. getWriter( ) ;
              out. println( " < html > < title >读取 Cookie < /title > " ) ;
              out. println( " < body > < h3 >从浏览器读回一个 Cookie < /h3 > " ) ;
              out. println( " Cookie 名:" + cookieName + " < br > " ) ;
              out. println( " Cookie 值:" + cookieValue + " < br > " ) ;
              out. println( " < /body > < /html > " ) ;
  }
}
```

访问该 Servlet，将从客户端读回此前写到客户端的 Cookie。

4.3 文件的上传与下载

文件上传是指将客户端的一个或多个文件传输并存储到服务器上，文件下载是从服务器上把文件传输到客户端。文件上传和下载是 Web 开发中经常需要实现的功能。本节介绍 Servlet 3.0 API 提供的文件上传功能和文件下载功能的实现。

4.3.1 文件上传的实现

文件上传是将客户端的一个或多个文件传输到服务器上保存。文件上传是许多 Web 应用程序应该提供的功能。在 Servlet 3.0 API 中提供了 javax. servlet. http. Part 对象实现文件上传功能。

要实现文件上传，首先需要在客户端的 HTML 页面中通过一个表单打开一个文件，然后提交给服务器。上传文件表单的 < form > 标签中应该指定 enctype 属性，它的值应该为 multipart/form – data， < form > 标签的 method 属性应该指定为 post，同时表单应该提供一个 < input type = "file" > 的输入域，用于指定上传的文件。

下面是一个用于上传文件的 JSP 页面 fileUpload. jsp。

【例 4-4】 fileUpload. jsp 页面，代码如下。

```
<%@ page contentType="text/html;charset=UTF-8" pageEncoding="UTF-8"%>
<html>
<head><title>上传文件</title></head>
<body>
    ${message}<br>
   <form action="fileUpload.do" enctype="multipart/form-data" method="post">
     <table>
         <tr><td colspan="2" align="center">文件上传</td></tr>
         <tr><td>会员号:</td>
            <td><input type="text" name="mnumber" size="30"/></td>
         </tr>
         <tr><td>文件名:</td>
               <td><input type="file" name="fileName" size="30"/></td>
  </tr>
  <tr>
            <td align="right"><input type="submit" value="提交"/></td>
            <td align="left"><input type="reset" value="重置"/></td>
         </tr>
     </table>
</form>
</body>
</html>
```

该页面的显示效果如图 4-3 所示。

图 4-3　fileUpload.jsp 页面显示效果

当表单提交时，浏览器将表单各部分的数据发送到服务器端，每个部分之间使用分隔符隔开。在服务器端使用 Servlet 就可以得到上传来的文件内容，并将其存储到服务器的特定位置。通过请求对象的下面两个方法来处理上传的文件。

- public Part getPart(String name)：返回用 name 指定名称的 Part 对象。
- public Collection<Part>getParts()：返回所有 Part 对象的一个集合。

Part 表示多部分表单数据的一个部分，文件内容就包含在该对象中，另外，其中还包含表单域的名称和值、上传的文件名，以及内容类型等信息。它提供了下面几个常用方法。

- public InputStream getInputStream() throws IOException：返回 Part 对象的输入流对象。
- public String getContentType()：返回 Part 对象的内容类型。
- public String getName()：返回 Part 对象的名称。

- public long getSize()：返回 Part 对象的大小。
- public String getHeader(String name)：返回 Part 对象指定的 MIME 头的值。
- public Collection < String > getHeaders(String name)：返回 name 指定的头的值的集合。
- public Collection < String > getHeaderNames()：返回 Part 对象头名称的集合。
- public void delete() throws IOExceeption：删除临时文件。
- public void write(String fileName) throws IOException：将 Part 对象写到指定的文件中。

下面的 FileUploadServlet 用于处理客户上传来的文件，并将其写到磁盘上。

【例 4-5】 FileUploadServlet. java 程序，代码如下。

```
package com. demo;
import java. io. * ;
import javax. servlet. * ;
import javax. servlet. http. * ;
import javax. servlet. annotation. * ;

@ WebServlet( name = "FileUploadServlet" ,urlPatterns = { "/fileUpload. do" } )
@ MultipartConfig( location = "D:\" ,fileSizeThreshold = 1024)
public class FileUploadServlet extends HttpServlet{
    // 返回上传来的文件名
    private String getFilename( Part part) {
        String fname = null;
        // 返回上传的文件部分的 content - disposition 请求头的值
        String header = part. getHeader( " content - disposition" ) ;
        // 返回不带路径的文件名
        fname = header. substring( header. lastIndexOf( " \" ) + 1 ,header. length( ) - 1) ;
        return fname;
    }
    public void doPost( HttpServletRequest request,HttpServletResponse response)
                throws ServletException,IOException{
        // 返回 Web 应用程序文档根目录
        String path = this. getServletContext( ). getRealPath( "/" ) ;
        String mnumber = request. getParameter( " mnumber" ) ;
        Part p = request. getPart( " fileName" ) ;
        String message = " " ;
        if( p. getSize( ) > 1024 * 1024) {                // 上传的文件大小不能超过 1MB
          p. delete( ) ;
          message = " 文件太大,不能上传!" ;
        } else{
          // 文件存储在文档根目录下 member 子目录中的会员号子目录中
          path = path + " \member\" + mnumber;
          File f = new File( path) ;
          if( ! f. exists( ) ) {                          // 若目录不存在,则创建目录
            f. mkdirs( ) ;
        }
       String fname = getFilename( p) ;                   // 得到文件名
       p. write( path + " \" + fname) ;                    // 将上传的文件写入磁盘
```

```
            message = "文件上传成功!";
        }
        request.setAttribute("message",message);
        RequestDispatcher rd = request.getRequestDispatcher("/fileUpload.jsp");
        rd.forward(request,response);
    }
}
```

getFilename()方法返回上传文件名。假如上传一个 Java 源文件，上传到服务器的内容如下所示。

```
-----------------------------7d81a5209008a
Content-Disposition:form-data;name="mnumber"

223344
-----------------------------7d81a5209008a
Content-Disposition:form-data;name="fileName";filename="D:\HelloWorld.java"
Content-Type:application/octet-stream

public class HelloWorld {
    public static void main(String ars[]){
        System.out.println("Hello,World!");
    }
}
-----------------------------7d81a5209008a
Content-Disposition:form-data;name="submit"

提交
-----------------------------7d81a5209008a--
```

上述代码中的“-----------------------------7d81a5209008a”为分界符，最后一行是结束符。粗体部分的内容为文件的内容。其中，文件名包含在 Content-Disposition 请求头中，对该值解析可得到文件名。

对实现文件上传的 Servlet 类必须使用@ MultipartConfig 注解，使用该注解告诉容器该 Servlet 能够处理 multipart/form-data 的请求。使用该注解，HttpServletRequest 对象才可以得到表单数据的各部分。

使用该注解可以配置容器存储临时文件的位置，文件和请求数据的大小限制，以及阈值大小。该注解定义了如表 4-1 所示的元素。

表 4-1　@MultipartConfig 注解的常用元素

元素名	类型	说明
location	String	指定容器临时存储文件的目录位置
maxFileSize	long	指定允许上传文件的最大字节数
maxRequestSize	long	指定允许整个请求的 multipart/form-data 数据的最大字节数
fileSizeShreshold	int	指定文件写到磁盘后阈值的大小

除了在注解中指定文件的限制外，还可以在 web.xml 文件中使用 <servlet> 的子元素 <multipart-config> 指定这些限制，该元素包括 4 个子元素，分别为：<location>、<max-file-size>、<max-request-size> 和 <file-size-threshold>。

在带有 multipart/form-data 的表单中，还可以包含一般的文本域，这些域的值仍然可以使用请求对象的 getParameter()得到。

在一个表单中也可以一次上传多个文件，此时可以使用请求对象的 getParts()得到一个包含多个 Part 对象的 Collection 对象，从该集合对象中解析出每个 Part 对象，它们就表示上传的多个文件。

4.3.2 文件下载的实现

文件下载是 Web 应用程序经常提供的功能。对于静态资源，如图像或 HTML 文件，可以在页面中使用一个指向该资源的 URL 实现下载，只要资源在 Web 应用程序的目录中即可（但不能在 WEB-INF 目录中）。但如果资源存储在应用程序外的目录或数据库中，或者要限制哪些用户可下载文件时，这时需要编写程序为用户提供下载功能。

要实现用编程方式下载文件，在 Servlet 中需要完成下面操作。

- 将响应对象的内容类型设置为文件的内容类型。使用响应对象的 setContentType()方法设置资源文件的内容类型。如果不能确定文件类型，或者希望浏览器总是打开文件下载对话框，可以将内容设置为 application/octet-stream，该值不区分大小写。
- 添加一个名为 Content-Disposition 的响应头，其值为 attachment；filename=fileName，这里 fileName 为在文件下载对话框中显示的默认文件名，该文件名可以与文件的实际名称不同。

程序 FileDownloadServlet 实现文件下载，要求只有登录用户才能下载指定的文件，这里的文件是/WEB-INF/data/Java.pdf。若用户没有登录，请求将被转发到登录页面 login.jsp，用户输入用户名和密码后，将把控制转到 LoginServlet，如果用户合法，再把控制转到 FileDownloadServlet。

【例 4-6】 FileDownloadServlet.java 程序，代码如下。

```
package com.demo;
import java.io.*;
import javax.servlet.*;
import javax.servlet.annotation.*;
import javax.servlet.http.*;

@WebServlet(urlPatterns = {"/download"})
public class FileDownloadServlet extends HttpServlet {
    public void doGet(HttpServletRequest request,HttpServletResponse response)
                throws ServletException,IOException {
        HttpSession session = request.getSession();
        // 若用户没有登录,则转到登录页面
        if(session == null || session.getAttribute("loggedIn") == null){
            RequestDispatcher dispatcher = request.getRequestDispatcher("/login.jsp");
```

```java
                dispatcher.forward(request,response);
                return;                          // 该语句是必需的
            }
            String dataDirectory = request.getServletContext().getRealPath("/WEB-INF/data");
            File file = new File(dataDirectory,"Java.pdf");
            if(file.exists()){
                // 设置响应的内容类型为 PDF 文件
              response.setContentType("application/pdf");
                // 设置 Content-Disposition 响应头,指定文件名
                response.addHeader("Content-Disposition","attachment;filename=Java.pdf");
                byte[] buffer = new byte[1024];
                FileInputStream fis = null;
                BufferedInputStream bis = null;
                try {
                    fis = new FileInputStream(file);          // 创建文件输入流
                    bis = new BufferedInputStream(fis);
                    // 返回输出流对象
                  OutputStream os = response.getOutputStream();
                    // 读取 1 KB
                  int i = bis.read(buffer);
                  while(i! = -1){
                        os.write(buffer,0,i);
                        i = bis.read(buffer);
                  }
                } catch(IOException ex){
                    System.out.println(ex.toString());
                } finally {
                    if(bis! = null){
                        bis.close();
                    }
                    if(fis! = null){
                        fis.close();
                    }
                }
            }else{
                response.setContentType("text/html;charset = UTF-8");
                PrintWriter out = response.getWriter();
                out.println("文件不存在!");
            }
        }
    }
```

程序首先检查会话对象上是否有 loggedIn 属性，若无则将请求转发到 login. jsp 页面，若存在该属性表明用户已登录。登录页面 login. jsp 的代码如下。

【例 4-7】 login. jsp 页面代码。

```jsp
<%@ page contentType = "text/html;charset = UTF-8" pageEncoding = "UTF-8" %>
<html>
```

```
<head> <title>登录页面</title> </head>
<body>
<form action = "login" method = "post" >
    <table>
    <tr> <td>用户名: </td> <td> <input type = "text" name = "userName"/> </td> </tr>
    <tr> <td>密码: </td> <td> <input type = "password" name = "password"/> </td> </tr>
    <tr> <td colspan = "2" > <input type = "submit" value = "登录"/> </td> </tr>
    </table>
</form>
</body>
</html>
```

【例 4-8】验证用户的 LoginServlet. java 程序，代码如下。

```
package com. demo;
import java. io. * ;
import javax. servlet. * ;
import javax. servlet. annotation. * ;
import javax. servlet. http. * ;

@ WebServlet( urlPatterns = {"/login"} )
public class LoginServlet extends HttpServlet {
    public void doPost( HttpServletRequest request, HttpServletResponse response)
                throws ServletException, IOException {
        String userName = request. getParameter( "userName" ) ;
        String password = request. getParameter( "password" ) ;
        if( userName! = null && userName. equals( "member" )
                && password! = null && password. equals( "member01" ) ) {
            HttpSession session = request. getSession( true) ;
            session. setAttribute( "loggedIn", Boolean. TRUE) ;
            response. sendRedirect( "download" ) ;
            return;
        } else {
            RequestDispatcher dispatcher = request. getRequestDispatcher( "/login. jsp" ) ;
            dispatcher. forward( request, response) ;
        }
    }
}
```

当用户直接或者通过链接访问 FileDownloadServlet 时，该类首先检查用户会话中是否包含 loggedIn 属性，若无则将控制转到如图 4-4 所示的用户登录页面。

输入用户名和密码（分别为 member 和 member01），单击“登录”按钮后，控制转到 LoginServlet，其中检查用户名和密码，如果合法则将控制转到 FileDownloadServlet 执行文件下载。浏览器将打开文件下载对话框，单击“保存”按钮，可将文件下载并保存到本地磁盘上。

也可以编写一个 Web 页面实现文件下载，通过超链接访问该 FileDownloadServlet，代码如下。

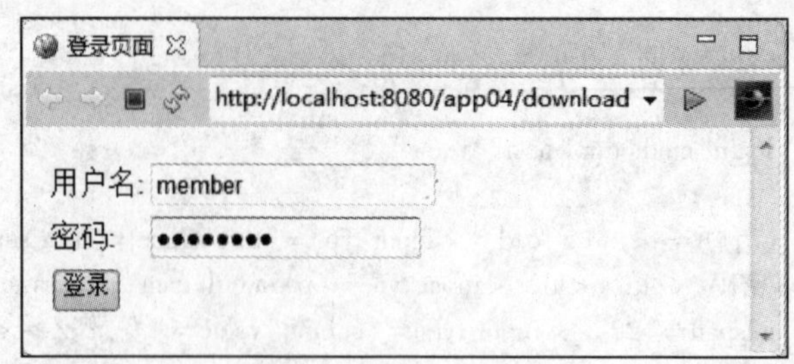

图 4-4　用户登录页面

```
下载文件<a href="fileDownload.do">下载 Java.pdf 文件</a>
```

单击该超链接，浏览器同样可以打开文件下载对话框。

4.4　案例：使用会话实现购物车

本案例利用前面学习的知识实现一个简单的购物车系统。该系统遵循 MVC 设计模式。首先，商品信息使用 Product 模型类表示，所有商品信息存储在应用作用域对象中，并通过实现上下文监听器在应用程序启动时存储在应用上下文对象中。

4.4.1　模型类设计

模型类包括商品类 Product，它表示商品信息。GoodsItem 类实例用来表示购物车中的一种商品。存储商品信息的 Product 类的代码如下。

【例 4-9】Product.java 程序，代码如下。

```
package com.model;
import java.io.Serializable;
public class Product implements Serializable{
    private int id;                    // 商品编号
    private String pname;              // 商品名称
    private double price;              // 商品价格
    private int stock;                 // 商品库存量
    private String type;               // 商品类别
   // 构造方法
   public Product(){}
   public Product(int id,String pname,double price,int stock,String type){
       this.id = id;
       this.pname = pname;
       this.price = price;
       this.stock = stock;
       this.type = type;
   }
   // 这里省略各属性的 setter 方法和 getter 方法
}
```

Pruduct 类实现了 Serializable 接口，它的实例才可以安全地存储在 Session 对象中。购物车中的每件商品使用 GoodsItem 对象存放，该类代码如下。

【**例 4-10**】GoodsItem. java 程序，代码如下。

```
package com. model;
import java. io. Serializable;
public class GoodsItem implements Serializable {
    private Product product;                // 商品信息
    private int quantity;                   // 商品数量
    public GoodsItem(Product product) {
        this. product = product;
        quantity = 1;
    }
    public GoodsItem(Product product,int quantity) {
        this. product = product;
        this. quantity = quantity;
    }
    // 属性的 getter 方法和 setter 方法
    public Product getProduct() {
        return product;
    }
    public void setProduct(Product product) {
        this. product = product;
    }
    public int getQuantity() {
        return quantity;
    }
    public void setQuantity(int quantity) {
        this. quantity = quantity;
    }
}
```

4. 4. 2　购物车类设计

购物车是购物系统中最重要的类，它用来临时存放用户购买的商品（Product）信息，购物车对象将被存储到用户的会话对象中。下面是购物车类 ShoppingCart 的代码。

【**例 4-11**】ShoppingCart. java 程序，代码如下。

```
package com. model;
import java. util. * ;
public class ShoppingCart {
    // 这里 Map 的键是商品号
    HashMap < Integer, GoodsItem > items = null;
    public ShoppingCart() {                 // 购物车的构造方法
        items = new HashMap < Integer, GoodsItem > ();
    }
```

```
    // 向购物车中添加商品方法
    public void add(GoodsItem goodsItem) {
        // 返回添加的商品号
        int productid = goodsItem.getProduct().getId();
        // 如果购物车中包含指定的商品,返回该商品并增加数量
        if(items.containsKey(productid)) {
            GoodsItem scitem = (GoodsItem)items.get(productid);
            // 修改该商品的数量
            scitem.setQuantity(scitem.getQuantity() + goodsItem.getQuantity());
        } else {
            // 否则将该商品添加到购物车中
            items.put(productid,goodsItem);
        }
    }
    // 从购物车中删除一件商品
    public void remove(Integer productid) {
        if(items.containsKey(productid)) {
            GoodsItem scitem = (GoodsItem)items.get(productid);
            scitem.setQuantity(scitem.getQuantity() - 1);
            if(scitem.getQuantity() <= 0)
                items.remove(productid);
        }
    }
    // 返回购物车中 GoodsItem 的集合
    public Collection<GoodsItem> getItems() {
        return items.values();
    }
    // 计算购物车中所有商品的价格
    public double getTotal() {
        double amount = 0.0;
        for(Iterator<GoodsItem> i = getItems().iterator();i.hasNext();) {
            GoodsItem item = (GoodsItem)i.next();
            Product product = (Product)item.getProduct();
            amount += item.getQuantity() * product.getPrice();
        }
        return roundOff(amount);
    }
    // 对数值进行四舍五入并保留两位小数
    private double roundOff(double x) {
        long val = Math.round(x * 100);// cents
        return val/100.0;
    }
    // 清空购物车方法
    public void clear() {
        items.clear();
    }
}
```

4.4.3 上下文监听器设计

本系统没有使用数据库存放商品信息，而是使用 ArrayList 对象来存放，该对象在应用程序启动时创建，因此这里设计一个上下文监听器，代码如下。

【例 4-12】ProductContextListener. java 程序，代码如下。

```
package com. listener;
import javax. servlet. * ;
import javax. servlet. annotation. WebListener;
import java. util. ArrayList;
import com. model. Product;

@ WebListener                                          // 使用注解注册监听器
public class ProductContextListener implements ServletContextListener{
    private ServletContext context = null;
    // 在上下文对象初始化时,将商品信息存储到 ArrayList 对象中
    public void contextInitialized( ServletContextEvent sce) {
      ArrayList < Product > productList = new ArrayList < Product > ( );
      productList. add( new Product( 101 ," 单反相机" ,4159. 95 ,10 ," 家用" ) );
      productList. add( new Product( 102 ," 苹果手机" ,1199. 95 ,8 ," 家用" ) );
      productList. add( new Product( 103 ," 笔记本电脑" ,5129. 95 ,20 ," 电子" ) );
      productList. add( new Product( 104 ," 平板电脑" ,1239. 95 ,20 ," 电子" ) );
      context = sce. getServletContext( ) ;
      // 将 productList 存储在应用作用域中
      context. setAttribute( " productList" ,productList) ;     // 添加属性
    }
    public void contextDestroyed( ServletContextEvent sce) {
      context = sce. getServletContext( ) ;
      context. removeAttribute( " productList" ) ;
    }
}
```

4.4.4 视图设计

本系统视图共包含 3 个 JSP 页面，index. jsp 用于显示商品信息；showProduct. jsp 用于显示一件商品的详细信息；showCart. jsp 用于显示购物车中的商品信息，并提供删除一件商品的功能。

【例 4-13】index. jsp 页面代码如下。

```
< %@  page contentType = " text/html;charset = UTF - 8" pageEncoding = " UTF - 8" %>
< %@  page import = " java. util. ArrayList ,com. model. Product" %>
< html >
< head > < title > 购物系统首页面 < /title > < /head >
< body >
< center >
< h3 > 商品列表 < /h3 >
```

```
<table>
   <tr><td>商品号</td><td>商品名</td><td>价格</td><td>库存量</td><td>
类型</td><td>详细信息</td></tr>
   <!--从应用作用域中取出 productList 对象 -->
   <% ArrayList<Product> productList =
         (ArrayList<Product>)application.getAttribute("productList");
      // 对 productList 中的每种商品循环
      for(Product product:productList){
  %>
   <tr>
      <td><%=product.getId()%></td>
      <td><%=product.getPname()%></td>
      <td><%=product.getPrice()%></td>
      <td><%=product.getStock()%></td>
      <td><%=product.getType()%></td>
      <td><a href="viewProductDetails? id=<%=product.getId()%>">详细信息</td>
   </tr>
   <%}%>
</table>
<a href="showCart.jsp">查看购物车</a>
</center>
</body>
</html>
```

访问该页面，运行结果如图 4-5 所示。

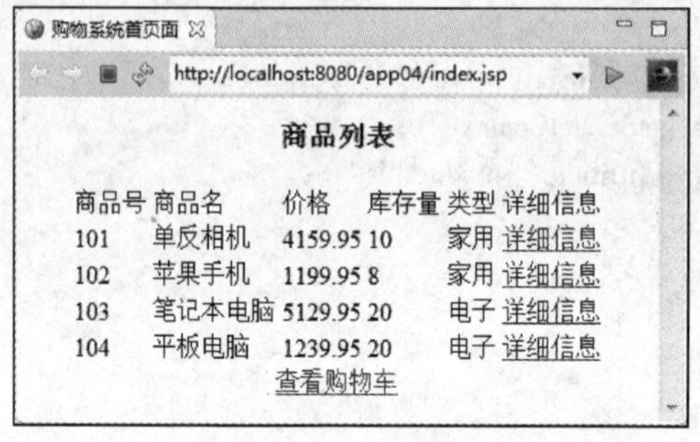

图 4-5　index.jsp 页面运行结果

showProduct.jsp 页面用于显示一件商品的详细信息，并提供加入购物车功能，代码如下。

【例 4-14】 showProduct.jsp 页面代码如下。

```
<%@ page contentType="text/html;charset=UTF-8" pageEncoding="UTF-8"%>
<%@ page import="com.model.Product"%>
<html>
<head><title>显示商品详细信息</title>
<!--使用 JavaScript 脚本保证文本域中输入整数值 -->
<script language="JavaScript" type="text/javascript">
```

```
    function check(form) {
        var regu =/^[1 -9]\d *$/;
        if(form. quantity. value =='') {
            alert("数量值不能为空!");
            form. quantity. focus();
            return false;
        }
        if(! regu. test(form. quantity. value)) {
            alert("必须输入整数!");
            form. quantity. focus();
            return false;
        }
    }
</script>
</head>
<body>
<%
    Product product = (Product)session. getAttribute("product");
%>
<p>商品详细信息</p>
<form name="myform" method='post' action='addToCart'>
    <!--使用隐藏表单域将 id 请求参数传递给 addToCart 动作 -->
    <input type='hidden' name='id' value='<% =product. getId()%>'/>
    <table>
        <tr><td>商品名:</td><td><% =product. getPname()%></td></tr>
        <tr><td>价格:</td><td><% =product. getPrice()%></td></tr>
        <tr><td>库存量:</td><td><% =product. getStock()%></td></tr>
        <tr><td>类型:</td><td><% =product. getType()%></td></tr>
        <tr><td><input type="text" name='quantity' id='quantity'/></td>
        <td><input type='submit' value='放入购物车'
                        onclick="return check(this. form)"/></td>
        </tr>
      <tr><td colspan='2'><a href='index. jsp'>显示商品列表</a></td></tr>
      </table>
</form>
</body>
</html>
```

该页面运行结果如图 4-6 所示。

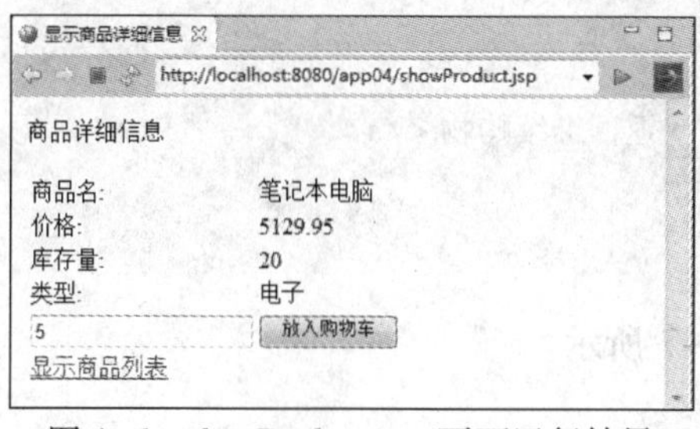

图 4-6 showProduct. jsp 页面运行结果

showCart. jsp 页面用于显示购物车中的商品信息，并提供删除一件商品的功能，代码如下。

【例 4-15】 showCart. jsp 页面代码如下。

```
<%@ page contentType = "text/html;charset = UTF - 8" pageEncoding = "UTF - 8" %>
<%@ page import = "java. util. * ,com. model. * " %>
<html>
<head><title>用户购物车信息</title></head>
<body>
<%
  // 从会话作用域中取出购物车对象 cart
  ShoppingCart cart = (ShoppingCart) session. getAttribute("cart");
  // 从购物车中取出每件商品并存储在 ArrayList 中
  ArrayList<GoodsItem> items = new ArrayList<GoodsItem>(cart. getItems());
%>
<p>您的购物车信息</p>
<table>
<tr><td style = 'width:50px '>数量</td>
     <td style = 'width:80px '>商品</td>
     <td style = 'width:80px '>价格</td>
     <td style = 'width:80px '>小计</td>
     <td style = 'width:80px '>是否删除</td>
</tr>
<%
  // 显示购物车中每件商品信息
  for(GoodsItem goodsItem :items) {
     Product product = goodsItem. getProduct();
%>
   <tr><td><% = goodsItem. getQuantity() %></td>
   <td><% = product. getName() %></td>
   <td><% = product. getPrice() %></td>
   <td><% = ((int)(product. getPrice() * goodsItem. getQuantity() * 100 + 0. 5))/100. 00 %>
</td>
   <td><a href = "deleteItem? id = <% = product. getId() %>">删除</a></td>
  </tr>
<%
     }
%>
   <tr><td colspan = '4 'style = 'text - align: right '>总计: <% = cart. getTotal() %></td>
</tr>
</table>
<a href = "index. jsp">返回继续购物</a>
</body>
</html>
```

该页面运行结果如图 4-7 所示。

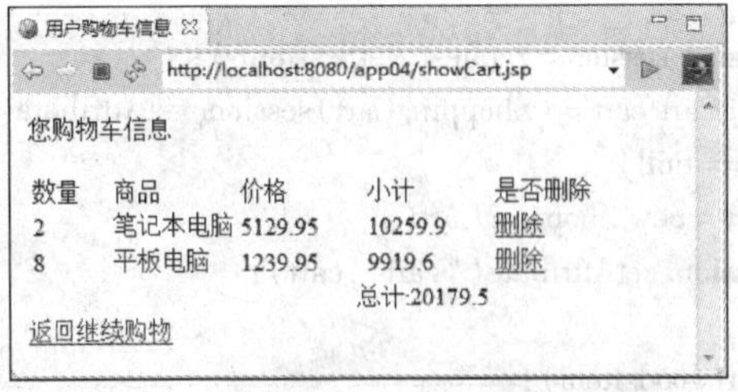

图 4-7 showCart. jsp 页面运行结果

4.4.5 控制器设计

本系统使用 Servlet 作为控制器，ShoppingCartServlet 类主要处理商品显示、查看购物车和添加商品到购物车等动作。

【例 4-16】 ShoppingCartServlet. java 程序，代码如下。

```
package com. action;
import java. io. IOException;
import java. util. ArrayList;
import javax. servlet. ServletException;
import javax. servlet. annotation. WebServlet;
import javax. servlet. ServletContext;
import javax. servlet. http. * ;
import com. model. * ;
@ WebServlet( name = "ShoppingCartServlet" ,urlPatterns = {
            "/addToCart" ,"/viewProductDetails" ,"/deleteItem" } )
public class ShoppingCartServlet extends HttpServlet {
    ServletContext context;
    public void doGet( HttpServletRequest request,HttpServletResponse response)
            throws ServletException,IOException {
        String uri = request. getRequestURI( ) ;
        if( uri. endsWith( "/viewProductDetails" ) ) {
            showProductDetails( request,response) ;
        } else if( uri. endsWith( "deleteItem" ) ) {
            deleteItem( request,response) ;
        }
    }
    public void doPost( HttpServletRequest request,HttpServletResponse response)
                throws ServletException,IOException {
        // 将一件商品放入购物车
        int productId = 0;
        int quantity = 0;
        try {
            productId = Integer. parseInt( request. getParameter( "id" ) ) ;
            quantity = Integer. parseInt( request. getParameter( "quantity" ) ) ;
        } catch( NumberFormatException e) {
            System. out. println( e) ;
        }
        Product product = getProduct( productId) ;
        if( product! = null && quantity >= 0) {
            GoodsItem goodsItem = new GoodsItem( product,quantity) ;
```

```
            HttpSession session = request.getSession();
            ShoppingCart cart = (ShoppingCart)session.getAttribute("cart");
            if(cart == null){
                cart = new ShoppingCart();
                session.setAttribute("cart",cart);
            }
            cart.add(goodsItem);
        }
        // 显示购物车信息
        response.sendRedirect("showCart.jsp");
    }
    // 显示商品细节并可添加到购物车
    private void showProductDetails(HttpServletRequest request,
            HttpServletResponse response)throws IOException,ServletException {
        int productId = 0;
        try {
            productId = Integer.parseInt(request.getParameter("id"));
        } catch(NumberFormatException e){
            System.out.println(productId);
            System.out.println(e);
        }
        // 根据商品号返回商品对象
        Product product = getProduct(productId);
        if(product != null){
            HttpSession session = request.getSession();
            session.setAttribute("product",product);
            response.sendRedirect("showProduct.jsp");
        }else {
            //out.println("No product found");
        }
    }
    // 从购物车中删除一件商品
    private void deleteItem(HttpServletRequest request,HttpServletResponse response)
                    throws IOException {
        HttpSession session = request.getSession();
        ShoppingCart cart = (ShoppingCart)session.getAttribute("cart");
        try{
            int id = Integer.parseInt(request.getParameter("id"));
            GoodsItem item = null;
            for(GoodsItem shopItem:cart.getItems()){
                if(shopItem.getProduct().getId() == id){
                    item = shopItem;
                    break;
                }
            }
            cart.remove(item.getProduct().getId());
        }catch(NumberFormatException e){
```

```java
                System.out.println("发生异常:" + e.getMessage());
            }
            session.setAttribute("cart",cart);
            response.sendRedirect("showCart.jsp");
        }
    // 根据给定的商品号返回商品对象
    private Product getProduct(int productId) {
        context = getServletContext();
        ArrayList<Product>  products =
                (ArrayList<Product>)context.getAttribute("productList");
        for(Product product :products) {
            if(product.getId() == productId) {
                return product;
            }
        }
        return null;
    }
}
```

4.5 小结

在 Java Web 开发中通过使用 HttpSession 对象可以跟踪客户与服务器的交互，Web 应用程序需要在本来无状态的 HTTP 协议上实现状态。Cookie 实际上是服务器发送给客户的一小段文本信息，客户以后访问同一个 Web 服务器时，浏览器会把它们原样发送给服务器。文件上传和下载是 Web 开发中经常需要实现的功能。文件上传使用 Servlet 3.0 API 的 Part 对象，文件下载是从服务器上把文件传输到客户端。

4.6 习题

1. 下面哪个接口或类检索与用户相关的会话对象？(　　)

A. HttpServletResponse　　B. ServletConfig

C. ServletContext　　D. HttpServletRequest

2. 给定 request 是一个 HttpServletRequest 对象，下面哪两行代码会在不存在会话的情况下创建一个会话？(　　)

A. request.getSession()　　B. request.getSession(true)

C. request.getSession(false)　　D. request.createSession()

3. 关于会话属性，下面哪两个说法是正确的？(　　)

A. HttpSession 的 getAttribute（String name）返回类型为 Object

B. HttpSession 的 getAttribute（String name）返回类型为 String

C. 在一个 HttpSession 上调用 setAttribute（"keyA","valueB"）时，如果这个会话中对应键 keyA 已经有一个值，就会导致抛出一个异常

D. 在一个 HttpSession 上调用 setAttribute ("keyA","valueB") 时，如果这个会话中对应键 keyA 已经有一个值，则这个属性的原先值会被 valueB 替换

4. 调用下面哪个方法将使会话失效？(　　)

A. session. invalidate();　　B. session. close();

C. session. destroy();　　D. session. end();

5. 关于 HttpSession 对象，下面哪两个说法是正确的？(　　)

A. 会话的超时时间设置为 -1，则会话永远不会到期

B. 一旦用户关闭所有浏览器窗口，会话就会立即失效

C. 在部署描述文件中定义的超时时间之后，会话会失效

D. 可以调用 HttpSession 的 invalidateSession()方法使会话失效

6. 给定一个会话对象 s，有两个属性，属性名分别为 myAttr1 和 myAttr2，下面哪行(段) 代码会把这两个属性从会话中删除？(　　)

A. s. removeAllValues();　　B. s. removeAllAttributes();

C. s. removeAttribute("myAttr1");
s. removeAttribute("myAttr2");

D. s. getAttribute("myAttr1", UNBIND);
s. getAttribute("myAttr2", UNBIND);

7. 将下面哪个代码片段插入到 doGet()中可以正确记录用户的 GET 请求的数量？(　　)

A.
```
HttpSession session = request. getSession();
int count = session. getAttribute("count");
session. setAttribute("count",count ++);
```

B.
```
HttpSession session = request. getSession();
int count = (int)session. getAttribute("count");
session. setAttribute("count",count ++);
```

C.
```
HttpSession session = request. getSession();
int count = ((Integer)session. getAttribute("count")). intValue();
session. setAttribute("count",count ++);
```

D.
```
HttpSession session = request. getSession();
int count = ((Integer)session. getAttribute("count")). intValue();
session. setAttribute("count",new Integer( ++count));
```

8. 以下哪段代码能从请求对象中获取名为"ORA - UID" 的 Cookie 的值？(　　)

A.
```
String value = request. getCookie("ORA - UID");
```

B.
```
String value = request. getHeader("ORA - UID");
```

C.
```
Cookie[] cookies = request. getCookies();
String cName = null;
String value = null;
if(cookies! = null){
    for(inti = 0 ;i < cookies. length;i ++ ){
    cName = cookies[i]. getName();
    if(cName! = null && cName. equalsIgnoreCase("ORA_UID")){
    value = cookies[i]. getValue();
```

```
            }
        }
    }
```

D. ```
Cookie[ ] cookies = request. getCookies( );
if(cookies. length >0) {
        String value = cookies[0]. getValue( );
}
```

9. 是否能够通过客户机的 IP 地址实现会话跟踪？

10. 如何理解会话失效与超时？如何通过程序设置最大失效时间？如何通过 Web 应用程序部署描述文件设置最大超时时间？二者有什么区别？

11. 要实现文件上传应该使用哪个类？如何得到上传的文件名？

12. 如何实现文件下载？在什么条件下可以不通过编程即可实现文件下载？
```

第 5 章　EL 与 JSP 标签技术

表达式语言（EL）是一种在 JSP 页面中使用的数据访问语言，通过它可以很方便地在 JSP 页面中访问应用程序数据，无需使用小脚本和请求时表达式。表达式语言最重要的目的是创建无脚本的 JSP 页面。

标签是 JSP 的一种语言元素，它可以访问 JSP 的所有内置对象。标签技术的实质是 Java 代码通过标签在 JSP 文件中的应用，当包含标签的 JSP 页面转换为 Servlet 时，通过标签处理类完成有关动作。

5.1　使用 EL 访问数据

表达式语言是一种在 JSP 页面中使用的数据访问语言，它不是通用的编程语言。网页作者通过它可以很方便地在 JSP 页面中访问应用程序数据，无需使用小脚本（<% 和%>）或 JSP 请求时表达式（<% = 和%>），甚至不用学习 Java 语言都可以使用表达式语言。

作为一种数据访问语言，EL 具有自己的运算符、语法和保留字。作为 JSP 开发人员，其工作是创建 EL 表达式并将其添加到 JSP 的响应中。

在 JSP 页面中，表达式语言的使用形式如下。

```
${expression}
```

表达式语言以$开头，后面是一对大括号，括号里面是合法的 EL 表达式。该结构既可以出现在 JSP 页面的模板文本中，也可以出现在 JSP 标签的属性值中，只要属性允许常规的 JSP 表达式即可。

下面的代码是在 JSP 模板文本中使用 EL 表达式。

```
<ul>
  <li>客户名:${customer.custName}
  <li>邮箱地址:${customer.email}
</ul>
```

下面的代码是在 JSP 标准动作的属性中使用 EL 表达式。

```
<jsp:include page="${expression1}"/>
<c:out value="${expression2}"/>
```

5.1.1　属性与集合元素访问运算符

属性访问运算符用来访问对象的成员，集合访问运算符用来检索 Map、List 或数组对象的元素。这些运算符在处理隐含变量时特别有用。在 EL 中，这类运算符包括点号(.)运算符和方括号（[]）运算符两种。

1. 点号(.)运算符

点号运算符用来访问 Map 对象一个键的值或 bean 对象的属性值，例如：param 是 EL 的一个隐含对象，它是一个 Map 对象，下面代码返回 param 对象 username 请求参数的值。

```
${param.username}
```

再比如，假设 customer 是 Customer 类的一个实例，下面代码访问该实例的 custName 属性值。

```
${customer.custName}
```

2. 方括号([])运算符

方括号运算符除了可以访问 Map 对象键值和 bean 的属性值外，还可以访问 List 对象和数组对象的元素。

```
${param["username"]}
${param['username']}
${customer["custName"]}
```

📖 如果属性名中含有特殊字符，则不能用点号运算符访问。假设有一个会话作用域的属性名为 master-email，不能使用${sessionScope.master-email}访问，而应该使用方括号运算符访问，如${sessionScope["master-email"]}。

5.1.2 访问作用域变量

在 JSP 页面中，可以使用 JSP 表达式访问作用域变量。一般做法是：在 Servlet 中使用 setAttribute()将一个变量存储到某个作用域对象上，如 HttpServletRequest、HttpSession 及 ServletContext 等。然后使用 RequestDispatcher 对象的 forward()方法将请求转发到 JSP 页面，在 JSP 页面中调用隐含变量的 getAttribute()方法返回作用域变量的值。

使用 EL 就可以很方便地访问这些作用域变量。要输出作用域变量的值，只需在 EL 中使用变量名即可，如下面的代码所示。

```
${variable_name}
```

对该表达式，容器将依次在页面作用域、请求作用域、会话作用域和应用作用域中查找名为 variable_name 的属性。如果找到该属性，则调用它的 toString()方法并返回属性值。如果没有找到，则返回空字符串（不是 null）。

下面通过一个例子来说明如何访问作用域变量。VariableServlet 将几个变量存储在不同的作用域中，然后在 JSP 页面中使用 EL 访问。

【例 5-1】 VariableServlet.java 程序，代码如下。

```
package com.demo;
import java.io.*;
import javax.servlet.*;
import javax.servlet.http.*;
import javax.servlet.annotation.WebServlet;
@WebServlet("/VariableServlet")
public class VariableServlet extends HttpServlet {
    public void doGet(HttpServletRequest request,HttpServletResponse response)
                        throws ServletException,IOException {
        request.setAttribute("attrib1",new Integer(100));
        HttpSession session = request.getSession();
        session.setAttribute("attrib2","Java World!");
        ServletContext application = getServletContext();
        application.setAttribute("attrib3",java.time.LocalDate.now());
        // 在不同的作用域中存储同名的属性
        request.setAttribute("attrib4","请求作用域");
        session.setAttribute("attrib4","会话作用域");
        application.setAttribute("attrib4","应用作用域");
        // 将请求转发到 JSP 页面
        RequestDispatcher rd = request.getRequestDispatcher("/variables.jsp");
        rd.forward(request,response);
    }
}
```

【例 5-2】variables.jsp 页面代码如下。

```
<%@ page contentType="text/html;charset=UTF-8"%>
<html>
<head><title>访问作用域变量</title></head>
<body>
<h3>访问作用域变量</h3>
<ul>
    <li>属性 1:${attrib1}
    <li>属性 2:${attrib2}
    <li>属性 3:${attrib3}
    <li>属性 4:${attrib4} <!-- 该行将显示 request 作用域中的值 -->
</ul>
</body></html>
```

🕮 如果要明确指定访问哪个作用域的变量，可以使用 EL 提供的隐含变量。如果要访问会话作用域的attrib4变量，可以使用${sessionScope.attib4}。

5.1.3 访问 JavaBeans 属性

第 3 章讲解了使用 <jsp:useBean> 和 <jsp:getProperty> 动作访问 JavaBeans 的属性，使用表达式语言，通过点号表示法可以很方便地访问 JavaBeans 的属性，如下所示。

```
${employee.empName}
```

使用表达式语言，如果没有找到指定的属性就不会抛出异常，而是返回空字符串。

使用表达式语言还允许访问嵌套属性。例如，如果 Employee 有一个 address 属性，它的类型为 Address，而 Address 又有 zipCode 属性，则可以使用下面的简单形式访问 zipCode 属性。

```
${employee.address.zipCode}
```

上面的方法不能使用 <jsp:useBean> 和 <jsp:getProperty> 实现。

下面通过一个示例来说明对 JavaBeans 属性的访问。该例中有两个 JavaBeans，其中 Address 类有 3 个字符串类型的属性：city、street 和 zipCode；Employee 是在前面的类的基础上增加了一个 Address 类型的属性 address 表示地址。

在 EmployeeServlet.java 程序中创建了一个 Employee 对象，并将其设置为请求作用域的一个属性，然后将请求转发到 JSP 页面，在 JSP 页面中使用下面的 EL 访问客户地址的 3 个属性。

```
<li>城市:${employee.address.city}
<li>街道:${employee.address.street}
<li>邮编:${employee.address.zipCode}
```

【例 5-3】 ~【例 5-6】给出了一个使用 EL 访问 JavaBeans 的示例。

【例 5-3】 Address.java 程序，代码如下。

```
package com.demo;
public class Address implements java.io.Serializable {
    private String city;                    // 城市
    private String street;                  // 街道
    private String zipCode;                 // 邮编
    public Address() { }
    public Address(String city,String street,String zipCode) {
        this.city = city;
        this.street = street;
        this.zipCode = zipCode;
    }
    // 这里省略了属性的 getter 方法和 setter 方法
}
```

【例 5-4】 Employee.java 程序，代码如下。

```
package com.demo;
public class Employee implements java.io.Serializable{
    private String empName;
    private String email;
    private String phone;
    private Address address;

    public Employee() {}
```

```
    public Employee(String empName,String email,String phone,Address address) {
            this.empName = empName;
        this.email = email;
        this.phone = phone;
        this.address = address;
    }
    public void setEmpName(String empName) { this.empName = empName; }
    public void setEmail(String email) { this.email = email; }
    public void setPhone(String phone) { this.phone = phone; }
    public void setAddress(Address address) { this.address = address; }

    public String getEmpName() { return this.empName; }
    public String getEmail() { return this.email; }
    public String getPhone() { return this.phone; }
    public Address getAddress() {return address; }
}
```

【例 5-5】EmployeeServlet.java 程序，代码如下。

```
package com.demo;
import java.io.*;
import javax.servlet.*;
import javax.servlet.http.*;
import com.demo.Address;
import com.demo.Employee;
import javax.servlet.annotation.WebServlet;

@WebServlet("/EmployeeServlet")
public class EmployeeServlet extends HttpServlet{
    public void doGet(HttpServletRequest request,HttpServletResponse response)
                throws ServletException,IOException{
    Address address = new Address("上海市","科技路 25 号","201600");
    Employee employee = new Employee("automan","hacker@163.com","8899123",address);
    request.setAttribute("employee",employee);
    RequestDispatcher rd = request.getRequestDispatcher("/beanDemo.jsp");
    rd.forward(request,response);
    }
}
```

【例 5-6】beanDemo.jsp 页面，代码如下。

```
<%@ page contentType="text/html;charset=UTF-8"%>
<html>
<head><title>访问 JavaBeans 的属性</title></head>
<body>
<h4>使用 EL 访问 JavaBeans 的属性</h4>
<ul>
  <li>员工名:${employee.empName}
```

```
        <li>Email 地址:${employee.email}
        <li>电话:${employee.phone}
        <li>客户地址:
        <ul>
            <li>城市:${employee.address.city}
            <li>街道:${employee.address.street}
            <li>邮编:${employee.address.zipCode}
        </ul>
    </ul>
</body></html>
```

5.1.4 访问集合元素

在 EL 中可以访问各种集合对象的元素，集合可以是数组、List 对象或 Map 对象。这需要使用数组记法的运算符([])。

例如，假设有一个上述类型的对象 attributeName，可以使用下面的形式访问其元素。

```
${attributeName[entryName]}
```

1）如果 attributeName 对象是数组，则 entryName 为下标。上述表达式返回指定下标的元素值。假设在 Servlet 中有下列代码。

```
String[] fruit = {"apple","orange","banana"};
request.setAttribute("myFruit",fruit);
```

在 JSP 页面中使用下列代码访问下标为 2 的元素。

```
我最喜欢的水果是:${myFruit[2]}
```

上面一行还可以写成下面的格式。

```
我最喜欢的水果是:${myFruit["2"]}
```

2）如果 attributeName 对象是实现了 List 接口的对象，则 entryName 为索引。下面代码演示了访问 List 元素。假设在 Servlet 中有下列代码。

```
ArrayList<String> fruit = new ArrayList<String>();
fruit.add("apple");
fruit.add("orange");
fruit.add("banana");
request.setAttribute("myFruit",fruit);
```

在 JSP 页面中使用下列代码访问下标为 2 的元素。

```
我最喜欢的水果是:${myFruit[2]}
```

3）如果 attributeName 对象是实现了 Map 接口的对象，则 entryName 为键，相应的值通过 Map 对象的 get（key）获得的，如下面的代码所示。

```
Map < String,String > capital = new HashMap < String,String > ( ) ;
capital. put( "England" ,"伦敦" ) ;
capital. put( "China" ,"北京" ) ;
capital. put( "Russia" ,"莫斯科" ) ;
request. setAttribute( "capital" ,capital) ;
```

在 JSP 页面中使用下列代码访问 Map 对象的值。

```
中国的首都是:${capital["China"]} <br>
俄罗斯的首都是:${capital. Russia}
```

【例 5-7】和【例 5-8】给出了一个访问集合元素的例子。

【例 5-7】CollectServlet. java 程序，代码如下。

```
package com. demo;
import java. util. * ;
import java. io. * ;
import javax. servlet. * ;
import javax. servlet. http. * ;
import javax. servlet. annotation. WebServlet;
@ WebServlet( "/CollectServlet" )
public class CollectServlet extends HttpServlet{
    public void doGet( HttpServletRequest request,HttpServletResponse response)
                        throws ServletException,IOException{
        response. setContentType( "text/html;charset = UTF - 8" ) ;
        ArrayList < String > country = new ArrayList < String > ( ) ;
        country. add( "China" ) ;
        country. add( "England" ) ;
        country. add( "Russia" ) ;

        HashMap < String,String > capital = new HashMap < String,String > ( ) ;
        capital. put( "China" ,"北京" ) ;
        capital. put( "England" ,"伦敦" ) ;
        capital. put( "Russia" ,"莫斯科" ) ;
        request. setAttribute( "country" ,country) ;
        request. setAttribute( "capital" ,capital) ;
        RequestDispatcher rd = request. getRequestDispatcher( "/collections. jsp" ) ;
        rd. forward( request,response) ;
    }
}
```

【例 5-8】collections. jsp 页面，代码如下。

```
<%@ page contentType = "text/html;charset = UTF - 8" %>
<html>
```

```
    <head><title>Collections Test</title>
    </head>
    <body>
    <p>Accessing Collections</p>
    <ul>
        <li>${country[0]}的首都是${capital["China"]}
        <li>${country[1]}的首都是${capital["England"]}
        <li>${country[2]}的首都是${capital.Russia}
    </ul>
    </body>
    </html>
```

5.1.5 使用 EL 的隐含变量

在 JSP 页面的脚本中可以使用 JSP 隐含变量，如 request、session 和 application 等。EL 表达式中也定义了一套自己的隐含变量，在 EL 中可以直接使用这些隐含变量。

1. pageContext 变量

pageContext 是 PageContext 类型的变量。PageContext 类依次拥有 request、response、session、out 和 servletContext 属性，使用 pageContext 变量可以访问这些属性的属性。

```
${pageContext.request.method}
${pageContext.request.remoteAddr}
```

2. param 和 paramValues 变量

param 和 paramValues 变量用来从请求中检索请求参数值。param 变量是调用给定参数名称的 getParameter(String name)的结果，使用 EL 表示如下。

```
${param.name}
```

类似地，paramValues 是使用 getParameterValues(String name)返回给定名称的参数值的数组。要访问参数值数组的第一个元素，可使用下面代码。

```
${paramValues.name[0]}
```

3. header 和 headerValues 变量

header 和 headerValues 变量是从 HTTP 请求头中检索值，它们的运行机制与 param 和 paramValues 类似。下面的代码使用 EL 显示了请求头 host 的值。

```
${header.host}或${header["host"]}
```

类似地，headerValues.host 是一个数组，它的第一个元素可使用下列表达式之一显示。

```
${headerValues.host[0]}
${headerValues.host["0"]}
${headerValues.host['0']}
```

4. cookie 变量

使用 EL 的 cookie 隐含变量得到客户向服务器发回的 Cookie 数组，即调用 request 对象的 getCookies( )的返回结果。如果要访问 cookie 的值，则需要使用 Cookie 类的属性 value（即 getValue 方法)。因此，下面一行可以输出名为 userName 的 Cookie 的值。如果没有找到这个 cookie 对象，则输出空字符串。

```
${cookie.userName.value}
```

使用 cookie 变量还可以访问会话 Cookie 的 ID 值。

```
${cookie.JSESSIONID.value}
```

5. initParam 变量

initParam 变量存储了 Servlet 上下文的参数名和参数值。例如，假设在 DD 中定义了如下初始化参数。

```
<context-param>
    <param-name>email</param-name>
    <param-value>hacker@163.com</param-value>
</context-param>
```

则可以使用下面的 EL 表达式得到参数 email 的值。

```
${initParam.email}
```

如果通过 JSP 脚本元素访问该 Servlet 上下文参数，应该使用下面表达式。

```
<% =application.getInitParameter("email")%>
```

6. pageScope、requestScope、sessionScope 和 applicationScope 变量

这几个隐含变量很容易理解，它们用来访问不同作用域的属性。例如，下面代码用于在会话作用域中添加一个表示商品价格的 totalPrice 属性，然后使用 EL 访问该属性值。

```
<%
    session.setAttribute("totalPrice",1000);
%>
${sessionScope.totalPrice}
```

注意，访问应用作用域的属性应使用 applicationScope 变量而不是使用 pageContext 变量。

5.2 使用 EL 运算符

EL 作为一种简单的数据访问语言，提供了一套运算符。EL 的运算符包括：算术运算符、关系运算符、逻辑运算符、条件运算符、empty 运算符，以及属性与集合访问运算符。这些运算符与 Java 语言中使用的运算符类似，但在某些细节上仍有不同。

5.2.1 算术运算符

表 5-1 给出了在 EL 中可以使用的算术运算符。

表 5-1 EL 算术运算符

算术运算符	说　明	示　例	结　果
+	加	${6.80 + -12}	-5.2
-	减	${15-5}	10
*	乘	${2 * 3.14159}	6.28318
/或 div	除	${25 div 4}与${25/4}	6.25
%或 mod	取余	${24 mod 5}与${24 % 5}	4

5.2.2 关系与逻辑运算符

EL 的关系运算符与一般的 Java 代码的关系运算符类似，如表 5-2 所示。

表 5-2 EL 的关系运算符与 Java 代码的关系运算符的比较

关系运算符	说　明	示　例	结　果
== 或 eq	相等	${3 ==5}或${3 eq 5}	false
!= 或 ne	不相等	${3!=5}或${3 ne 5}	true
< 或 lt	小于	${3 <5}或${3 lt 5}	true
> 或 gt	大于	${3 >5}或${3 gt 5}	false
<= 或 le	小于等于	${3 <=5}或${3 le 5}	true
>= 或 ge	大于等于	${3 >=5}或${3 ge 5}	false

5.2.3 条件运算符

EL 的条件运算符的语法如下。

```
expression? expression1 : expression2
```

expression 是一个 boolean 表达式。如果 expression 的值为 true，则返回 expression1 的结果；如果 expression 的值为 false，则返回 expression2 的结果。

下面的例子演示了 EL 的条件运算符的一些用法。

${(5 * 5) ==25? 1:0}的结果为 1。

${(3 gt 2)&&! (12 gt 6)?"正确":"错误"} 的结果为“错误”。

${("14" eq 14.0)&&(14 le 16)?"Yes":"No"}的结果为 Yes。

${(4.0 ne 4)||(100 <=10)? 1:0}的结果为 0。

5.2.4 empty 运算符

empty 运算符的使用格式如下。

```
${empty expression}
```

判断 expression 的值是否为 null、空字符串、空数组、空 Map 或空集合，若是则返回 true，否则返回 false。

5.3 JSP 标准标签库

由于使用自定义标签可能造成程序员对标签的重复定义，因此从 JSP 2.0 开始提供了一个标准标签库（JSP Standard Tag Library，JSTL），它可以简化 JSP 页面和 Web 应用程序的开发。

5.3.1 JSTL 核心标签库

JSTL 共提供了 5 个标签库，本书主要介绍核心（Core）标签库，该库的标签可以分成 4 类，如表 5-3 所示。

表 5-3 JSTL 核心标签库

通用目的	条件控制	循环控制	URL 处理
<c:out>	<c:if>	<c:forEach>	<c:url>
<c:set>	<c:choose>	<c:forTokens>	<c:import>
<c:remove>	<c:when>		<c:redirect>
<c:catch>	<c:otherwise>		<c:param>

在使用 JSTL 前，首先应该获得 JSTL 包并安装到 Web 应用中。可以到 Jakarta 网站下载 JSTL 包，地址为 http://tomcat.apache.org/taglibs/standard/。JSTL 目前的最新版本是 1.2.5，下载文件名为 taglibs-standard-impl-1.2.5.jar，将该文件复制到 Web 应用的 WEB-INF/lib 目录中即可。

在 JSP 页面中使用 JSTL，必须使用 taglib 指令来引用标签库，例如，要使用核心标签库，必须在 JSP 页面中使用下面的 taglib 指令。

```
<%@ taglib prefix="c" uri="http://java.sun.com/jsp/jstl/core" %>
```

📖 在 Tomcat 服务器安装的 examples 示例应用程序的 WEB-INF\lib 目录中包含 JSTL 的库文件，文件名为 taglibs-standard-impl-1.2.5.jar，将它复制到 Web 应用的 WEB-INF/lib 目录中即可。

5.3.2 通用目的标签

1. <c:out>

<c:out>标签使用很简单，它有两种语法格式。

【格式 1】不带标签体的情况。

```
<c:out value="value"[escapeXml="{true|false}"]
  default="defaultValue"/>
```

如果 escapeXml 的值为 true（默认值），表示将 value 属性值中包含的 <、>、'、" 或 & 等特殊字符转换为相应的实体引用（或字符编码），如小于号(<)将转换为 <，大于号(>)将转换为 >。如果 escapeXml 的值为 false，将不转换。default 属性用于指定默认值，当 value 属性值为 null 时，输出 default 属性指定的默认值。

【格式 2】带标签体的情况。

```
<c:out value="value"[escapeXml="{true|false}"]>
    默认值
</c:out>
```

这种格式是在标签体中指定默认值。在 value 属性的值中可以使用 EL 表达式，如下面的代码所示。

```
<c:out value="${pageContext.request.remoteAddr}"/>
<c:out value="${number}"/>
```

上述代码分别输出客户地址和 number 变量的值。

2. <c:set>标签

<c:set>标签设置作用域变量及对象（如 JavaBeans 与 Map）的属性值。该标签有 4 种语法格式。

【格式 1】不带标签体的情况。

```
<c:set var="varName" value="value"
[scope="{page|request|session|application}"]/>
```

【格式 2】带标签体的情况。

```
<c:set var="varName"[scope="{page|request|session|application}"]>
    标签体内容
</c:set>
```

这种格式是在标签体中指定变量值。例如，下面两个标签都将变量 number 的值设置为 16，且其作用域为会话作用域。

```
<c:set var="number" value="${4*4}" scope="session"/>
<c:set var="number" scope="session">
  ${4*4}
</c:set>
```

使用<c:set>标签还可以设置指定对象的属性值，对象可以是 JavaBeans 或 Map 对象。可以使用下面两种格式来实现。

【格式 3】不带标签体的情况。

```
<c:set target = "target" property = "propertyName“  value = "value"/>
```

【格式4】带标签体的情况。

```
<c:set target = "target" property = "propertyName" >
```

标签体内容。

</c:set>

target 属性用于指定对象名，property 属性用于指定对象的属性名（JavaBeans 的属性或 Map 的键）。与设置变量值一样，属性值可以通过 value 属性或标签体内容指定。

3. <c:remove>标签

<c:remove>标签用来从作用域中删除变量，它的语法格式如下。

```
<c:remove var = "varName" [ scope = "{page | request | session | application}" ] />
```

var 属性用于指定要删除的变量名，可选的 scope 属性用于指定作用域。如果没有指定 scope 属性，容器将先在 page 作用域查找变量，然后是 request 作用域，接下来是 session 作用域，最后是 application 作用域，找到后将变量清除。

4. <c:catch>标签

<c:catch>标签的功能是捕获标签体中出现的异常，语法格式如下。

```
<c:catch [ var = "varName" ] >
    标签体内容
</c:catch>
```

这里，var 是为捕获到的异常定义的变量名，当标签体中的代码发生异常时，将由该变量引用异常对象，变量具有 page 作用域。如下面的代码所示。

```
<c:catch var = "myexception" >
<%
    int i = 0;
    int j = 10 / i;                    //该语句发生异常
%>
</c:catch>
<c:out value = "${myexception}"/> <br>
<c:out value = "${myexception.message}"/>
```

5.3.3 条件控制标签

1. <c:if>标签

<c:if>标签用来进行条件判断，它有下面两种语法格式。

【格式1】不带标签体的情况。

```
<c:if test="testCondition"   var="varName"[scope="{page|request|session|application}"]
/>
```

【格式 2】带标签体的情况。

```
<c:if test="testCondition" var="varName"[scope="{page|request|session|application}"]>
    标签体内容
</c:if>
```

<c:if>标签必需的 test 属性是一个 boolean 表达式。【格式 1】只将 test 的结果存于变量 varName 中；在【格式 2】中，若 test 的结果为 true，则执行标签体，否则不执行标签体。

下面代码中如果 number 的值等于 16，则会显示其值。

```
<c:set var="number" value="${4*4}" scope="session"/>
<c:if test="${number==16}" var="result" scope="session">
    ${number} <br>
</c:if> <br>
<c:out value="${result}"/>
```

2. <c:choose>标签

<c:choose>标签类似于 Java 语言的 switch - case 语句，它本身不带任何属性，但包含多个<c:when>标签和一个<c:otherwise>标签，这些标签能够完成多分支结构。例如，下面代码根据 color 变量的值显示不同的文本。

```
<c:set var="color" value="white" scope="session"/>
<c:choose>
    <c:when test="${color=='white'}">
        白色!
    </c:when>
    <c:when test="${color=='black'}">
        黑色!
    </c:when>
    <c:otherwise>
        其他颜色!
    </c:otherwise>
</c:choose>
```

5.3.4 循环控制标签

核心标签库中的<c:forEach>和<c:forTokens>标签允许重复处理标签体内容。使用这些标签，能以下列 3 种方式控制循环的次数。

- 对数的范围使用<c:forEach>及它的 begin、end 和 step 属性。
- 对 Java 集合中元素使用<c:forEach>及它的 var 和 items 属性。
- 对 String 对象中的令牌（Token）使用<c:forTokens>及它的 items 属性。

1. <c:forEach>标签

<c:forEach>标签主要用于实现迭代，它可以对标签体迭代固定的次数，也可以在集合对象上迭代，该标签有两种格式。

【格式1】迭代固定的次数。

```
<c:forEach [var = "varName"] [begin = "begin" end = "end" step = "step"]
        [varStatus = "varStatusName"] >
    标签体内容
</c:forEach >
```

在<c:forEach>标签中还可以指定varStatus属性值来保存迭代的状态，例如，如果指定varStatus = "status"属性，则可以通过status访问迭代的状态。其中包括：本次迭代的索引、已经迭代的次数、是否是第一个迭代，以及是否是最后一个迭代等。它们分别用status.index、status.count、status.first和status.last访问。

【格式2】在集合对象上迭代。

```
<c:forEach var = "varName" items = "collection"
    [varStatus = "statusName"][begin = "begin" end = "end" step = "step"] >
    标签体内容
</c:forEach >
```

这种迭代主要用于对Java集合对象的元素迭代，集合对象如List、Set或Map等。标签对每个元素处理一次标签体内容。这里，items属性值指定要迭代的集合对象，var用来指定一个作用域变量名，该变量只在<c:forEach>标签内部有效。

2. <c:forToken>标签

该标签用来在字符串中的令牌（Token）上迭代，它的语法格式如下。

```
<c:forTokens items = "stringOfTokens" delims = "delimiters" [var = "varName"]
    [varStatus = "varStatusName"][begin = "begin"] [end = "end"] [step = "step"] >
    标签体内容
</c:forTokens >
```

【例5-9】 tokens.jsp页面，代码如下。

```
<%@ page contentType = "text/html;charset = UTF - 8" pageEncoding = "UTF - 8" %>
<%@ taglib prefix = "c" uri = "http://java.sun.com/jsp/jstl/core" %>
<html >
<head >
<title >令牌迭代标签</title >
</head >
<body >
 <c:set var = "numList" value = "one,two,three,four,five,six,seven,eight,nine,ten"/ >
 <p >forTokens 标签使用:</p >
 <table border = "1" >
 <tr >
```

```
    <c:forTokens var="num" items="${numList}" delims=",">
        <td>${num}</td>
    </c:forTokens>
  </tr>
</table>
</body>
</html>
```

访问该页面，运行结果如图 5-1 所示。

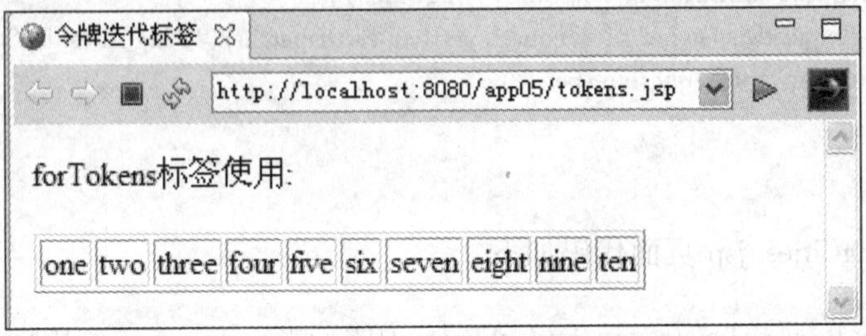

图 5-1　tokens. jsp 页面运行结果

下面的实例使用 JSTL 的 <c:forEach> 标签对 Map 对象迭代，该实例包括一个 Servlet 和一个 JSP 页面。

在 BigCitiesServlet 类中创建一个 Map <String, String> 对象 capitals，键为国家名称，值为首都名称，添加几个对象。另外创建一个 Map <String, String[ ]> 对象 bigCities，键为国家名称，值为 String 数组，包含该国家的几个大城市。在 doGet( ) 方法中使用转发器对象将请求转发到 bigCities. jsp 页面。

【例 5-10】 BigCitiesServlet. java 程序，代码如下。

```
package com.demo;
import java.io.IOException;
import java.util.HashMap;
import java.util.Map;
import javax.servlet.RequestDispatcher;
import javax.servlet.ServletException;
import javax.servlet.annotation.WebServlet;
import javax.servlet.http.HttpServlet;
import javax.servlet.http.HttpServletRequest;
import javax.servlet.http.HttpServletResponse;

@WebServlet("/bigCities")
public class BigCitiesServlet extends HttpServlet {
    @Override
    public void doGet(HttpServletRequest request, HttpServletResponse response)
                    throws ServletException, IOException {
        Map<String, String> capitals = new HashMap<String, String>();
        capitals.put("俄罗斯", "莫斯科");
```

```
            capitals.put("日本","东京");
            capitals.put("中国","北京");
            request.setAttribute("capitals",capitals);

            Map<String,String[]>bigCities = new HashMap<String,String[]>();
            bigCities.put("澳大利亚",new String[]{"悉尼","墨尔本","布里斯班"});
            bigCities.put("美国",new String[]{"纽约","洛杉矶","加利福尼亚"});
            bigCities.put("中国",new String[]{"北京","上海","深圳"});
            request.setAttribute("capitals",capitals);
            request.setAttribute("bigCities",bigCities);
            RequestDispatcher rd = request.getRequestDispatcher("/bigCities.jsp");
            rd.forward(request,response);
        }
    }
```

【**例 5-11**】bigCities.jsp 页面代码如下。

```
<%@ page contentType="text/html;charset=UTF-8" pageEncoding="UTF-8"%>
<%@ taglib uri="http://java.sun.com/jsp/jstl/core" prefix="c"%>
<html>
<head><title>Big Cities</title></head>
<body>
<table>
    <tr style="background:#448755;color:white;font-weight:bold">
        <td>国家</td><td>首都</td>
    </tr>
    <c:forEach items="${requestScope.capitals}" var="mapItem">
    <tr>
        <td>${mapItem.key}</td><td>${mapItem.value}</td>
    </tr>
    </c:forEach>
</table>
<br/>
<table>
    <tr style="background:#448755;color:white;font-weight:bold">
        <td>国家</td><td>城市</td>
    </tr>
    <c:forEach items="${requestScope.bigCities}" var="mapItem">
    <tr>
        <td>${mapItem.key}</td>
        <td>
            <c:forEach items="${mapItem.value}" var="city" varStatus="status">
                ${city}<c:if test="${!status.last}">,</c:if>
            </c:forEach>
        </td>
    </tr>
    </c:forEach>
</table>
```

```
</body>
</html>
```

访问 BigCitiesServlet，显示的 bigCities. jsp 页面如图 5-2 所示。

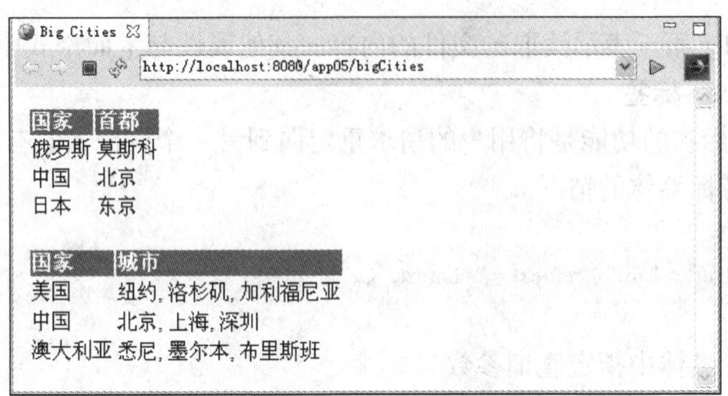

图 5-2 bigCites. jsp 页面运行结果

5.3.5 URL 相关的标签

1. <c:param>标签

<c:param>标签主要用于在<c:import>、<c:url>和<c:redirect>标签中指定请求参数，它的格式有以下两种。

【格式 1】参数值使用 value 属性指定。

```
<c:param name = "name" value = "value"/>
```

【格式 2】参数值在标签体中指定。

```
<c:param name = "name" >
    param value
</c:param>
```

2. <c:import>标签

<c:import>标签的功能与<jsp:include>标准动作的功能类似，可以将一个静态或动态资源包含到当前页面中。<c:import>标签有以下两种语法格式。

【格式 1】资源内容作为字符串对象包含。

```
<c:import url = "url" [context = "context"] [var = "varName"]
[scope = "{page | request | session | application}"]
            [charEncoding = "charEncoding"] >
    标签体内容
</c:import>
```

【格式 2】资源内容作为 Reader 对象包含。

```
<c:import url="url"[context="context"][varReader="varreaderName"]
[charEncoding="charEncoding"]
    标签体内容
</c:import>
```

这里，varReader 用于表示读取的文件的内容。其他属性与上面格式中的含义相同。

3. <c:redirect>标签

<c:redirect>标签的功能是将用户的请求重定向到另一个资源，它有两种语法格式。

【格式 1】不带标签体的情况。

```
<c:redirect url="url"[context="context"]/>
```

【格式 2】在标签体中指定查询参数。

```
<c:redirect url="url"[context="context"]>
    <c:param>subtags
</c:redirect>
```

该标签的功能与 HttpServletResponse 的 sendRedirect()方法的功能相同。它向客户发送一个重定向响应，并告诉客户访问由 url 属性指定的 URL。

与<c:import>标签一样，可以使用 context 属性指定 URL 的上下文，也可以使用<c:param>标签添加请求参数。

4. <c:url>标签

如果用户的浏览器不接受 Cookie，那么就需要重写 URL 来维持会话状态。为此核心库提供了<c:url>标签。通过 value 属性来指定一个基 URL，而转换的 URL 由 JspWriter 显示出来或者保存到由可选的 var 属性命名的变量中。

<c:url>标签的基本格式如下。

```
<c:url value="value"[context="context"][var="varName"]
[scope="{page|request|session|application}"]/>
```

value 属性用于指定需要重写的 URL，var 指定的变量存放 URL 值，scope 属性用来指定 var 的作用域。

5.4 自定义标签的开发

所谓自定义标签，是指用 Java 语言开发的程序，当其在 JSP 页面中使用时，将执行某种动作，所以有时自定义标签又被称为自定义动作（Custom Action）。

在 JSP 页面中可以使用两类自定义标签。一类是简单的（Simple）自定义标签，一类是传统的（Classic）自定义标签。传统的自定义标签是在 JSP 1.1 中提供的，简单的自定义标签是 JSP 2.0 增加的。本书只介绍简单自定义标签。

5.4.1 标签扩展 API

要开发自定义标签，需要使用 javax. servlet. jsp. tagext 包中的接口和类，这些接口和类称为标签扩展 API。图 5-3 给出了简单标签扩展 API 的层次结构。

JspTag 接口是自定义标签根接口，该接口中没有定义任何方法，它只起到接口标识和类型安全的作用。SimpleTag 接口是 JspTag 接口的子接口，用来实现简单的自定义标签。SimpleTagSupport 类是 SimpleTag 接口的实现类。

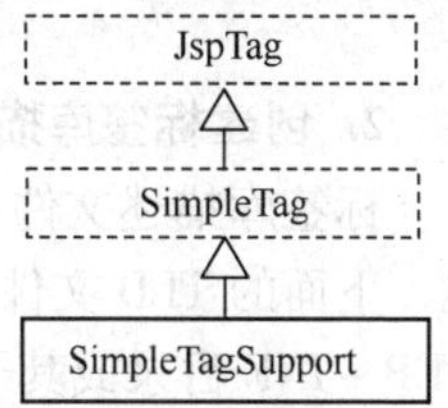

图 5-3　简单标签扩展 API 层次

除上面的接口和类外，标签处理类还要使用到 javax. servlet. jsp 包中定义的两个异常类：JspException 类和 JspTagException 类。

5.4.2 自定义标签的开发步骤

创建自定义标签需要以下 3 步。

1）创建标签处理类。

2）创建标签库描述文件 TLD。

3）在 JSP 页面中使用标签。

1. 创建标签处理类

标签处理类（Tag Handler）是实现某个标签接口或继承某个标签类的实现类，【例 5-12】给出了一个标签处理类，它实现了 SimpleTag 接口，该标签的功能是向 JSP 页面输出一条消息。

【例 5-12】HelloTag. java 程序，代码如下。

```
package com. mytag;
import java. io. * ;
import javax. servlet. jsp. * ;
import javax. servlet. jsp. tagext. * ;
public class HelloTag implements SimpleTag{
    JspContext jspContext = null;
    JspTag parent = null;
    public void setJspContext( JspContext jspContext) {
      this. jspContext = jspContext;
    }
    public void setParent( JspTag parent) {
        this. parent = parent;
    }
    public void setJspBody( JspFragment jspBody) {
    }
    public JspTag getParent( ) {
        return parent;
    }
    public void doTag( ) throws JspException, IOException{
        JspWriter out = jspContext. getOut( ) ;
```

```
            out.print(" <font color = 'blue ' > Hello,这是一个简单标签! </font> <br > ");
            out.print("现在时间是:" + java.time.LocalTime.now());
        }
    }
```

2. 创建标签库描述文件

标签库描述文件（Tag Library Descriptor，TLD）用来定义使用标签的 URI 和对标签的描述，下面的 TLD 文件定义了一个名为 hello 的标签。TLD 文件一般存放在 Web 应用程序的 WEB-INF 目录或其子目录下。

【例 5-13】 mytaglib.tld 文件代码如下。

```
<?xml version = "1.0" encoding = "UTF-8"?>
<taglib xmlns = "http://java.sun.com/xml/ns/j2ee"
    xmlns:xsi = "http://www.w3.org/2001/XMLSchema-instance"
    xsi:schemaLocation = "http://java.sun.com/xml/ns/j2ee
    http://java.sun.com/xml/ns/j2ee/web-jsptaglibrary_2_0.xsd"
    version = "2.1" >
  <tlib-version>1.0</tlib-version>
  <short-name>TagExample</short-name>
  <uri>http://www.mydomain.com/sample</uri>
  <tag>
    <name>hello</name>
    <tag-class>com.mytag.HelloTag</tag-class>
    <body-content>empty</body-content>
  </tag>
</taglib>
```

3. 在 JSP 页面中使用标签

在 JSP 页面使用自定义标签，需要通过 taglib 指令声明自定义标签的前缀和标签库的 URI，格式如下。

```
<%@ taglib prefix = "prefixName" uri = "tag library uri"  %>
```

prefix 属性值为标签的前缀，uri 属性值为标签库的 URI。在 JSP 的 taglib 指令中，前缀名称不能使用 JSP 的保留前缀名，它们包括 jsp、jspx、java、javax、servlet、sun 和 sunw。

【例 5-14】 helloTag.jsp 页面代码如下。

```
<%@ page contentType = "text/html;charset = UTF-8" %>
<%@ taglib prefix = "demo" uri = "http://www.mydomain.com/sample" %>
<html> <head> <title>自定义标签</title> </head>
<body>
    <h4>自定义标签示例</h4>
    <demo:hello> </demo:hello>              <!--带起始标签和结束标签的空标签-->
    <demo:hello /> <br>                     <!--空标签的简洁使用方法-->
</body>
</html>
```

5.4.3 SimpleTag 接口及其生命周期

SimpleTag 接口中定义了简单标签的生命周期方法，该接口共定义了以下 5 个方法。

- public void setJspContext(JspContext pc)：该方法由容器调用，用来设置 JspContext 对象，使其在标签处理类中可用。
- public void setParent(JspTag parent)：该方法由容器调用，用来设置父标签对象。
- public void setJspBody(JspFragment jspBody)：若标签带标签体，容器调用该方法将标签体内容存放到 JspFragment 中。
- public JspTag getParent()：返回当前标签的父标签。
- public void doTag() throws JspException，IOException：该方法是简单标签的核心方法，由容器调用完成简单标签的操作。

当容器在 JSP 页面中遇到自定义标签时，它将加载标签处理类并创建一个实例，然后调用标签类的生命周期方法。标签的生命周期有以下几个主要阶段。

1. 调用 setJspContext()方法

容器为该方法传递一个 javax. servlet. jsp. JspContext 类的实例，该实例称为 JSP 上下文对象。可将该对象保存到一个实例变量中，以备以后使用。

JspContext 类定义了允许标签处理类访问 JSP 页面作用域属性的方法，如 setAttribute()、getAttribute()、removeAttribute()和 findAttribute()方法等。该类还提供了 getOut()方法，它返回 JspWriter 对象，用来向 JSP 输出信息。

2. 调用 setParent()方法

标签可以相互嵌套。在相互嵌套的标签中，外层标签称为父标签（Parent Tag），内层标签称为子标签（Child Tag）。如果标签是嵌套的，容器调用 setParent()方法设置标签的父标签对象。因为 setParent()方法返回一个 JspTag 对象，所以返回的父标签可以是实现 SimpleTag、Tag、IterationTag 或 BodyTag 等接口的对象。

3. 调用属性的修改方法

如果自定义标签带属性，那么容器在运行时将调用属性修改方法设置属性值。由于方法格式依赖于属性名和类型，这些方法在标签处理类中定义。

4. 调用 setJspBody()方法

如果标签包含标签体内容，容器将调用 setJspBody(JspFragment jspBody)方法设置标签体。它将标签体中的内容存放到 JspFragment 对象中，以后调用该对象的 invoke()方法输出标签体。在本章的后面将详细讨论 JspFragment 类。

5. 调用 doTag()方法

该方法是简单标签的核心方法，在 doTag()方法中完成标签的功能。该方法不返回任何值，当它返回时，容器返回到前面的处理任务中。不需要调用特殊的方法，使用常规的 Java 代码就可以控制所有迭代和标签体的内容。

5.4.4 SimpleTagSupport 类

SimpleTagSupport 类是 SimpleTag 接口的实现类，它除实现了 SimpleTag 接口中的方法外，还提供了另外 3 个方法。

- protected JspContext getJspContext()：返回标签中要处理的 JspContext 对象。
- protected JspFragment getJspBody()：返回 JspFragment 对象，它存放了标签体的内容。
- public static final JspTag findAncestorWithClass(JspTag from, Class klass)：根据给定的实例和类型查找最接近的实例。该方法主要用在开发协作标签中。

编写简单标签处理类通常不必实现 SimpleTag 接口，而是继承 SimpleTagSupport 类，并且仅需覆盖该类的 doTag()方法。修改 HelloTag. java 代码，使其继承 SimpleTagSupport 可以实现与【例 5-12】相同的功能，代码如下。

```
public class HelloTag extends SimpleTagSupport{
    public void doTag()throws JspException,IOException{
        JspWriter out = getJspContext().getOut();
        out.print("<font color='blue'>Hello,这是一个简单标签!</font><br>");
        out.print("现在时间是:" + java.time.LocalTime.now());
    }
}
```

5.5 理解 TLD 文件

自定义标签需要在 TLD 文件中声明。当在 JSP 页面中使用自定义标签时，容器将读取 TLD 文件，从中获取有关自定义标签的信息，如标签名、标签处理类名、是否是空标签，以及是否有属性等。

TLD 文件的第一行是声明，它的根元素是<taglib>，该元素定义了一些子元素。下面来详细说明这些元素的使用方法。

5.5.1 <taglib>元素

<taglib>元素是 TLD 文件的根元素，该元素带有若干属性，它们指定标签库的命名空间、版本等信息等。下面是<taglib>元素的 DTD 定义。

```
<!ELEMENT taglib(description*,display-name*,icon*,tlib-version,short-name*,
                 uri?,validator?,listener*,tag*,function*)>
```

只有<tlib-version>和<short-name>元素是必需的，其他元素都是可选的。

5.5.2 <uri>元素

<uri>元素指定在 JSP 页面中使用 taglib 指令时 uri 属性的值。例如，若该元素的定义如下。

```
<uri>http://www.mydomain.com/sample</uri>
```

这里的<uri>元素值看上去像一个 Web 资源的 URI，但实际上它仅仅是一个逻辑名称，并不与任何 Web 资源对应，容器使用它仅完成 URI 与 TLD 文件的映射。

在 JSP 页面中，taglib 指令应该如下所示。

```
<%@ taglib prefix = "demo" uri = "http://www.mydomain.com/sample" %>
```

在 TLD 文件中也可以不指定 <uri>元素，这时容器会尝试将 taglib 指令中的 uri 属性看作 TLD 文件的实际路径（以“/”开头）。例如，对于 HelloTag 标签，如果没有在 TLD 文件中指定 <uri>元素，在 JSP 页面中可以像下面这样访问标签库。

```
<%@ taglib prefix = "demo" uri = "/WEB-INF/mytaglib.tld" %>
```

5.5.3 <tag>元素

<taglib>元素可以包含一个或多个 <tag>元素，每个 <tag>元素都提供了关于标签的信息，如在 JSP 页面中使用的标签名、标签处理类及标签的属性等。<tag>元素的 DTD 定义如下。

```
<!ELEMENT tag(description*,display-name*,icon*,name,tag-class,tei-class?,
        body-content?,variable*,attribute*,example?)>
```

在一个 TLD 中不能定义多个同名的标签，因为容器不能解析标签处理类。因此，下面的代码是非法的。

```
<tag>
    <name>hello</name>
    <tag-class>com.mytag.HelloTag</tag-class>
</tag>
<tag>
    <name>hello</name>
    <tag-class>com.mytag.WelcomeTag</tag-class>
</tag>
```

但是，可以使用一个标签处理类定义多个名称不同的标签，如下面的代码所示。

```
<tag>
    <name>hello</name>
    <tag-class>com.mytag.HelloTag</tag-class>
</tag>
<tag>
    <name>welcome</name>
    <tag-class>com.mytag.HelloTag</tag-class>
</tag>
```

在 JSP 页面中，假设使用 demo 作为前缀，则 <demo:hello>和 <demo:welcome>两个标签都将调用 com.mytag.HelloTag 类。

5.5.4 <attribute>元素

如果自定义标签带属性，则每个属性的信息应该在 <attribute>元素中指定。下面是

<attribute>元素的 DTD 定义。

```
<!ELEMENT attribute(description*,name,required?,rtexprvalue?,type?)>
```

在<attribute>元素中，只有<name>元素是必需的且只能出现一次，其他元素都是可选的并且最多只能出现一次。

5.5.5 <body-content>元素

<tag>的子元素<body-content>用于指定标签体的内容类型，在简单标签中，它的值是下列三者之一：empty（默认值）、scriptless 和 tagdependent。

1. empty

对于空标签，如果使用时页面作者指定了标签体，容器在转换时将产生错误。下面对该标签的使用是不合法的。

```
<demo:hello>john</demo:hello>
<demo:hello><%="john"%></demo:hello>
<demo:hello></demo:hello>
<demo:hello>
</demo:hello>
```

2. scriptless

<body-content>元素值指定为 scriptless，表示标签体中不能包含 JSP 脚本元素（JSP 声明<%！ >、表达式<% =>和小脚本<% >），但可以包含普通模板文本、HTML、EL 表达式、标准动作，甚至在该标签中嵌套其他自定义标签。下面的例子声明了<if>标签，并指定标签体中不能使用脚本。

```
<tag>
  <name>if</name>
  <tag-class>com.mytag.IfTag</tag-class>
  <body-content>scriptless</body-content>
</tag>
```

因此，下面对<if>标签的使用是合法的。

```
<demo:if condition="true">
   <demo:hello user="john"/>
    2+3=${2+3}
</demo:if>
```

3. tagdependent

<body-content>元素值指定为 tagdependent，表示容器不会执行标签体，而是在请求时把它传递给标签处理类，由标签处理类根据需要决定处理标签体。

5.6 常用自定义标签的开发

自定义标签具有丰富的功能，可以通过从调用页面传递的属性定制，并且访问 JSP 页面可以使用的所有对象、修改由调用页面生成的响应及彼此通信，还可以创建并初始化 JavaBean 组件。在一个标签页中创建引用该 Bean 的变量，然后在另一个标签中使用这个 Bean，彼此嵌套可以在 JSP 中实现复杂的交互。

5.6.1 空标签的开发

空标签是不含标签体的标签，它主要向 JSP 发送静态信息。下面是一个标签处理类的实现方法，它是一个空标签。当它在页面中使用时，将打印一个红色的星号（*）字符。

【例 5-15】 RedStarTag. java 程序，代码如下。

```
package com. mytag;
import java. io. * ;
import javax. servlet. jsp. * ;
import javax. servlet. jsp. tagext. * ;

public class RedStarTag extends SimpleTagSupport {
    public void doTag( ) throws JspException, IOException{
        JspWriter out = getJspContext( ). getOut( ) ;
        out. print(" <font color = '#FF0000 ' > * </font > ") ;
    }
}
```

下面在 TLD 文件中使用 <tag>元素描述该标签的定义。

```
< tag >
    < name > star </name >
    < tag - class > com. mytag. RedStarTag </tag - class >
    < body - content > empty </body - content >
</tag >
```

在 JSP 页面中访问空标签有两种写法，一种写法是由一对开始标签和结束标签组成，中间不含任何内容。

```
< prefix:tagName > </prefix:tagName >
```

另一种写法是简化的格式，即在开始标签末尾使用一个斜线(/)表示标签结束。

```
< prefix:tagName / >
```

【例 5-16】 register. jsp 页面，代码如下。

```
< %@  page contentType = " text/html;charset = UTF - 8" %>
< %@  taglib uri = " http://www. mydomain. com/sample" prefix = " demo" %>
< html > < head > < title > User Register </title > </head >
< body >
请输入客户信息,带 < demo:star / > 的域必须填写。
```

```
<form action = "validateCustomer.do" method = "post" >
<table >
    <tr > <td >客户名 </td > <td > <input type = 'text' name = 'custName' > <demo:star /> 
</td >
    </tr >
    <tr > <td >邮箱地址 </td > <td > <input type = 'text' name = 'email' > <demo:star /> 
</td >
    </tr >
    <tr > <td >电话 </td > <td > <input type = 'text' name = 'phone' > <demo:star /> </td >
    </tr >
</table >
<input type = 'submit' value = "提交" >
</form >
</body > </html >
```

5.6.2 带属性标签的开发

自定义标签可以具有属性，属性可以是必选的，也可以是可选的。对于必选的属性，如果没有指定值，容器在 JSP 页面转换时将给出错误。对于可选的属性，如果没有指定值，标签处理类将使用默认值。默认值依赖于标签处理类的实现。

在 JSP 页面中使用带属性的自定义标签的格式如下。

```
<prefix:tagName attrib1 = "fixedValue"    attrib2 = "${elVariable}"
        attrib3 = " <% = someJSPExpression %> " >
    标签体
</prefix:tagName >
```

属性值既可以是常量或 EL 表达式，也可以是 JSP 表达式。表达式是在请求时计算的，并传递给相应的标签处理类。

当标签接受属性时，对每个属性需要做以下 3 件重要的事情。

- 必须在标签处理类中声明一个实例变量来存放属性的值。
- 如果属性不是必需的，则必须要么提供一个默认值，要么在代码中处理相应的 null 实例变量。
- 对于每个属性，必须实现适当的修改方法。

下面开发一个名为 Welcome 的标签，它接受一个名为 user 的属性，在输出中打印欢迎词。

【例 5-17】 WelcomeTag.java 程序，代码如下。

```
package com.mytag;
import java.io.*;
import javax.servlet.jsp.*;
import javax.servlet.jsp.tagext.*;

public class WelcomeTag extends SimpleTagSupport {
```

```
        private String user;
        public void setUser(String user) {
            this.user = user;
        }
        public void doTag()throws JspException,IOException {
            JspWriter out = getJspContext().getOut();
            try{
                if(user == null) {
                        out.print("Welcome,Guest! <br>");
                }else{
                        out.print("Welcome," + user + "! <br>");
                }
            } catch(Exception e) {
                throw new JspException("Error in WelcomeTag.doTag()");}
        }
    }
```

下面的<tag>元素是在 TLD 文件中对该标签的描述。

```
<tag>
    <name>welcome</name>
    <tag-class>com.mytag.WelcomeTag</tag-class>
    <body-content>scriptless</body-content>
    <attribute>
            <name>user</name>
            <required>false</required>
            <rtexprvalue>true</rtexprvalue>
    </attribute>
</tag>
```

对上述定义的<welcome>标签，若使用 demo 前缀，则下面的使用是合法的。

```
<demo:welcome />
<demo:welcome> </demo:welcome>
<demo:welcome user = "john"/>
<demo:welcome user = '<% = request.getParameter("userName")%>'/>
<demo:welcome user = "${param.userName}" > </demo:hello>
```

属性值的指定也可以使用 JSP 的标准动作<jsp:attribute>，通过该标签的 name 属性指定属性名，属性值在标签体中指定，代码如下。

```
<demo:welcome>
    <jsp:attribute name = "user" >${param.userName} </jsp:attribute>
</demo:welcome>
```

【例 5-18】 welcome.jsp 页面，代码如下。

```
<%@ taglib prefix = "demo" uri = "http://www.mydomain.com/sample" %>
<html> <title>Welcome Tag</title> <body>
```

```
        <h3 > < demo:welcome / > </h3 >
        <h3 > < demo:welcome user = "john"/ > </h3 >
        <h3 > < demo:welcome user = "${param. userName}"/ > </h3 >
        <h3 > < demo:welcome user = ' < % = request. getParameter( " userName" ) %>'/ > </h3 >
    </body > </html >
```

5.6.3 带标签体的标签的开发

在起始标签和结束标签之间包含的内容称为标签体（Body Content）。

对于 SimpleTag 标签，标签体可以是文本、HTML 和 EL 表达式等，但不能包含 JSP 脚本（如声明、表达式和小脚本）。

如果需要访问标签体，应该调用简单标签类的 getJspBody( )，它返回一个抽象类 JspFragment 对象。

JspFragment 类只定义了以下两个方法。

- public JspContext getJspContext( )：返回与 JspFragment 有关的 JspContext 对象。
- public void invoke(Writer out)：执行标签体中的代码并将结果发送到 Writer 对象。如果将结果输出到 JSP 页面，参数应该为 null。

【例 5-19】BodyTagDemo. java 程序，代码如下。

```
package com. mytag;
import java. io. * ;
import javax. servlet. jsp. * ;
import javax. servlet. jsp. tagext. * ;

public class BodyTagDemo extends SimpleTagSupport{
    public void doTag( ) throws JspException, IOException{
        JspWriter out = getJspContext( ). getOut( ) ;
        out. print( " < font color = 'red ' > 输出标签体前 < br > </font > < br / > " ) ;
        //获得标签体内容并发送到 JSP 显示
        getJspBody( ). invoke( null) ;
        out. print( " < br / > < font color = 'blue ' > 输出标签体后 < br > </font > " ) ;
    }
}
```

由于简单标签的标签体中不能包含脚本元素，所以在 TLD 中应将 <body - content> 的值指定为 scriptless 或 tagdependent，如下所示。

```
<tag >
    < name > dobody </name >
    < tag - class > com. mytag. BodyTagDemo </tag - class >
    < body - content > scriptless </body - content >
</tag >
```

【例 5-20】dobody. jsp 页面，代码如下。

```
<%@ page contentType="text/html;charset=UTF-8" pageEncoding="UTF-8"%>
<%@ taglib prefix="demo" uri="http://www.mydomain.com/sample"%>
<html>
<head><title>带标签体的标签</title></head>
<body>
<h4>带标签体的标签</h4>
<demo:dobody>
    这是标签体内容.<br>
</demo:dobody>
</body></html>
```

如果希望多次执行标签体，可以在 doTag()方法中使用循环结构，多次调用 JspFragment 的 invoke(null)即可。修改 BodyTagDemo 类的 doTag()方法中的代码如下。

```
for(int i=0 ;i<5 ;i++){
    getJspBody().invoke(null);          // 多次输出标签体的内容
}
```

如果需要对标签体进行处理，可以将标签体内容保存到 StringWriter 对象中，然后将修改后的输出流对象发送到 JspWrier 对象。

5.6.4 迭代标签的开发

所谓迭代标签，就是指能够多次访问标签体的标签，它实现了类似于编程语言的循环的功能。下面的迭代标签通过一个名为 count 的属性指定对标签体的迭代次数。

【例 5-21】 LoopTag.java 程序，代码如下。

```
package com.mytag;
import javax.servlet.jsp.*;
import javax.servlet.jsp.tagext.*;
import java.io.*;

public class LoopTag extends SimpleTagSupport{
    private int count=0;
    public void setCount(int count){
        this.count=count;
    }
    public void doTag()throws JspException,IOException{
        JspWriter out=getJspContext().getOut();
        StringWriter sw=new StringWriter();
        getJspBody().invoke(sw);
        String text=sw.toString();
        for(int i=1;i<=count;i++){
            out.print("<h"+i+">"+text+"</h"+i+">");
        }
    }
}
```

下面的 <tag> 元素在 TLD 文件中描述了该循环标签。

```
<tag>
    <name>loop</name>
    <tag-class>com.mytag.LoopTag</tag-class>
    <body-content>scriptless</body-content>
    <attribute>
            <name>count</name>
            <required>true</required>
            <rtexprvalue>true</rtexprvalue>
      </attribute>
</tag>
```

下面是使用 loop 标签的 JSP 页面。

【例 5-22】 loop. jsp 页面，代码如下。

```
<%@ page contentType="text/html;charset=UTF-8"%>
<%@ taglib prefix="demo" uri="http://www.mydomain.com/sample"%>
<html>
<head><title>Loop Tag Example</title></head>
<body>
    <demo:loop count="3">
        这是标签体内容!
    </demo:loop>
</body></html>
```

5.6.5 在标签中使用 EL

在自定义的标签体和属性值中，还可以使用 EL 表达式，如下面的代码所示。

```
<demo:eldemo>
    商品名称为:${product}。
</demo:eldemo>
```

那么在标签处理类中的 doTag( )方法应该如下。

```
public void doTag()throws JspException,IOException{
    getJspContext().setAttribute("product","苹果 iPhone 5 手机");
    getJspBody().invoke(null);
}
```

标签体中的 EL 表达式可以是一个集合（数组、List 或 Map）对象，在标签体中可以访问它的每个元素，这只需要在 doTag( )方法中使用循环即可，如下面的代码所示。

```
<table border='1'>
   <demo:eldemo>
        <tr><td>${product}</td></tr>
    </demo:eldemo>
</table>
```

【例 5-23】ELTagDemo. java 标签处理类，代码如下。

```
package com. mytag;
import javax. servlet. jsp. * ;
import javax. servlet. jsp. tagext. * ;
import java. io. * ;
public class ELTagDemo extends SimpleTagSupport{
   public void doTag( ) throws JspException, IOException{
     String products[ ] = {
            "苹果 iPhone 5 手机","OLYMPUS 单反相机","文曲星电子词典"};
     for( int i =0;i < products. length;i ++ ) {
         getJspContext( ). setAttribute( "product",products[ i] ) ;
         getJspBody( ). invoke( null) ;
     }
   }
}
```

下面的 <tag> 元素在 TLD 文件中描述了该标签。

```
<tag >
    < name > eldemo </name >
    < tag - class > com. mytag. ELTagDemo </tag - class >
    < body - content > scriptless </body - content >
</tag >
```

下面是使用 eldemo 标签的 JSP 页面。

【例 5-24】eltagdemo. jsp 页面，代码如下。

```
<%@ page contentType = "text/html;charset = UTF - 8" %>
<%@ taglib prefix = "demo" uri = "http://www. mydomain. com/sample" %>
<html >
<head > < title > Loop Tag Example </title > </head >
<body >
   < table border = '1 ' >
      < demo:eldemo >
          < tr > < td >${product} </td > </tr >
      </demo:eldemo >
</table >
</body > </html >
```

5.7 案例：使用标签实现商品查询

本案例开发一个自定义标签，实现显示指定类型的商品信息。本案例仍然使用 4.4.1 节的模型类 Product 和 4.4.3 节的监听器类。在实际应用中，商品信息通常来自于数据库系统。

5.7.1 控制器设计

创建控制器类 ProductServlet，用于从上下文对象中取出商品信息，并且只保留指定类别（如电子）的商品，创建一个 ArrayList <Product>对象并存储在会话作用域中，最后将控制重定向到 showProduct. jsp 页面，在 JSP 页面中使用 <showProduct>标签显示商品信息，并为其传递 productList 属性。

【例 5-25】ProductServlet. java 程序，代码如下。

```
package com.demo;
import java.io.*;
import javax.servlet.*;
import javax.servlet.http.*;
import javax.servlet.annotation.*;
import com.model.Product;
import java.util.*;
@WebServlet("/ProductServlet")
public class ProductServlet extends HttpServlet {
    public void doGet(HttpServletRequest request,HttpServletResponse response)
                                throws ServletException,IOException{
        ArrayList<Product> productList = new ArrayList<Product>();
        productList =
            (ArrayList<Product>)getServletContext().getAttribute("productList");
         // 仅得到某类商品的列表
         Iterator<Product> iterator = productList.iterator();
         while(iterator.hasNext()){
            Product p = iterator.next();
            if(!"电子".equals(p.getType().trim())){
               iterator.remove();// 只返回"电子"类商品
            }
         }
        if(!productList.isEmpty()){
               request.getSession().setAttribute("productList",productList);
               response.sendRedirect("/helloweb/showProduct.jsp");
        }else{
            response.sendRedirect("/helloweb/error.jsp");
        }
    }
}
```

5.7.2 自定义标签设计

本案例在 JSP 页面中使用 <showProduct>标签显示商品信息，并为其传递 productList 属性。标签处理类代码如下。

【例 5-26】标签处理类 ProductTag. java 程序，代码如下。

```
package com.mytag;
import java.io.*;
```

```java
import javax.servlet.jsp.*;
import javax.servlet.jsp.tagext.*;
import java.util.*;
import com.model.Product;

public class ProductTag extends SimpleTagSupport{
    private ArrayList<Product> productList;
    public void setProductList(ArrayList<Product> productList){
        this.productList = productList;
    }
    public void doTag()throws JspException,IOException{
        // 在商品集合上迭代,每次输出一件商品
        for(Product product:productList){
            getJspContext().setAttribute("product",product);
            getJspBody().invoke(null);
        }
    }
}
```

这里，标签处理类带一个属性 productList，它是商品列表，通过标签的属性传递过来。在 doTag()方法中对该列表迭代，得到每件商品，然后在标签体内显示所有的商品信息。

5.7.3 创建标签库描述文件

创建标签库描述文件 mytaglib.tld，用于定义使用标签的 URI 和对标签的描述，将该文件存储在 WEB-INF 目录中。

【例 5-27】 标签库描述文件 mytaglib.tld 代码如下。

```xml
<?xml version="1.0" encoding="UTF-8"?>
<taglib xmlns="http://java.sun.com/xml/ns/j2ee"
    xmlns:xsi="http://www.w3.org/2001/XMLSchema-instance"
    xsi:schemaLocation="http://java.sun.com/xml/ns/j2ee
    http://java.sun.com/xml/ns/j2ee/web-jsptaglibrary_2_0.xsd"
    version="2.0">
<tlib-version>1.0</tlib-version>
<short-name>ShowProduct</short-name>
<uri>http://www.mydomain.com/sample</uri>
<tag>
        <name>showProduct</name>
        <tag-class>com.mytag.ProductTag</tag-class>
        <body-content>scriptless</body-content>
        <attribute>
            <name>productList</name>
            <required>true</required>
            <rtexprvalue>true</rtexprvalue>
        </attribute>
 </tag>
</taglib>
```

5.7.4 开发视图 JSP 页面

下面的 JSP 页面使用 showProduct 标签显示商品信息。

【例 5-28】 showProduct. jsp 页面代码如下。

```
<%@ page contentType="text/html;charset=UTF-8"%>
<%@ taglib prefix="demo" uri="http://www.mydomain.com/sample"%>
<html>
<head><title>商品信息</title></head>
<body>
  <table border='1'>
      <tr>
        <td>商品号</td><td>商品名</td><td>价格</td><td>库存量</td><td>
类型</td>
      </tr>
      <demo:showProduct productList="${productList}">
      <tr>
        <td>${product.id}</td>
        <td>${product.pname}</td>
        <td>${product.price}</td>
        <td>${product.stock}</td>
        <td>${product.type}</td>
      </tr>
      </demo:showProduct>
    </table>
 </body></html>
```

访问 ProductServlet，程序运行结果如图 5-4 所示。

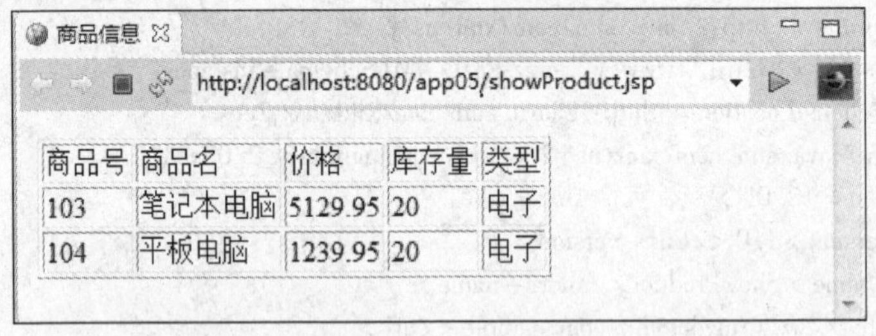

图 5-4 showProduct. jsp 运行结果

5.8 小结

本章主要介绍了表达式语言 EL 与 JSP 标签技术，重点介绍了 EL 的基本语法和 JSP 的标准标签库，以及自定义标签库。

EL 是一种在 JSP 页面中使用的数据访问语言，通过它可以很方便地在 JSP 页面中访问应用程序数据，无需使用小脚本和请求时表达式。表达式语言最重要的目的是创建无脚本的

JSP 页面。EL 定义了自己的运算符、语法等，它完全能够替代传统 JSP 中的声明、表达式和小脚本。

JSP 标准标签库是一个实现 Web 应用程序中常见通用功能的定制标记库，本章主要介绍了核心标签库的使用。自定义标签是用户定义的 JSP 语言元素，它可以实现用户自定义动作。本章主要介绍了简单标签的定义、TLD 文件及常用标签的开发。

5.9 习题

1. 表达式 ${(10 le 10)&&!(24 +1 lt 24)?"Yes":"No"} 的结果是什么？(　　)

A. Yes　　B. No

C. true　　D. false

2. 有下列 JSP 页面，下面的叙述正确的是（　　）。

```
<html> <body>
  ${(5+3+a>0)? 1 :2}
</body> </html>
```

A. 语句合法，输出 1　　B. 语句合法，输出 2

C. 因为 a 没有定义，因此抛出异常　　D. 因为表达式语法非法，因此抛出异常

3. 下面哪个变量不能用在 EL 表达式中？(　　)

A. cookie　　B. Header

C. pageContext　　D. contextScope

4. 下面哪两个表达式不能返回 header 的 accept 域？(　　)

A. ${header.accept}　　B. ${header[accept]}

C. ${header['accept']}　　D. ${header["accept"]}

E. ${header.'accept'}

5. 如果使用 EL 显示请求的 URI，下面哪个是正确的？(　　)

A. ${pageScope.request.requestURI}

B. ${pageContext.request.requestURI}

C. ${ request.requestURI}

D. ${requestScope.request.requestURI}

6. 一个 Web 站点将管理员的 E－mail 地址存储在一个名为 master－email 的 ServletContext 初始化参数中，如何使用 EL 得到这个值？(　　)

A. <a href="mailto:${initParam.master-email}">email me</a>

B. <a href="mailto:${contextParam.master-email}">email me</a>

C. <a href="mailto:${initParam['master-email']}">email me</a>

D. <a href="mailto:${contextParam['master-email']}">email me</a>

7. 下面哪个是 SimpleTag 接口的 doTag( ) 的返回值？(　　)

A. int　　B. String

C. void　　D. EVAL_PAGE

8. 下面哪个类提供了 doTag()的实现？（ ）

A. TagSupport B. SimpleTagSupport

C. IterationTagSupport D. JspTagSupport

9. JspContext. getOut()返回的是哪一种对象类型？（ ）

A. ServletOutputStream B. PrintWriter

C. BodyContent D. JspWriter

10. 下面哪个方法不能直接被 SimpleTagSupport 的子类使用？（ ）

A. getJspBody() B. getJspContext(). getAttribute("name");

C. getParent() D. getBodyContent()

11. 简单标签的 TLD 文件的 <body-content>元素内容，下面哪个是不合法的？（ ）

A. JSP B. scriptless C. tagdependent D. empty

12. 下面哪个是合法的 taglib 指令？（ ）

A. <% taglib uri = "/stats" prefix = "stats" %>

B. <%@ taglib uri = "/stats" prefix = "stats" %>

C. <%! taglib uri = "/stats" prefix = "stats" %>

D. <%@ taglib name = "/stats" prefix = "stats" %>

13. 在 web. xml 文件中的一个合法的<taglib>元素需要哪两个元素？（ ）

A. uri B. taglib-uri C. tagliburi

D. tag-uri E. location F. taglib-location

14. 考虑下面一个 Web 应用程序部署描述文件中的<taglib>元素。

```
<taglib>
    <taglib-uri>/accounting</taglib-uri>
    <taglib-location>/WEB-INF/tlds/SmartAccount.tld</taglib-location>
</taglib>
```

在 JSP 页面中，下面哪个正确指定了上述标签库的使用？（ ）

A. <%@ taglib uri = "/accounting" prefix = "acc" %>

B. <%@ taglib uri = "/acc" prefix = "/accounting" %>

C. <%@ taglib name = "/accounting" prefix = "acc" %>

D. <%@ taglib library = "/accounting" prefix = "acc" %>

15. 把下面哪个代码放入简单标签的标签体中不可能输出 9？（ ）

A. ${3+3+3} B. "9"

C. <c:out value = "9" > D. <% =27/3 >

16. 下面哪个与<% =var %>产生的结果相同？（ ）

A. <c:set value = var> B. <c:var out =${var} >

C. <c:out value =${var} > D. <c:out var = "var" >

17. 下面代码的输出结果为？（ ）

```
<c:set value = "3" var = "a"/>
<c:set value = "5" var = "b"/>
```

```
<c:set value="7" var="c"/>
${a div b} +${b mod c}
```

A. 5.6　　B. 0.6 +5

C. a div b + b mod c　　D. c 3 div 5 +5 mod 7

18. <c:if>的哪个属性指定条件表达式？(　　)

A. cond　　B. value

C. check　　D. test

19. 下面哪个 JSTL 的 <c:forEach>标签是合法的？(　　)

A. <c:forEach varName = "count" begin = "1" end = "10" step = "1" >

B. <c:forEach var = "count" begin = "1" end = "10" step = "1" >

C. <c:forEach test = "count" beg = "1" end = "10" step = "1" >

D. <c:forEach varName = "count" val = "1" end = "10" inc = "1" >

20. 在 JSTL 的<c:choose>标签中可以出现哪两个标签？(　　)

A. case　　B. choose

C. check　　D. when

E. otherwise

21. 下面的 JSP 页面中使用了 JSTL 标签，它的运行结果是（　　）。

```
<%@ taglib uri="http://java.sun.com/jsp/jstl/core" prefix="c"%>
<html><body>
    <c:forEach var="x" begin="0" end="30" step="3">
        ${x}
    </c:forEach>
</body></html>
```

A. 0 0 0　　B. 0 3 10

C. 0 3 6 9　　D. 0 2 4 8

第 6 章 Web 数据库访问

许多 Web 应用程序都需要访问数据库。在 Java 应用程序中是通过 JDBC 访问数据库的，JDBC 是 Java 程序访问数据库的 API。本章首先介绍了 MySQL 数据库的基本知识，接下来介绍了传统的数据库访问方法，然后介绍了使用数据源连接数据库的方法，最后讨论了 DAO 设计模式。

6.1 MySQL 数据库简介

MySQL 是一种开放源代码的关系型数据库管理系统（RDBMS），MySQL 数据库系统使用最常用的数据库管理语言——结构化查询语言（SQL）进行数据库管理。MySQL 是开放源代码的，目前属于 Oracle 公司，任何人都可以免费下载使用。MySQL 因其速度快、可靠性高和较好的适应性而被广泛使用。

6.1.1 MySQL 的下载和安装

可以到 Oracle 官方网站下载最新的 MySQL 软件，MySQL 提供 Windows 下的安装程序，下载地址为 http://www.mysql.com/downloads/。MySQL 的最新版本是 MySQL 5.6，下载文件名为 mysql-installer-community-5.6.22.0.msi。图 6-1 所示是选择安装类型和安装路径页面。

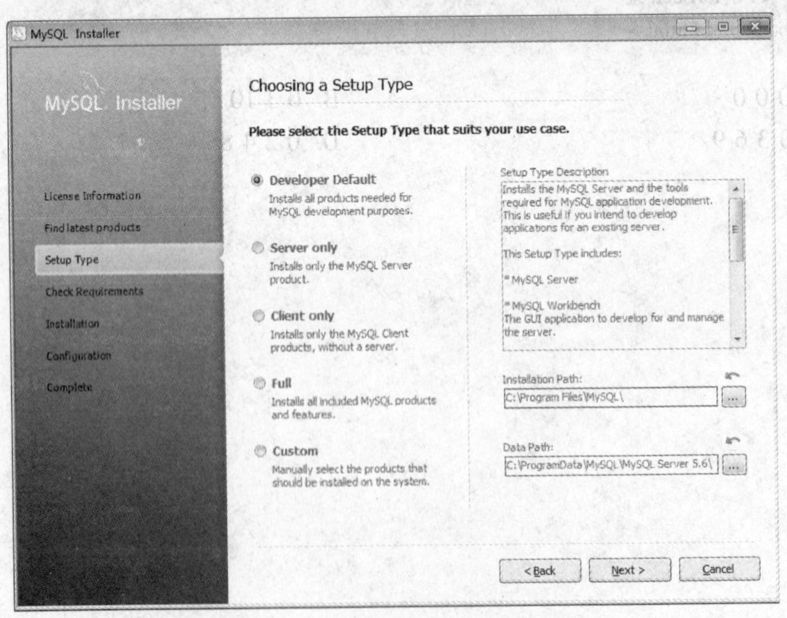

图 6-1　选择安装类型和安装路径

接下来需要配置 MySQL，指定配置类型，这里选择 Development Machine，还需要打开 TCP/IP 网络并指定数据库的端口号，默认值为 3306。单击 Next 按钮，在出现的页面中需要指定 root 账户的密码，这里输入 12345。在下一步指定 Windows 服务名，这里输入 MySQL56。

6.1.2 使用 MySQL 命令行工具

单击“开始”按钮，选择“所有程序”→MySQL→MySQL Server 5.6→MySQL 5.6 Command Line 命令，打开命令行窗口，输入 root 账户的密码，按〈Enter〉键，出现 mysql > 提示符，如图 6-2 所示。

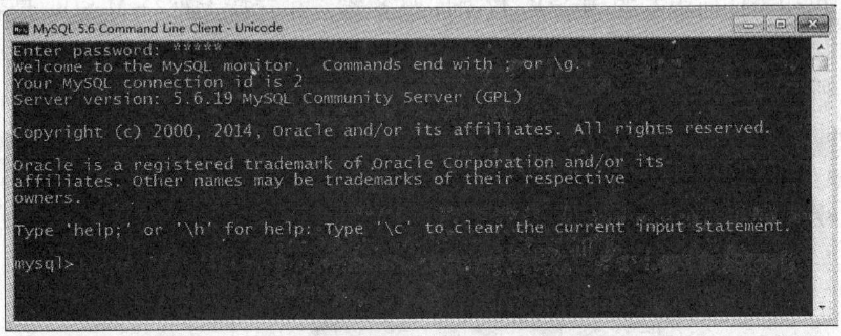

```
MySQL 5.6 Command Line Client - Unicode
Enter password: *****
Welcome to the MySQL monitor.  Commands end with ; or \g.
Your MySQL connection id is 2
Server version: 5.6.19 MySQL Community Server (GPL)

Copyright (c) 2000, 2014, Oracle and/or its affiliates. All rights reserved.

Oracle is a registered trademark of Oracle Corporation and/or its
affiliates. Other names may be trademarks of their respective
owners.

Type 'help;' or '\h' for help. Type '\c' to clear the current input statement.

mysql>
```

图 6-2 MySQL 命令行窗口界面

在 MySQL 命令提示符下可以通过命令操作数据库，使用 create database 命令可以创建数据库，使用 show database 命令可以显示所有数据库信息。

```
mysql > show databases;
```

在对数据库进行操作之前，必须使用 use 命令打开数据库，下面的命令用于打开 test 数据库。

```
mysql > use test;
```

使用 show tables 命令可以显示当前数据库中的表。

```
mysql > show tables;
```

使用 create table 语句可完成对表的创建，使用 alter table 语句可以对创建后的表进行修改，使用 describe 命令可查看已创建的表的详细信息，使用 insert 命令可以向表中插入数据，使用 delete 命令可以删除表中的数据，使用 update 命令可以修改表中的数据，使用 select 命令可以查询表中的数据。

📖 所有的 MySQL 命令和 SQL 语句必须以分号结束。

6.1.3 Navicat 可视化管理工具

尽管可以在命令提示符下通过一行一行地输入或者通过重定向文件来执行 MySQL 语句，

但该方式效率较低。由于没有执行前的语法自动检查，输入失误造成错误的可能性会大大增加，这时可以使用可视化的 MySQL 数据库管理工具。

Navicat for MySQL 是一套专为 MySQL 设计的高性能数据库管理及开发工具，专为简化数据库的管理及降低系统管理成本而设计。它的设计符合数据库管理员、开发人员及中小企业的需要。Navicat 是以直觉化的图形用户界面而创建的，让用户可以以安全且简单的方式创建、组织、访问并共用信息。

Navicat 适用于 Microsoft Windows、Mac OS X 及 Linux 这 3 种平台。它可以让用户连接到任何本机或远程服务器，提供一些实用的数据库工具，如数据传输、数据同步、结构同步、导入、导出、备份、还原、报表创建工具及计划，以协助管理数据。

Navicat 可用于任何版本的 MySQL 数据库服务器，并支持大部分 MySQL 最新版本的功能，包括触发器、存储过程、函数、事件、视图和管理用户等。Navicat for MySQL 的运行界面如图 6-3 所示。

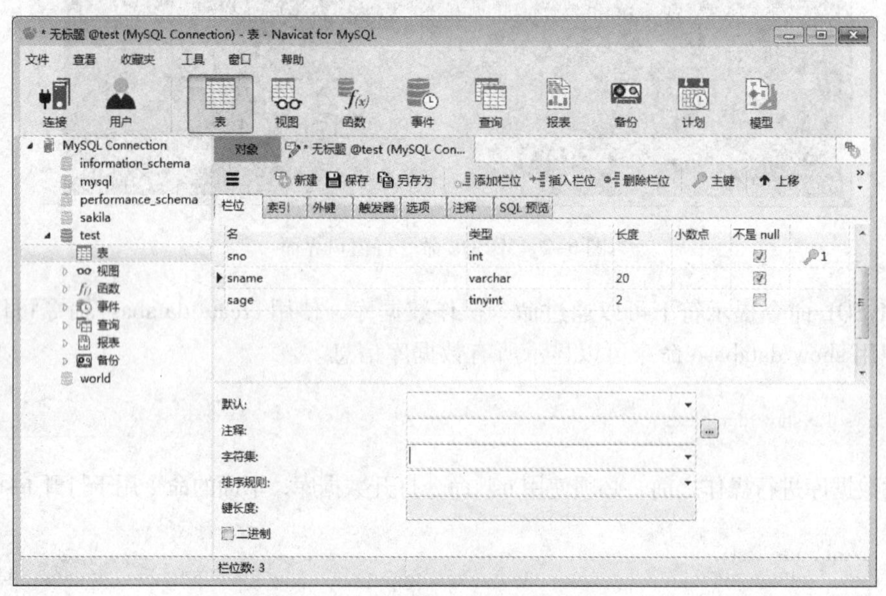

图 6-3　Navicat for MySQL 运行界面

📖 MySQL 也自带一款可视化管理工具——MySQL Workbench，通过可视化的方式直接管理数据库中的内容，并且 MySQL Workbench 的 SQL 脚本编辑器支持语法高亮及输入时的语法检查等功能。

6.2　JDBC 数据库连接

JDBC 是 Java 程序访问数据库的标准，它由一组 Java 语言编写的类和接口组成，这些类和接口称为 JDBC API，它为 Java 程序提供一种通用的数据访问接口。JDBC 的基本功能包括：建立与数据库的连接；发送 SQL 语句；处理数据库操作结果。使用 JDBC API 可以访问任何的数据源，它使开发人员可以用纯 Java 语言编写完整的数据库应用程序。

Java 应用程序访问数据库的一般过程如图 6-4 所示。应用程序通过 JDBC 驱动程序管理器加载相应的驱动程序，通过驱动程序与具体的数据库连接，然后访问数据库。

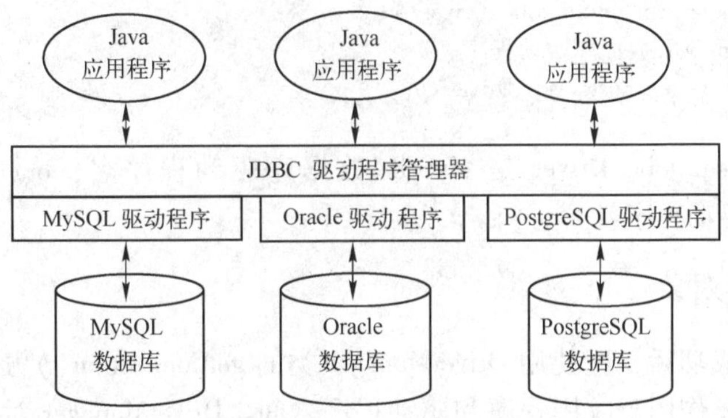

图 6-4　Java 程序访问数据库的过程

目前有多种类型的数据库，每种数据库都定义了一套 API，这些 API 一般是用 C/C ++ 语言实现的，因此需要在程序收到 JDBC 请求后，将其转换成适合于数据库系统的方法调用。把完成这类转换工作的程序称为数据库驱动程序。

应用程序要访问数据库，必须安装驱动程序。不同的数据库系统提供了不同的 JDBC 驱动程序，可以到相关网站下载。有的 DBMS 驱动程序随系统一并安装，如 MySQL 数据库的驱动程序随 MySQL 服务器一起发布，可以在安装目录 Connector J 5.1.30 中找到，文件名为 mysql - connector - java - 5.1.30 - bin.jar。

在开发 Web 应用程序中，需要将驱动程序打包文件复制到 Web 应用程序的 WEB - INF\lib 目录中或者 Tomcat 安装目录的 lib 目录中。

JDBC API 是在 java.sql 包和 javax.sql 包中定义的类和接口。主要的类和接口包括 DriverManager 类、Connection 接口、Statement 接口、PreparedStatement 接口、CallableStatement 接口、ResultSet 接口和 SQLException 类。

🕮 从 Java 8 开始不再提供 JDBC - ODBC 桥驱动程序的方式连接数据库，只能通过数据库厂商提供的专门的驱动程序连接数据库。

下面是 Java 程序连接数据库的基本步骤。

6.2.1　加载驱动程序

要使应用程序能够访问数据库，首先必须加载驱动程序。加载 JDBC 驱动程序最常用的方法是使用 Class 类的 forName( ) 静态方法，该方法的声明格式如下。

```
public static Class<?> forName(String className)
                    throws ClassNotFoundException
```

参数 className 为一个字符串表示的完整的驱动程序类的名称。如果找不到驱动程序，将抛出 ClassNotFoundException 异常。该方法返回一个 Class 类的对象。

对于不同的数据库，驱动程序的类名是不同，如下面的代码所示。

```
//加载 MySQL 数据库驱动程序
Class. forName( " com. mysql. jdbc. Driver" ) ;
//加载 PostgreSQL 数据库驱动程序
Class. forName( " org. postgresql. Driver" ) ;
```

这里，com. mysql. jdbc. Driver 是 MySQL 数据库驱动程序名，org. postgresql. Driver 是 PostgreSQL 数据库驱动程序名。

6.2.2 创建连接对象

驱动程序加载成功后，应使用 DriverManager 类的 getConnection( )方法建立数据库连接对象。DriverManager 作用于应用程序和驱动程序之间。DriverManager 对象跟踪可用的驱动程序，并在数据库和驱动程序之间建立连接。

建立数据库连接的方法是调用 DriverManager 类的静态方法 getConnection( )，该方法的声明格式如下。

- public static Connection getConnection(String dburl)
- public static Connection getConnection(String dburl，String user，String password)

这里，字符串参数 dburl 表示 JDBC URL，user 表示数据库用户名，password 表示口令。调用该方法，如果不能建立连接，将抛出 SQLException 异常。

JDBC URL 与一般的 URL 不同，它用来标识数据源，这样驱动程序就可以与它建立一个连接。JDBC URL 的标准语法包括 3 部分，中间用冒号分隔。

```
jdbc : < subprotocol > : < subname >
```

其中，jdbc 表示协议，JDBC URL 的协议总是 jdbc。subprotocol 表示子协议，它表示驱动程序或数据库连接机制的名称，子协议名通常为数据库厂商名，如 mysql、oracle 等。subname 为子名称，它表示数据库标识符，该部分内容随数据库驱动程序的不同而不同。例如，要连接 MySQL 数据库，它的 JDBC URL 如下。

```
jdbc:mysql://localhost:3306/test
```

这里，localhost 表示主机名或 IP 地址，3306 为数据库服务器的端口号，test 为数据库名。

下面的代码说明了如何以 root 用户连接到 MySQL 数据库。这里的数据库名为 test，用户名为 root，口令为 12345。

```
String dburl = "jdbc:mysql://localhost:3306/test" ;
Connection conn = DriverManager. getConnection( dburl, "root" , "12345" ) ;
```

表 6-1 列出了常用的数据库 JDBC 连接代码。

表 6-1 常用数据库的连接代码

数 据 库	连 接 代 码
MySQL	Class. forName (" com. mysql. jdbc. Driver") ; Connection conn = DriverManager. getConnection (" jdbc : mysql ://dbServerIP :3306/dbName" , user, password) ;
Oracle	Class. forName(" oracle. jdbc. driver. OracleDriver") ; Connection conn = DriverManager. getConnection (" jdbc : oracle : thin : @ dbServerIP : 1521 : ORCL" , user, password) ;
PostgreSQL	Class. forName(" org. postgresql. Driver") ; Connection conn = DriverManager. getConnection (" jdbc : postgresql ://dbServerIP :5432/dbName" , user, password) ;
SQL Server	Class. forName(" com. micrsoft. jdbc. sqlserver. SQLServerDriver") ; Connection conn = DriverManager. getConnection (" jdbc : microsoft : sqlserver ://dbServerIP : 1433 ; databaseName = master", user, password) ;

表中 forName( )方法中的字符串为驱动程序名，getConnection( )方法中的字符串即为 JDBC URL，其中 dbServerIP 为数据库服务器的主机名或 IP 地址，端口号为相应数据库的默认端口。

6.2.3 创建语句对象

通过 Connection 对象，可以创建语句对象。对于不同的语句对象，可以使用 Connection 接口的不同方法创建。例如，要创建一个简单的 Statement 对象，可以使用 createStatement( ) 方法；创建 PreparedStatement 对象，应该使用 prepareStatement( ) 方法；创建 CallableStatement 对象，应该使用 prepareCall( ) 方法。下面的代码将创建一个简单的 Statement 对象。

```
Statement stmt = conn. createStatement( ) ;
```

下面的代码使用 prepareStatement( ) 创建一个 PreparedStatement 对象，这里的 SQL 查询语句可以带参数。

```
String sql = " SELECT  *  FROM products WHERE id = ?" ;
PreparedStatement pstmt = conn. prepareStatement( sql) ;
pstmt. setString( 1 , productid) ;              // 设置第 1 个参数值
```

6.2.4 获取结果集对象

执行 SQL 语句使用 Statement 对象的方法。对于查询语句，调用 executeQuery(String sql) 返回 ResultSet。ResultSet 对象保存查询的结果集，再调用 ResultSet 的方法可以对查询结果的每行进行处理。

```
String sql = " SELECT  *  FROM products" ;
ResultSet rst = stmt. executeQuery( sql) ;
while( rst. next( ) ) {
      out. print( rst. getString( 1) + " \t" ) ;
}
```

对于 DDL 语句（如 CREATE、ALTER、DROP）和 DML 语句（如 INSERT、UPDATE 和 DELETE）等必须使用语句对象的 executeUpdate（String sql）方法。该方法的返回值为整数，用来指示被影响的行数。

6.2.5 关闭对象

在 Connection 接口、Statement 接口和 ResultSet 接口中都定义了 close( ) 方法。当这些对象使用完毕后，应使用 close( ) 关闭。如果使用 Java 7 的 try - with - resources 语句，则可以自动关闭这些对象。

6.3 数据源与连接池

在设计访问数据库的 Web 应用程序时，需要考虑的一个主要问题是如何管理 Web 应用程序与数据库的通信。一种方法是为每个请求创建一个连接对象，Servlet 建立数据库连接、执行查询、处理结果集，以及请求结束关闭连接。建立连接是比较耗费时间的操作，如果客户每次请求时都要建立连接，这将增大请求的响应时间。

为了提高数据库访问效率，从 JDBC 2.0 开始提供了一种更好的方法来建立数据库连接对象，即使用连接池和数据源的技术访问数据库。

6.3.1 数据源与连接池简介

数据源（Data Source）是目前 Web 应用开发中获取数据库连接的首选方法。这种方法是首先创建一个数据源对象，由数据源对象事先建立若干连接对象，通过连接池（Connection Pooling）管理这些连接对象。当应用程序需要连接对象时就从连接池中取出一个，当连接对象使用完毕后将其放回连接池，从而可以避免在每次请求连接时都要创建连接对象，这将大大降低请求的响应时间。

数据源是通过 javax.sql.DataSource 接口对象实现的，通过它可以获得数据库连接，因此它是对 DriverManager 工具的一个替代。通过数据源获得数据库连接对象不能直接在应用程序中通过创建一个实例的方法来生成 DataSource 对象，而是需要采用 Java 命名与目录接口（Java Naming and Directory Interface，JNDI）技术来获得 DataSource 对象的引用。可以简单地把 JNDI 理解为一种将名称和对象绑定的技术，对象工厂负责创建对象，这些对象都和唯一的名称绑定，程序可以通过名称来获得某个对象的访问。

在 javax.naming 包中提供了 Context 接口，该接口提供了将名称和对象绑定、通过名称检索对象的方法。可以通过该接口的一个实现类 InitialContext 获得上下文对象。

下面讨论在 Tomcat 中如何配置使用 DataSource 建立数据库连接。

6.3.2 配置数据源

在 Tomcat 中可以配置两种数据源：局部数据源和全局数据源。局部数据源只能被定义数据源的应用程序使用，全局数据源可被所有的应用程序使用。这里只介绍局部数据源的使用。

📖 在 Tomcat 中，不管配置哪种数据源，都要将 JDBC 驱动程序复制到 Web 应用程序的 WEB - INF\lib 目录或 Tomcat 安装目录的 lib 目录中，并且需要重新启动服务器。

建立局部数据源非常简单，首先在 Web 应用程序中建立一个 META - INF 目录，在其中建立一个 context. xml 文件，下面的代码配置了连接 MySQL 的数据源。

```
<?xml version="1.0" encoding="utf-8"?>
<Context reloadable="true">
<Resource
        name="jdbc/sampleDS"
        type="javax.sql.DataSource"
        maxIdle="2"
        username="root"
        password="12345"
        driverClassName="com.mysql.jdbc.Driver"
        url="jdbc:mysql://localhost:3306/test"/>
        maxWait="5000"
        maxActive="4"
</Context>
```

上述代码中，<Resource>元素中各属性的含义如下。

- name：数据源名，这里是 jdbc/sampleDS。
- driverClassName：使用的 JDBC 驱动程序的完整类名。
- url：传递给 JDBC 驱动程序的数据库 URL。
- username：数据库用户名。
- password：数据库用户口令。
- type：指定该资源的类型，这里为 DataSource 类型。
- maxActive：可同时为连接池分配的活动连接实例的最大数。
- maxIdle：连接池中可空闲的连接的最大数。
- maxWait：在没有可用连接的情况下，连接池在抛出异常前等待的最大毫秒数。

通过上面的设置后，不用在 Web 应用程序的 web. xml 文件中声明资源的引用，就可以直接使用局部数据源了。

6.3.3 在应用程序中使用数据源

配置了数据源后，就可以使用 javax. naming. Context 接口的 lookup( )方法来查找 JNDI 数据源，例如，下面的代码可以获得 jdbc/sampleDS 数据源的引用。

```
Context context = new InitialContext();
DataSource ds = (DataSource)context.lookup("java:comp/env/jdbc/sampleDS");
```

lookup( )方法的参数是数据源名字符串，但要加上 java：comp/env 前缀，它是 JNDI 命名空间的一部分。得到了 DataSource 的引用后，就可以通过它的 getConnection( )获得数据库连接对象 Connection。

下面的实例根据用户输入的商品号从数据库中查询商品信息，或者查询所有商品信息。系统设计遵循了MVC设计模式，其中视图有queryProduct. jsp、displayProduct. jsp、displayAll-Product. jsp和error. jsp几个页面，Product类实现模型，ProductQueryServlet类实现控制器。

该应用需要访问数据库表products中的数据，该表的定义如下。

```
CREATE TABLE products(
    id int(3)NOT NULL,                          --商品号
    pname varchar(30)NOT NULL,                  --商品名
    price decimal(8,2),                         --价格
    stock int(5),                               --库存
    type varchar(10),                           --分类
    CONSTRAINT product_pkey PRIMARY KEY(prod_id)
)
```

根据表的定义，设计Product类作为模型类，这里仍然使用4.4.1节的Product类。下面是queryProduct. jsp页面的代码。

【例6-1】queryProduct. jsp页面代码如下。

```
<%@ page contentType="text/html;charset=UTF-8" pageEncoding="UTF-8"%>
<html>
<head><title>商品查询</title></head>
<body>
<form action="productquery.do" method="post">
请输入商品号:
  <input type="text" name="productid" size="15">
  <input type="submit" value="确定">
  </form>
<p><a href="productquery.do">查询所有商品</a></p>
</body>
</html>
```

该页面的运行结果如图6-5所示。

图6-5　queryProduct. jsp运行结果

下面的ProductQueryServlet使用数据源对象连接数据库，当用户在文本框中输入商品号，单击“确定”按钮后，将执行doPost()方法；当用户单击“查询所有商品”链接时，将执行doGet()方法。

【例6-2】ProductQueryServlet. java程序，代码如下。

```
package com.demo;
import java.io.*;
import java.sql.*;
import java.util.*;
import javax.servlet.*;
import javax.servlet.http.*;
import javax.servlet.annotation.WebServlet;
import javax.sql.DataSource;
import javax.naming.*;
import com.model.Product;

@WebServlet("/productquery.do")
public classProductQueryServlet extends HttpServlet{
    private static final long serialVersionUID = 1L;
    DataSource dataSource;
    public void init(){
        try{
            Context context = new InitialContext();    //创建上下文对象
            //查找数据源对象
            dataSource =
                (DataSource)context.lookup("java:comp/env/jdbc/sampleDS");
        }catch(NamingException ne){
            System.out.println("发生异常:" + ne);
        }
    }
    //查询一件商品
    public void doPost(HttpServletRequest request,HttpServletResponse response)
                  throws ServletException,IOException{
        //从连接池中取出一个连接对象
        Connection dbconn = dataSource.getConnection();
        String productid = request.getParameter("productid");
        String sql = "SELECT * FROM products WHERE id = ?";
        try{
            PreparedStatement pstmt = dbconn.prepareStatement(sql);
            pstmt.setString(1,productid);
            ResultSet rst = pstmt.executeQuery();
            if(rst.next()){
                Product product = new Product();
                product.setId(rst.getString("id"));
                product.setPname(rst.getString("pname"));
                product.setPrice(rst.getDouble("price"));
                product.setStock(rst.getInt("stock"));
                //将商品对象存储在会话作用域中
                request.getSession().setAttribute("product",product);
                response.sendRedirect("/app06/displayProduct.jsp");
            }else{
              response.sendRedirect("/app06/error.jsp");
            }
```

```
        }catch(SQLException e){
            e.printStackTrace();
            response.sendError(HttpServletResponse.SC_INTERNAL_SERVER_ERROR,
                        "发生数据库异常,请与管理员联系!");
        }finally{
          //将连接对象放回连接池中
          dbconn.close();
        }
    }
    //查询所有商品
    public void doGet(HttpServletRequest request,HttpServletResponse response)
                    throws ServletException,IOException{
        //从连接池中取出一个连接对象
        Connection dbconn = dataSource.getConnection();
        ArrayList<Product> productList = new ArrayList<Product>();
        String sql = "SELECT * FROM products";
        try{
          PreparedStatement pstmt = dbconn.prepareStatement(sql);
          ResultSet result = pstmt.executeQuery();
          while(result.next()){
            Product product = new Product();
            product.setProd_id(result.getString("prod_id"));
            product.setPname(result.getString("pname"));
            product.setPrice(result.getDouble("price"));
            product.setStock(result.getInt("stock"));
            productList.add(product);
          }
          if(!productList.isEmpty()){
            //将商品列表对象存储在会话作用域中
            request.getSession().setAttribute("productList",productList);
            response.sendRedirect("/app06/displayAllProduct.jsp");
          }else{
            response.sendRedirect("/app06/error.jsp");
          }
        }catch(SQLException e){
          e.printStackTrace();
          response.sendError(HttpServletResponse.SC_INTERNAL_SERVER_ERROR,
                        "发生数据库异常,请与管理员联系!");
        }finally{
          //将连接对象放回连接池中
          dbconn.close();
        }
    }
}
```

代码在 init()中首先通过 InitialContext 类创建一个上下文对象 context，然后通过它的 lookup()查找数据源对象，最后在 doGet()方法和 doPost()方法中通过数据源对象从连接池中返回一个数据库连接对象。当程序结束数据库访问后，应该调用 Connection 的 close()将连接对象返回到数据库连接池。这样，就避免了每次使用数据库连接对象都要重新创建，从而可以提高应用程序的效率。

doPost()方法根据商品号查询商品信息，并将其存储到会话对象中。doGet()方法查询数据库中的所有商品信息并将结果存储到ArrayList中，同时将其存储到会话对象中。destroy()方法用于关闭数据库的连接。

下面的JSP页面displayProduct.jsp和displayAllProduct.jsp分别显示查询一件商品和所有商品的信息。

【例6-3】 displayProduct.jsp页面的代码。

```
<%@ page contentType="text/html;charset=UTF-8"   pageEncoding="UTF-8"%>
<html>
<head><title>商品信息</title></head>
<body>
<table border="0">
    <tr><td>商品号:</td><td>${product.id}</td></tr>
    <tr><td>商品名:</td><td>${product.pname}</td></tr>
    <tr><td>价格:</td><td> ${product.price}</td></tr>
    <tr><td>库存量:</td><td> ${product.stock}</td></tr>
    <tr><td>类别:</td><td> ${product.type}</td></tr>
</table>
</body></html>
```

单击图6-5中的“查询所有商品”超链接时，控制将转到displayAllProduct.jsp页面。

【例6-4】 displayAllProduct.jsp页面的代码。

```
<%@ page contentType="text/html;charset=UTF-8" pageEncoding="UTF-8"%>
<%@ page import="java.util.*,com.model.Product" %>
<%@ taglib prefix="c" uri="http://java.sun.com/jsp/jstl/core" %>
<html>
<head><title>显示所有商品</title></head>
<body>
<table border="1">
<tr><td>商品号</td><td>商品名</td><td>价格</td><td>库存量</td><td>
类别</td></tr>
<c:forEach var="product" items="${productList}" >
  <tr><td>${product.id}</td> <td>${product.pname}</td>
      <td>${product.price}</td><td>${product.stock}</td>
      <td>${product.type}</td>
  </tr>
</c:forEach>
</table>
</body></html>
```

当查询的商品不存在时，显示下面的错误页面error.jsp。

【例6-5】 error.jsp页面的代码。

```
<%@ page contentType = "text/html;charset = UTF - 8" %>
<html><body>
  该商品不存在。<a href = "/app06/queryProduct.jsp" >返回</a>
</body></html>
```

在图 6-5 中输入商品号，单击“确定”按钮，则显示如图 6-6 所示的页面。在图 6-5 中单击“查询所有商品”超链接，则显示如图 6-7 所示的页面。

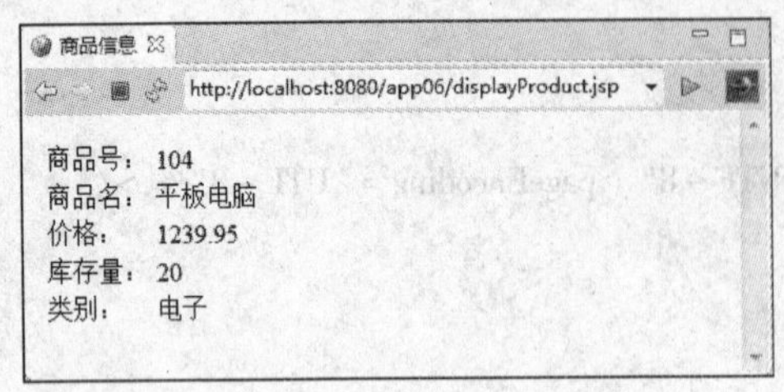

图 6-6　显示查询的商品

商品号	商品名	价格	库存量	类别
101	苹果iPhone 6手机	2000.05	8	电子
102	单反相机	4159.95	10	家用
103	笔记本电脑	5129.95	20	电子
104	平板电脑	1239.95	20	电子

图 6-7　显示所有商品

6.4　DAO 设计模式

DAO（Data Access Object）称为数据访问对象，它是数据访问的一种设计模式。DAO 设计模式可以在使用数据库的应用程序中实现业务逻辑和数据访问逻辑分离，从而使应用的维护变得更简单。它通过将数据访问实现（通常使用 JDBC 技术）封装在 DAO 类中，提高了应用程序的灵活性。

6.4.1　设计实体类

实体类是用来存储要与数据库交互的数据的。实体类通常不包含任何业务逻辑，业务逻辑由业务对象实现，因此实体类有时也称为普通的 Java 对象（Plain Old Java Object，POJO）。实体类必须是可序列化的，也就是它必须实现 java.io.Serializable 接口。下面的 Customer 类就是实体类。

【例 6-6】 Customer.java 程序，代码如下。

```
package com.model;
import java.io.Serializable;
public class Customer implements Serializable{
    private String id;                              //客户号
    private String cname;                           //客户名
    private String email;                           //邮箱地址
    private double balance;                         //账户余额
    public Customer(){}
    public Customer(String id,String cname,String email,double balance){
        this.id = id;
        this.cname = cname;
        this.email = email;
```

```
        this. balance = balance;
    }
    //这里省略属性的 setter 和 getter 方法
}
```

持久化对象用于在程序中保存应用数据，并可实现对象与关系数据的映射，它实际上是一个可序列化的 JavaBeans。

根据 Customer 类设计 customer 表，在 MySQL 的 test 数据库中创建表的代码如下。

```
CREATE TABLE customer(
  id char(6) NOT NULL,              --客户 id
  cname varchar(30),                --客户姓名
  email varchar(30),                --客户邮箱地址
  balance decimal(10,2),            --客户账户余额
  PRIMARY KEY(`id`)                 --表的主键
)
```

6.4.2 设计 DAO 对象

访问数据库数据的一个较好的方法是使用单独的模块管理建立连接和创建 SQL 语句的复杂性。DAO 设计模式是一种完成此任务的简单模式。使用这种模式，可以为每种需要持久化的类型定义一个类。假设应用程序有 Product、Customer 和 Order 这 3 个类型需要持久化，就需要定义 ProductDAO、CustomerDAO 和 OrderDAO 这 3 个接口，然后为每个接口定义相应的实现类。

6.5 案例：使用 DAO 对象访问数据库

本案例实现通过 DAO 对象访问数据库，定义了下面一些接口和类。

- DAO 接口，它是根接口，其中定义了 getConnection()方法。
- DataSourceCache 类，该类查找容器管理的数据源对象并将其缓存。因为 JNDI 查找数据源的速度很慢，因此经常将返回的数据源缓存。
- BaseDAO 类，它实现了 DAO 接口的 getConnection()方法。
- DAOException 类，它是自定义异常类，DAO 方法抛出该异常。
- CustomerDAO 接口，它定义了对客户操作的抽象方法。
- CustomerDAOImpl 类，它继承了 BaseDAO 类，并实现了 CustomerDAO 接口。

DAO 接口、CustomerDAO 接口、BaseDAO 类和 CustomerDAOImpl 类的关系如图 6-8 所示。

【例 6-7】DAO. java 接口的程序代码。

```
package com. dao;
import java. sql. Connection;
public interface DAO{
    Connection getConnection()throws DAOException;
}
```

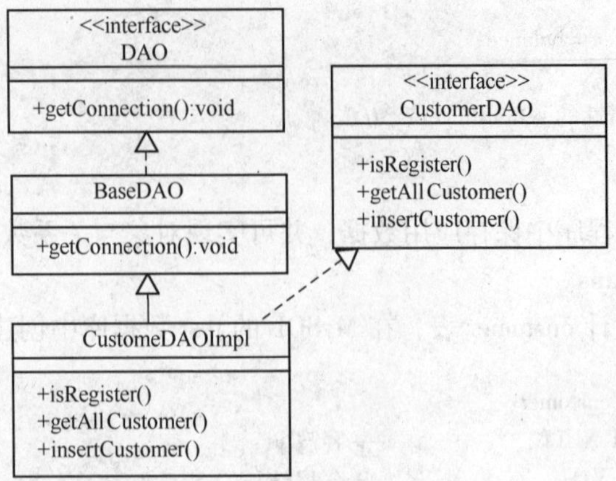

图 6-8　DAO 接口及实现类 CustomeDAOImpl 之间的关系

【例 6-8】 DAOException. java 类的代码。

```
package com. dao;
public class DAOException extends Exception{
    private String message;
    public DAOException( ){
    }
    public DAOException( String message) {
        this. message = message;
    }
    public String getMessage( ) {
        return message;
    }
    public void setMessage( String message) {
        this. message = message;
    }
    public String toString( ) {
        return message;
    }
}
```

【例 6-9】 DataSourceCache. java 程序的代码。

```
package com. dao;
import javax. naming. Context;
import javax. naming. InitialContext;
import javax. naming. NamingException;
import javax. sql. DataSource;

public class DataSourceCache{
    private static DataSourceCache instance;
    private DataSource dataSource;              //声明数据源对象
    static{
        instance = new DataSourceCache( );
```

```
        }
        //构造方法查找数据源对象
        private DataSourceCache(){
            Context context = null;
            try{
                context = new InitialContext();
                //查找数据源对象
                dataSource = (DataSource)context.lookup("java:comp/env/jdbc/sampleDS");
            }catch(NamingException e){
            }
        }
        //返回类的一个实例
        public static DataSourceCache getInstance(){
            return instance;
        }
        //返回数据源对象
        public DataSource getDataSource(){
            return dataSource;
        }
    }
```

【例 6-10】BaseDAO.java 程序的代码。

```
package com.dao;
import java.sql.Connection;
import javax.sql.DataSource;
public class BaseDAO implements DAO{
    public Connection getConnection()throws DAOException{
        DataSource dataSource = DataSourceCache.getInstance().getDataSource();
        try{
            return dataSource.getConnection();
        }catch(Exception e){
            e.printStackTrace();
            throw new DAOException();
        }
    }
}
```

【例 6-11】CustomerDAO 接口程序的代码。为了简单起见，这里没有设计修改记录和删除记录的方法，读者可自行补充完整。

```
package com.dao;
import java.util.ArrayList;
import com.model.Customer;
public interface CustomerDAO{
    //返回客户是否注册方法
    public boolean isRegistered(String cname)throws DAOException;
    //根据客户名和口令查询客户方法
```

```
    public Customer getCustomer(String cname)throws DAOException;
    //查询所有客户方法
    public ArrayList<Customer> selectCustomer()throws DAOException;
    //插入客户方法
    public boolean addCustomer(Customer customer)throws DAOException;
}
```

CustomerDAOImpl 类实现了 CustomerDAO 接口中定义的方法，并继承了 BaseDAO 类。

【例 6-12】 CustomerDAOImpl. java 程序的代码。

```
package com.dao;
import java.sql.*;
import java.util.ArrayList;
import com.model.Customer;
public class CustomerDAOImpl extends BaseDAO implements CustomerDAO{
    //返回客户是否注册方法
    public boolean isRegistered(String cname)throws DAOException{
        //从连接池中取出一个连接对象
        Connection conn = getConnection();
        boolean b = false;
        String sql = "SELECT * FROM customer WHERE cname = ?";
        try{
            PreparedStatement pstmt = conn.prepareStatement(sql);
            pstmt.setString(1,cname);
            ResultSet rst = pstmt.executeQuery();
            if(rst.next())
                return true;
        }catch(SQLException e){
            e.printStackTrace();
        }finally{
            //将连接对象放回连接池
            conn.close();
        }
        return b;
    }
    //实现查找客户方法
    public Customer getCustomer(String cname)throws DAOException{
        //从连接池中取出一个连接对象
        Connection conn = getConnection();
        String sql = "SELECT * FROM customer WHERE cname = ?";
        Customer customer = null;
        try{
            PreparedStatement pstmt = conn.prepareStatement(sql);
            pstmt.setString(1,cname);
            ResultSet rst = pstmt.executeQuery();
            if(rst.next()){
                customer = new Customer(
```

```
                rst.getString("id"),rst.getString("cname"),rst.getString("email"),
                rst.getDouble("balance"));
        }
    }catch(SQLException e){
        e.printStackTrace();
    }finally{
        //将连接对象放回连接池
        conn.close();
    }
  return customer;
}
//实现查找所有客户方法
private static final String SELECT_SQL = "SELECT * FROM customer";
public ArrayList<Customer> selectCustomer()throws DAOException{
    Connection conn = getConnection();
    PreparedStatement pstmt = null;
    ResultSet rst = null;
    Customer  customer = new Customer();
    ArrayList<Customer> custList = new ArrayList<Customer>();
    try{

        pstmt = conn.prepareStatement(SELECT_SQL);
        rst = pstmt.executeQuery();
        while(rst.next()){
            customer.setId(rst.getString("id"));
            customer.setCname(rst.getString("cname"));
            customer.setEmail(rst.getString("email"));
            customer.setBalance(rst.getDouble("balance"));
            custList.add(customer);
        }
        pstmt.close();
        return custList;
    }catch(Exception se){
        return null;
    }finally{
        conn.close();
    }
}
//实现插入一名客户方法
private static final String INSERT_SQL =
    "INSERT INTO customer(id,cname,email,balance)VALUES(?,?,?,?)";
public boolean addCustomer(Customer customer)throws DAOException{
    Connection conn = getConnection();
    PreparedStatement pstmt = null;
    try{
        pstmt = conn.prepareStatement(INSERT_SQL);
        pstmt.setString(1,customer.getId());
        pstmt.setString(2,customer.getCname());
```

```
            pstmt.setString(3,customer.getEmail());
            pstmt.setDouble(4,customer.getBalance());
            pstmt.executeUpdate();
            pstmt.close();
            return true;
        }catch(Exception se){
            System.out.println("an exception occurred:" +se);
            return false;
        }finally{
            conn.close();
        }
    }
}
```

下面的 addCustomer.jsp 页面通过一个表单提供向数据库中插入的数据。

【例 6-13】 addCustomer.jsp 页面的代码。

```
<%@ page contentType="text/html;charset=UTF-8" %>
<html><head> <title>Inputa Customer</title></head>
<body>
<font color=red> ${result} </font>
<p>请输入一条客户记录</p>
<form action="addCustomer.do" method="post">
 <table>
  <tr><td>客户号:</td> <td><input type="text" name="id" ></td></tr>
  <tr><td>客户名:</td> <td><input type="text" name="cname" ></td></tr>
  <tr><td>邮箱地址:</td><td><input type="text" name="email"></td></tr>
  <tr><td>余额:</td><td><input type="text" name="balance" ></td></tr>
  <tr><td><input type="submit" value="确定" ></td>
      <td><input type="reset" value="重置" ></td>
  </tr>
</table>
</form>
</body></html>
```

下面的 AddCustomerServlet 使用了 DAO 对象和持久对象，通过 JDBC API 实现将数据插入到数据库中。

【例 6-14】 AddCustomerServlet.java 程序的代码。

```
package com.demo;
import java.io.*;
import javax.servlet.*;
import javax.servlet.http.*;
import com.model.Customer;
import com.dao.CustomerDao;
import javax.servlet.annotation.WebServlet;
```

```
@WebServlet("/addCustomer.do")
public classAddCustomerServlet extends HttpServlet{
    public void doPost(HttpServletRequest request,HttpServletResponse response)
                        throws ServletException,IOException{
        CustomerDAO dao = new CustomerDAOImpl();
        Customer customer = new Customer();
        String message = null;
        try{
          customer.setId(request.getParameter("id"));
          //将传递来的字符串重新使用 UTF-8 编码,以免产生乱码
          customer.setCname(new String(request.getParameter("cname")
                    .getBytes("iso-8859-1"),"UTF-8"));
          customer.setEmail(new String(request.getParameter("email")
                    .getBytes("iso-8859-1"),"UTF-8"));
          customer.setBalance(Double.parseDouble(request.getParameter("balance")));
          boolean success = dao.addCustomer(customer);
          if(success){
            message = "<li>成功插入一条记录! </li>";
          }else{
              message = "<li>插入记录错误! </li>";
          }
        }catch(Exception e){
              message = "<li>插入记录错误! </li>";
        }
        request.setAttribute("result",message);
        RequestDispatcher rd =
                getServletContext().getRequestDispatcher("/addCustomer.jsp");
        rd.forward(request,response);
    }
}
```

该程序首先从请求对象中获得请求参数并进行编码转换，创建一个 Customer 对象，然后调用 CustomerDAO 对象的 addCustomer()将客户对象插入数据库中，最后根据该方法的执行结果将请求再转发到 addCustomer.jsp 页面。

6.6 小结

Java 程序是通过 JDBC API 访问数据库的。JDBC API 定义了 Java 程序访问数据库的接口。要访问数据库，首先应该建立到数据库的连接。传统的方法是通过 DriverManager 类的 getConnection()建立连接对象，由于使用这种方法很容易产生性能问题，因此，从 JDBC 2.0 开始提供了通过数据源建立连接对象的机制。

通过数据源访问数据库，首先需要建立数据源，然后通过 JNDI 查找数据源对象，建立连接对象，最后通过 JDBC API 操作数据库。通过 PreparedStatement 对象可以创建预处理语句对象，它可以执行动态 SQL 语句。

DAO 是数据访问的一种设计模式，该模式可以在使用数据库的应用程序中实现业务逻

辑和数据访问逻辑分离，从而使应用的维护变得简单。

6.7 习题

1. Web 应用程序需要访问数据库，数据库驱动程序应该安装在哪个目录中？（　　）

A. 文档根目录　　　　B. WEB - INF\lib

C. WEB - INF　　　　D. WEB - INF \ classes

2. 使用 Class 类的 forName( )加载驱动程序需要捕获什么异常？（　　）

A. SQLException　　　　B. IOException

C. ClassNotFoundException　　　　D. DBException

3. 如果要创建带参数的 SQL 查询语句，应该使用下面哪个对象？（　）

A. Statement　　　　B. PreparedStatement

C. CallableStatement　　　　D. ParamStatement

4. 简述使用 JDBC 连接数据库的步骤，这种方法有什么缺点？

5. 程序若要连接 Oracle 数据库，请给出连接代码。数据库驱动程序名称是什么？数据库 JDBC URL 串的内容是什么？

6. 在 Tomcat 中可配置哪两种数据源？配置数据源时需要至少指定哪 4 个参数？

7. 通过数据源对象如何获得连接对象？

8. 试说明在应用程序中如何获得数据源对象。

9. 修改本章【例 6-11】CustomerDAO 接口和【例 6-12】CustomerDAOImpl 类，增加两个方法以实现删除和修改客户信息，这两个方法的格式如下。

```
publicboolean deleteCustomer(String custName)
public boolean updateCustomer(Customer customer)
```

第 7 章　Web 监听器与过滤器

Web 应用程序运行过程中可能发生各种事件，如 ServletContext 事件、会话事件及请求有关的事件等，Web 容器采用监听器模型处理这些事件。过滤器用于拦截传入的请求或传出的响应，并监视、修改或以某种方式处理这些通过的数据流。

7.1　Web 监听器

Web 应用程序中的事件主要发生在 3 个对象上：ServletContext、HttpSession 和 ServletRequest 对象。事件的类型主要包括对象的生命周期事件和属性改变事件。例如，对于 ServletContext 对象，当它初始化和销毁时会发生 ServletContextEvent 事件，当在该对象上添加属性、删除属性或替换属性时会发生 ServletContextAttributeEvent 事件。对于会话对象和请求对象也有类似的事件。为了处理这些事件，Web 容器采用了监听器模型，即需要实现有关的监听器接口。

7.1.1　处理 Servlet 上下文事件

在 ServletContext 对象上可能发生两种事件，对这些事件可使用两个事件监听器接口处理，如表 7-1 所示。

表 7-1　ServletContext 事件类与监听器接口

监 听 对 象	事　件	监听器接口
ServletContext	ServletContextEvent	ServletContextListener
	ServletContextAttributeEvent	ServletContextAttributeListener

下面介绍这些事件和监听器接口。

1. 处理 ServletContextEvent 事件

该事件是 Web 应用程序生命周期事件，当容器对 ServletContext 对象进行初始化或销毁操作时，将发生 ServletContextEvent 事件。要处理这类事件，需要实现 ServletContextListener 接口，该接口定义了以下两个方法。

- publicvoid contextInitialized(ServletContextEvent sce)：当 ServletContext 对象初始化时调用。
- public void contextDestroyed(ServletContextEvent sce)：当 ServletContext 对象销毁时调用。

上述方法的参数是一个 ServletContextEvent 事件类对象，该类只定义了一个方法，如下所示。

```
public ServletContext getServletContext()
```

该方法返回状态发生改变的 ServletContext 对象。

2. 处理 ServletContextAttributeEvent 事件

当 ServletContext 对象上的属性发生改变时，如添加属性、删除属性或替换属性等，将发生 ServletContextAttributeEvent 事件，要处理该类事件，需要实现 ServletContextAttributeListener 接口。该接口定义了以下 3 个方法。

- publicvoid attributeAdded(ServletContextAttributeEvent sre)：当在 ServletContext 对象中添加属性时调用该方法。
- publicvoid attributeRemoved(ServletContextAttributeEvent sre)：当从 ServletContext 对象中删除属性时调用该方法。
- public void attributeReplaced(ServletContextAttributeEvent sre)：当在 ServletContext 对象中替换属性时调用该方法。

上述方法的参数是 ServletContextAttributeEvent 类的对象，它是 ServletContextEvent 类的子类，它定义了下面 3 个方法。

- public ServletContext getServletContext()：返回属性发生改变的 ServletContext 对象。
- public String getName()：返回发生改变的属性名。
- public Object getValue()：返回发生改变的属性值对象。注意，当替换属性时，该方法返回的是替换之前的属性值。

下面程序用于实现当 Web 应用启动时就创建一个数据源对象，并将它保存在 ServletContext 对象上，当应用程序销毁时将数据源对象从 ServletContext 对象上清除，当 ServletContext 上的属性发生改变时登记日志。

【例 7-1】 MyContextListener. java 监听器，代码如下。

```
packagecom. listener;
import javax. sql. * ;
import javax. servlet. * ;
import javax. naming. * ;
import javax. servlet. annotation. WebListener;
@ WebListener            //使用注解注册监听器
public class MyContextListener   implements ServletContextListener,
                                ServletContextAttributeListener{
    private ServletContext context = null;
    public void contextInitialized(ServletContextEvent sce){
        Context ctx = null;
        DataSource dataSource = null;
        context = sce. getServletContext();
        try{
            if(ctx == null){
                ctx = new InitialContext();
            }
            dataSource = (DataSource) ctx. lookup("java:comp/env/jdbc/sampleDS");
```

```
            } catch( NamingException ne) {
                context. log( "发生异常:" + ne);
            }
            context. setAttribute( "dataSource", dataSource);     //添加属性
            context. log( "应用程序已启动:" + java. time. LocalDate. now( ) );
        }
        public void contextDestroyed( ServletContextEvent sce) {
            context = sce. getServletContext( );
            context. removeAttribute( "dataSource" );
            context. log( "应用程序已关闭:" + java. time. LocalDate. now( ) );
        }
        public void attributeAdded( ServletContextAttributeEvent sce) {
            context = sce. getServletContext( );
            context. log( "添加一个属性:" + sce. getName( ) + ":" + sce. getValue( ) );
        }
        public void attributeRemoved( ServletContextAttributeEvent sce) {
            context = sce. getServletContext( );
            context. log( "删除一个属性:" + sce. getName( ) + ":" + sce. getValue( ) );
        }
        public void attributeReplaced( ServletContextAttributeEvent sce) {
            context = sce. getServletContext( );
            context. log( "替换一个属性:" + sce. getName( ) + ":" + sce. getValue( ) );
        }
}
```

程序在 ServletContextListener 接口的 contextInitialized( ) 中从 InitialContext 对象中查找数据源对象 dataSource，并将其存储在 ServletContext 对象中。在 ServletContext 的属性修改方法中，先通过事件对象的 getServletContext( ) 方法获得上下文对象，然后调用它的 log( ) 方法向日志中写入一条消息。

下面的 listenerTest. jsp 页面是对监听器的测试，这里使用了监听器对象创建的数据源对象。

【例 7-2】 listenerTest. jsp 页面，代码如下。

```
<%@ page contentType = "text/html;charset = UTF - 8" %>
<%@ page import = "java. sql. * ,javax. sql. * " %>
<%
   //从应用作用域中取出数据源对象
   DataSource dataSource = (DataSource) application. getAttribute( "dataSource" );
   //从连接池中取出一个连接对象
   Connection conn = dataSource. getConnection( );
   Statement stmt = conn. createStatement( );
   ResultSet rst = stmt. executeQuery(
         "SELECT * FROM products WHERE id > 102" );
%>
<html> <head> <title> Listener Demo </title> </head>
<body>
```

```
<h4>商品表中信息</h4>
<table border="1">
<tr><td>商品号</td><td>商品名</td><td>价格</td><td>库存量</td><td>
类型</td></tr>
<% while(rst.next()){ %>
  <tr><td><% =rst.getInt(1)%></td>
     <td><% =rst.getString(2)%></td>
     <td><% =rst.getDouble(3)%></td>
     <td><% =rst.getInt(4)%></td><td><% =rst.getString(5)%></td>
  </tr>
<% }%>
</table>
</body>
</html>
```

该页面首先通过隐含对象 application 的 getAttribute()方法得到数据源对象，然后创建 ResultSet 对象访问数据库。该页面的运行结果如图 7-1 所示。

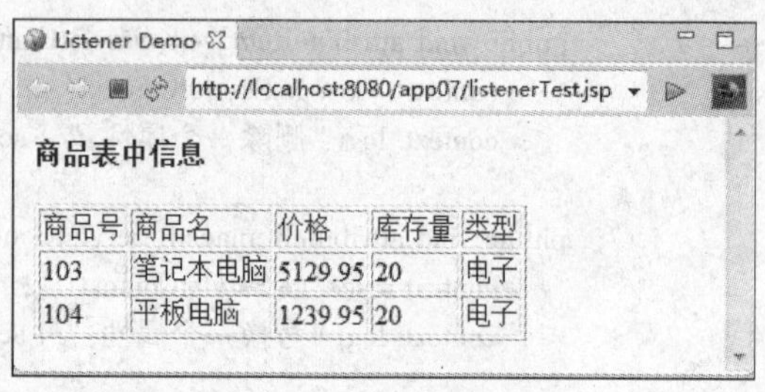

图 7-1　listenerTest. jsp 页面的运行结果

当 Web 应用程序启动和关闭，以及 ServletContext 对象上的属性发生变化时，都将在日志文件中写入一条信息。可以打开 Tomcat 日志文件/logs/localhost. 2012 - 10 - 08. log 查看写入的信息。

7.1.2　处理会话事件

在 HttpSession 对象上可能发生两种事件，对这些事件可使用 4 个事件监听器来处理，这些类和接口如表 7-2 所示。

表 7-2　HttpSession 事件类与监听器接口

监 听 对 象	事　件	监听器接口
HttpSession	HttpSessionEvent	HttpSessionListener
		HttpSessionActivationListener
	HttpSessionBindingEvent	HttpSessionAttributeListener
		HttpSessionBindingListener

1. 处理 HttpSessionEvent 事件

HttpSessionEvent 事件是会话对象生命周期事件，当一个会话对象被创建和销毁时发生该事件，处理该事件应该使用 HttpSessionListener 接口，该接口定义了以下两个方法。

- publicvoid sessionCreated(HttpSessionEvent se)：当会话创建时调用该方法。
- public void sessionDestroyed(HttpSessionEvent se)：当会话销毁时调用该方法。

上述方法的参数是一个 HttpSessionEvent 类对象，该类中只定义了一个 getSession()方法，它返回状态发生改变的会话对象，格式如下。

```
public HttpSession getSession()
```

2. 处理会话属性事件

当在会话对象上添加属性、删除属性和替换属性时，将发生 HttpSessionBindingEvent 事件，处理该事件需要使用 HttpSessionAttributeListener 接口，该接口定义了下面 3 个方法。

- publicvoid attributeAdded(HttpSessionBindingEvent se)：当在会话对象上添加属性时调用该方法。
- publicvoid attributeRemoved(HttpSessionBindingEvent se)：当从会话对象上删除属性时调用该方法。
- publicvoid attributeReplaced(HttpSessionBindingEvent se)：当替换会话对象上的属性时调用该方法。

📖 上述方法的参数是 HttpSessionBindingEvent，没有 HttpSessionAttributeEvent 这个类。

HttpSessionBindingEvent 类中定义了下面 3 个方法。

- public HttpSession getSession()：返回发生改变的会话对象。
- public String getName()：返回绑定到会话对象或从会话对象解除绑定的属性名。
- public Object getValue()：返回在会话对象上添加、删除或替换的属性值。

下面定义的监听器类实现了 ServletContextListener 接口和 HttpSessionListener 接口，它用来记录应用程序当前所有会话的数量。

【例 7-3】 MySessionListener.java 程序，代码如下。

```
package com.listener;
import javax.servlet.*;
import javax.servlet.http.*;
import javax.servlet.annotation.WebListener;
import java.util.concurrent.atomic.AtomicInteger;
@WebListener
public class MySessionListener implements ServletContextListener,HttpSessionListener{
    @Override
    public void contextInitialized(ServletContextEvent sce){
    ServletContext context = sce.getServletContext();
    context.setAttribute("userCounter",new AtomicInteger());
    }
    @Override
    public void contextDestroyed(ServletContextEvent sce){
    }
    @Override
    public void sessionCreated(HttpSessionEvent se){
        HttpSession session = se.getSession();
        ServletContext context = session.getServletContext();
        AtomicInteger userCounter = (AtomicInteger)context.getAttribute("userCounter");
```

```
            int userCount = userCounter. incrementAndGet( ) ;
            System. out. println( "在线用户数增加到:" + userCount) ;
        }
        @ Override
        public void sessionDestroyed( HttpSessionEvent se) {
            HttpSession session = se. getSession( ) ;
            ServletContext context = session. getServletContext( ) ;
            AtomicInteger userCounter = ( AtomicInteger) context. getAttribute( "userCounter" ) ;
            int userCount = userCounter. decrementAndGet( ) ;
            System. out. println( "在线用户数减少到:" + userCount) ;
        }
    }
```

应用程序初始化时，将一个 AtomicInteger 对象 userCounter 存储到应用作用域中。当新建一个会话对象时，userCounter 的值增 1；当销毁一个会话对象时，userCounter 的值减 1。这里使用 AtomicInteger 对象是为了使增 1 和减 1 操作保证原子性。

要测试该监听器，可以使用不同的浏览器请求上一节中的 listenerTest. jsp 页面，然后观察控制台输出，URL 如下。

```
http://localhost:8080/app07/listenerTest. jsp
```

控制台输出如下所示。

```
在线用户数增加到:1
```

使用同一浏览器对该页面的多次请求不会改变 userCounter 的值，如果打开一个不同的浏览器访问该页面，userCounter 的值会增加。

📖 关于 HttpSessionBindingListener 和 HttpSessionActivationListener 接口的使用，请参考其他材料。

---

7. 1. 3 处理请求事件

在请求对象上可能发生两种事件，对这些事件使用两个事件监听器处理，如表 7-3 所示。

表 7-3 ServletRequest 事件类与监听器接口

监 听 对 象	事 件	监听器接口
ServletRequest	ServletRequestEvent	ServletRequestListener
	ServletRequestAttributeEvent	ServletRequestAttributeListener

1. 处理 ServletRequestEvent 事件

ServletRequestEvent 事件是请求对象生命周期事件，当一个请求对象初始化或销毁时将发生该事件，处理该类事件需要使用 ServletRequestListener 接口，该接口定义了以下两个方法。

- public void requestInitialized(ServletRequestEvent sce)：当请求对象初始化时调用。
- public void requestDestroyed(ServletRequestEvent sce)：当请求对象销毁时调用。

上述方法的参数是 ServletRequestEvent 类对象，该类定义了下面两个方法。

- public ServletContext getServletContext()：返回发生该事件的 ServletContext 对象。
- public ServletRequest getServletRequest()：返回发生该事件的 ServletRequest 对象。

2. 处理 ServletRequestAttributeEvent 事件

在请求对象上添加、删除和替换属性时，将发生 ServletRequestAttributeEvent 事件，处理该类事件需要使用 ServletRequestAttributeListener 接口，它定义了以下 3 个方法。

- public void attributeAdded(ServletRequestAttributeEvent src)：当在请求对象中添加属性时调用该方法。
- ublic void attributeRemoved(ServletRequestAttributeEvent src)：当从请求对象中删除属性时调用该方法。
- public void attributeReplaced(ServletRequestAttributeEvent src)：当在请求对象中替换属性时调用该方法。

在上述方法中传递的参数为 ServletRequestAttributeEvent 类的对象，该类定义了下面两个方法。

- public String getName()：返回在请求对象上添加、删除或替换的属性名。
- public Object getValue()：返回在请求对象上添加、删除或替换的属性值。注意，当替换属性时，该方法返回的是替换之前的属性值。

下面的 MyRequestListener 监听器类监听对某个页面的请求，并记录自应用程序启动以来被访问的次数。

【例 7-4】 MyRequestListener. java 页面，代码如下。

```
packagecom. listener;
import javax. servlet. http. HttpServletRequest;
import javax. servlet. ServletRequestEvent;
import javax. servlet. ServletRequestListener;
import javax. servlet. annotation. WebListener;

@WebListener
public class MyRequestListener implements ServletRequestListener{
    private int count = 0;
    public void requestInitialized(ServletRequestEvent re) {
        HttpServletRequest request = (HttpServletRequest)re. getServletRequest();
        if(request. getRequestURI(). endsWith("onlineCount. jsp")) {
            count ++;
            re. getServletContext(). setAttribute("count",new Integer(count));
        }
    }
    public void requestDestroyed(ServletRequestEvent re) {
    }
}
```

【例 7-5】onlineCount. jsp 测试页面，代码如下。

```
<%@ page contentType = "text/html;charset = UTF - 8" %>
<html>
<head><title>请求监听器示例</title></head>
<body>
欢迎您,您的 IP 地址是 ${pageContext. request. remoteAddr}<br>
<p>自应用程序启动以来,该页面被访问了
<font color = "blue">${applicationScope. count}
</font>次<br>
</body>
</html>
```

图 7-2 所示是该页面的某次运行结果。

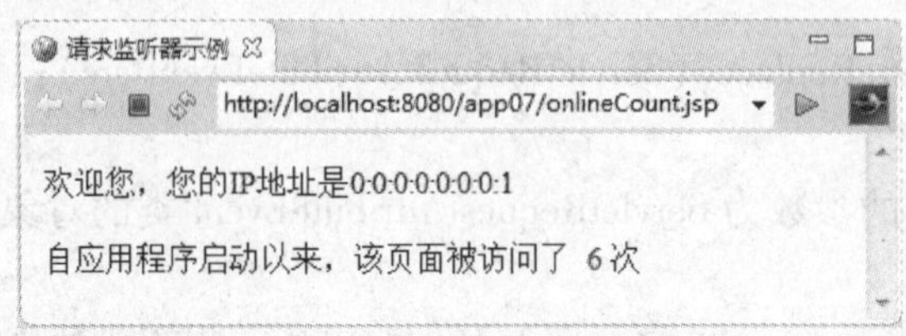

图 7-2　onlineCount. jsp 页面的运行结果

7.1.4　在 DD 中注册监听器

从前面的例子中可以看到，使用了@ WebListener 注解来注册监听器，这是 Servlet 3.0 规范增加的功能。事件监听器也可以在 DD 文件中使用 <listener>元素注册。该元素只包含一个 <listener - class>元素，用来指定实现了监听器接口的完整的类名。下面的代码给出了如何注册 MyContextListener 和 MySessionListener 两个监听器。

```
<listener>
    <listener - class>com. listener. MyContextListener</listener - class>
</listener>
<listener>
    <listener - class>com. listener. MySessionListener</listener - class>
</listener>
```

在 web. xml 文件中并没有指定哪个监听器类处理哪个事件，这是因为当容器需要处理某种事件时，它能够找到有关的类和方法。Web 容器创建监听器类的实例，并检查其实现的全部接口。对每个相关的接口，它都向各自的监听器列表中添加一个实例。Web 容器按照 DD 文件中指定的类的顺序将事件传递给监听器。这些类必须存放在 WEB - INF\classes 目录中，或者与其他 Servlet 类一起打包在 JAR 文件中。

📖 可以在一个类中实现多个监听器接口。这样，在部署描述文件中就只需要一个<listener>元素。容器就仅创建该类的一个实例，并把所有的事件都发送给该实例。

7.2 Web 过滤器

过滤器（Filter）是 Web 服务器上的组件，它拦截客户对某个资源的请求和响应，对其进行过滤。过滤器的一些常见应用包括：验证过滤器；登录和审计过滤器；数据压缩过滤器；加密过滤器；XSLT 过滤器。

7.2.1 过滤器简介

图 7–3 说明了过滤器的一般概念，其中 F 是一个过滤器，它显示了请求经过滤器 F 到达 Servlet，Servlet 产生响应再经过滤器 F 到达客户。这样，过滤器就可以在请求和响应到达目的地之前对它们进行监视。

可以在客户和资源之间建立多个过滤器，从而形成过滤器链（Filter Chain）。在过滤器链中每个过滤器都对请求处理，然后将请求发送给链中的下一个过滤器（如果它是链中的最后一个，将发送给实际的资源）。类似地，在响应到达客户之前，每个过滤器以相反的顺序对响应进行处理。图 7–4 说明了这个过程。

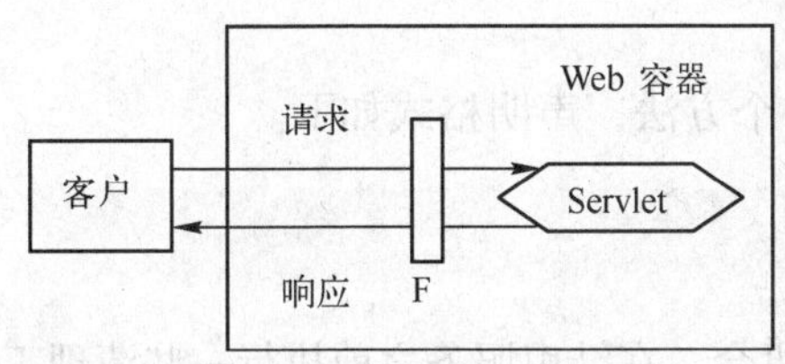

图 7–3 使用单个过滤器

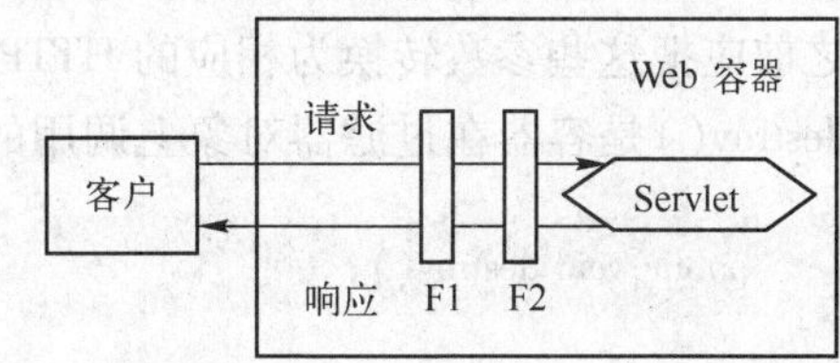

图 7–4 使用多个过滤器

这里，请求是按下列顺序处理的：过滤器 F1、过滤器 F2，而响应的处理顺序是过滤器 F2、过滤器 F1。

当容器接收到对某个资源的请求时，它首先检查是否有过滤器与该资源关联。如果有过滤器与该资源关联，容器先把该请求发送给过滤器，而不是直接发送给资源。在过滤器处理完请求后，它将做以下 3 件事。

- 将请求发送到目标资源。
- 如果有过滤器链，它将把请求（修改过或没有修改过）发送给下一个过滤器。
- 直接产生响应并将其返回给客户。

当请求返回到客户时，它将以相反的方向经过同一组过滤器。过滤器链中的每个过滤器都可能修改响应。

7.2.2 过滤器 API

在 javax. servlet 包中提供了与过滤器有关的 3 个接口：Filter 接口、FilterConfig 接口和 FilterChain 接口。

1. Filter 接口

Filter 接口是过滤器 API 的核心，所有的过滤器都必须实现该接口。该接口声明了 3 个方法，分别是 init( )、doFilter( )和 destroy( )方法，它们是过滤器的生命周期方法。

init( )是过滤器初始化方法。在过滤器的生命周期中，init( )仅被调用一次。在该方法结束之前，容器并不向过滤器转发请求。该方法的声明格式如下。

```
public void init(FilterConfig filterConfig)
```

参数 FilterConfig 是过滤器配置对象，通常将 FilterConfig 参数保存起来以备以后使用，该方法抛出 ServletException 异常。

doFilter( )是实现过滤的方法。如果客户请求的资源与该过滤器关联，容器将调用该方法，格式如下。

```
public void doFilter(ServletRequest request,ServletResponse response,FilterChain chain)
        throws IOException,ServletException;
```

该方法执行过滤功能，对请求进行处理或者将请求转发到下一个组件，或者直接向客户返回响应。注意，request 和 response 参数被分别声明为 ServletRequest 和 ServletResponse 类型。因此，过滤器并不只限于处理 HTTP 请求。但如果过滤器用在使用 HTTP 协议的 Web 应用程序中，这些变量就分别为 HttpServletRequest 和 HttpServletResponse 类型的对象。在使用它们之前应把这些参数转换为相应的 HTTP 类型。

destroy( )是容器在过滤器对象上调用的最后一个方法，声明格式如下。

```
public void destroy( );
```

该方法给过滤器对象一个释放其所获得资源的机会，在结束服务之前执行一些清理工作。

2. FilterConfig 接口

FilterConfig 对象是过滤器配置对象，通过该对象可以获得过滤器名、过滤器运行的上下文对象，以及过滤器的初始化参数，它声明了以下 4 个方法。

- public String getFilterName( )：返回在注解或在 DD 文件中 <filter - name>元素指定的过滤器名。
- public ServletContext getServletContext( )：返回与该应用程序相关的 ServletContext 对象，过滤器可使用该对象返回和设置应用作用域的属性。
- public String getInitParameter(String name)：返回用注解或在 DD 文件中指定的过滤器初始化参数值。
- public Enumeration getInitParameterNames( )：返回所有指定的参数名的一个枚举。

容器提供了 FilterConfig 接口的一个具体实现类，容器创建该类的一个实例，使用初始化参数值对它进行初始化，然后将它作为一个参数传递给过滤器的 init( )。

3. FilterChain 接口

FilterChain 接口只有一个方法，如下所示。

```
public void doFilter(ServletRequest request,ServletResponse response)
            throws IOException,ServletException
```

Web 容器提供了该接口的实现，并将它的一个实例作为参数传递给 Filter 接口的 doFilter

()方法。在 doFilter()内，可以使用该接口将请求传递给链中的下一个组件，它可能是另一个过滤器或实际的资源。该方法的两个参数将被链中下一个过滤器的 doFilter()或 Servlet 的 service()接收。

7.2.3 日志过滤器

下面是一个简单的日志过滤器，这个过滤器拦截所有的请求并将请求有关信息记录到日志文件中。程序声明的 LogFilter 类实现了 Filter 接口，覆盖了其中的 init()、doFilter()和 destroy()方法。

【例 7-6】 LogFilter. java 程序，代码如下。

```
package com. filter;
import java. io. IOException;
import javax. servlet. * ;
import javax. servlet. annotation. WebFilter;
import javax. servlet. http. HttpServletRequest;
@WebFilter(filterName = "logFilter",urlPatterns = { "/ * " })
public class LogFilter implements Filter{
    private FilterConfig config;
    //实现初始化方法
    public void init(FilterConfig fConfig) throws ServletException{
        this. config = fConfig;
    }
    //实现过滤方法
    public void doFilter(ServletRequest request,ServletResponse response,
            FilterChain chain) throws IOException,ServletException{
        //获得应用上下文对象
        ServletContext context = config. getServletContext();
        //返回请求对象
        HttpServletRequest hrequest = (HttpServletRequest) request;
        //记录开始过滤时间
        long start = System. currentTimeMillis();
        System. out. println("用户地址:" + hrequest. getRemoteAddr());
        System. out. println("请求的资源:" + hrequest. getRequestURI());
        context. log("请求的资源:" + hrequest. getRequestURI());
        context. log("用户地址:" + hrequest. getRemoteAddr());
        //请求转到下一资源或下一过滤器
        chain. doFilter(request,response);
        //记录返回到过滤器的时间
        long end = System. currentTimeMillis();
        System. out. println("请求的总时间:" + (end - start) + "毫秒");
        context. log("请求的总时间:" + (end - start) + "毫秒");
    }
    public void destroy() {    //实现销毁方法
        this. config = null;
    }
}
```

程序在 doFilter( )中首先将请求对象（Request）转换成 HttpServletRequest 类型，然后获得当前时间、客户请求的 URI 和客户地址，并将其写到日志文件中。之后将请求转发到资源，当请求返回到过滤器后再得到当前时间，计算请求资源的时间并写到日志文件中。

要使过滤器起作用，必须配置过滤器。对支持 Servlet 3.0 规范的容器，可以使用注解或 DD 文件的 <filter>元素两种方法配置过滤器。本程序使用的是注解。下面是访问 7.1.3 节的 onlineCount.jsp 页面后，在日志中将写入下面信息。

```
请求的资源:/app07/onlineCount.jsp
用户地址:0:0:0:0:0:0:0:1
请求的总时间:451 毫秒
```

7.2.4 @WebFilter 注解

@WebFilter 注解用于将一个类声明为过滤器，该注解在部署时被容器处理，容器根据具体的配置将相应的类部署为过滤器。表 7-4 给出了该注解包含的常用元素。

表 7-4 @WebFilter 注解的常用元素

元素名	类型	说明
filterName	String	指定过滤器的名称，等价于 web.xml 中的 <filter-name>元素。如果没有显式指定，则使用 Filter 的完全限定名作为名称
urlPatterns	String[ ]	指定一组过滤器的 URL 匹配模式，该元素等价于 web.xml 文件中的 <url-pattern>元素
value	String[ ]	该元素等价于 urlPatterns 元素。两个元素不能同时使用
servletNames	String[ ]	指定过滤器应用于哪些 Servlet。取值是@WebServlet 中 name 属性值，或者是 web.xml 中 <servlet-name>的取值
dispatcherTypes	DispatcherType	指定过滤器的转发类型。具体取值包括：ASYNC、ERROR、FORWARD、INCLUDE 和 REQUEST
initParams	WebInitParam [ ]	指定一组过滤器初始化参数，等价于 <init-param>元素
asyncSupported	boolean	声明过滤器是否支持异步调用，等价于 <async-supported>元素
description	String	指定该过滤器的描述信息，等价于 <description>元素
dispalyName	String	指定该过滤器的显示名称，等价于 <display-name>元素

表 7-4 中的所有属性均为可选属性，但是 value、urlPatterns 和 servletNames 三者必须至少包含一个，且 value 和 urlPatterns 不能共存，如果同时指定，通常忽略 value 的取值。

过滤器接口 Filter 与 Servlet 非常相似，它们具有类似的生命周期行为，区别只是 Filter 的 doFilter( )中多了一个 FilterChain 的参数，通过该参数可以控制是否放行用户请求。像 Servlet 一样，Filter 也可以具有初始化参数，这些参数可以通过@WebFilter 注解或部署描述文件定义。要在过滤器中获得初始化参数，可以使用 FilterConfig 实例的 getInitParameter( )。

7.2.5 在 DD 中配置过滤器

除了可以通过注解配置过滤器外，还可以使用部署描述文件 web.xml 配置过滤器类，并把请求 URL 映射到该过滤器上。

配置过滤器要用到下面两个元素：<filter>和 <filter-mapping>。每个 <filter>元素向

Web 应用程序引进一个过滤器，每个 <filter - mapping >元素将一个过滤器与一组请求 URI 关联。两个元素都是 <web - app >的子元素。

1. <filter >元素

该元素用来指定过滤器名和过滤器类，下面是 <filter >元素的 DTD 定义。

```
<! ELEMENT filter(description?, display - name?, icon?, filter - name, filter - class, init - param
*)>
```

从定义可以看到，每个过滤器都需要 <filter - name >元素和 <filter - class >元素。其他元素如 <description >、<display - name >、<icon >与 <init - param >是可选的。下面的代码说明了 <filter >元素的使用。

```
<filter>
    <!-- 指定过滤器名和过滤器类 -->
    <filter - name>validatorFilter</filter - name>
    <filter - class>filter.ValidatorFilter</filter - class>
    <init - param>
        <param - name>locale</param - name>
        <param - value>USA</param - value>
    </init - param>
</filter>
```

这里定义了名为 validatorFilter 的过滤器，同时为该过滤器定义了名为 locale 的初始化参数。这样，在应用程序启动时，容器将创建一个 filter. ValidatorFilter 类的实例。在初始化阶段，过滤器将调用 FilterConfig 对象的 getParameterValue("locale")检索 locale 参数的值。

2. <filter - mapping >元素

该元素的作用是定义过滤器映射，<filter - mapping >元素的 DTD 定义如下。

```
<! ELEMENT filter - mapping(filter - name, (url - pattern | servlet - name), dispatcher)>
```

<filter - name >元素是在 <filter >元素中定义的过滤器名，<url - pattern >用来将过滤器应用到一组通过 URI 标识的请求，<servlet - name >用来将过滤器应用到通过该名称标识的 Servlet 提供服务的所有请求。在使用 <servlet - name >的情况下，模式匹配遵循与 Servlet 映射同样的规则。

下面的代码说明了 <filter - mapping >元素的使用。

```
<filter - mapping>
    <filter - name>validatorFilter</filter - name>
    <url - pattern>*.jsp</url - pattern>
</filter - mapping>
<filter - mapping>
    <filter - name>validatorFilter</filter - name>
    <servlet - name>reportServlet</servlet - name>
</filter - mapping>
```

上面的第一个映射将 validatorFilter 与所有的请求 URL 扩展名为 . jsp 的请求相关联。第二个映射将 validatorFilter 与所有对名为 reportServlet 的 Servlet 的请求相关联。这里使用的 Servlet 名必须是部署描述文件中使用 <servlet>元素定义的一个 Servlet。

3. 配置过滤器链

在某些情况下，对一个请求可能需要应用多个过滤器，这样的过滤器链可以使用多个 <filter-mapping>元素配置。当容器接收到一个请求时，它将查找所有与请求 URI 匹配的过滤器映射的 URL 模式，这是过滤器链中的第一组过滤器。接下来，它将查找与请求 URI 匹配的 Servlet 名，这是过滤器链中的第二组过滤器。在这两组过滤器中，过滤器的顺序是它们在 DD 文件中的顺序。

为了理解这个过程，考虑下面对过滤器和 Servlet 映射的代码。

```
<servlet-mapping>
    <servlet-name>FrontController</servlet-name>
    <url-pattern>*.do</url-pattern>
</servlet-mapping>
<filter-mapping>
    <filter-name>perfFilter</filter-name>
    <servlet-name>FrontController</servlet-name>
</filter-mapping>
<filter-mapping>
    <filter-name>auditFilter</filter-name>
    <url-pattern>*.do</url-pattern>
</filter-mapping>
<filter-mapping>
    <filter-name>transformFilter</filter-name>
    <url-pattern>*.do</url-pattern>
</filter-mapping>
```

如果一个请求 URI 为/admin/addCustomer. do，将以下面的顺序应用过滤器：auditFilter、transformFilter 和 perfFilter。

4. 为转发的请求配置过滤器

过滤器不但可应用在直接来自客户的请求，还可以应用在从组件内部转发的请求上，这包括使用 RequestDispatcher 的 include()和 forward()转发的请求，以及对错误处理调用请求的资源。

要为转发的请求配置过滤器，使用 <filter-mapping>元素的子元素 <dispatcher>，该元素的取值包括下面 4 个：REQUEST、INCLUDE、FORWARD 和 ERROR。

- REQUEST 过滤器应用在直接来自客户的请求上。
- INCLUDE 过滤器应用在与调用 RequestDispatcher 的 include()匹配的请求上。
- FORWARD 过滤器应用在与调用 RequestDispatcher 的 forward()匹配的请求上。
- ERROR 过滤器应用在因发生错误而引起转发的请求上。

在 <filter-mapping>元素中可以使用多个 <dispatcher>元素使过滤器应用在多种情况下，如下面的代码所示。

```
<filter-mapping>
    <filter-name>auditFilter</filter-name>
    <url-pattern>*.do</url-pattern>
    <dispatcher>INCLUDE</dispatcher>
    <dispatcher>FORWARD</dispatcher>
</filter-mapping>
```

上述过滤器映射将只应用在从内部转发的且其 URL 与 *. do 匹配的请求上，任何直接来自客户的请求，即使其 URL 与 *. do 匹配，也将不应用 auditFilter 过滤器。

7.2.6 实例：多用途过滤器

在实际应用中，使用 Filter 可以更好地实现代码复用。例如，一个系统可能包含多个 Servlet，这些 Servlet 都需要进行一些通用处理，比如权限控制、记录日志等，这将导致多个 Servlet 的 service( )中包含部分相同代码。为解决这种代码重复问题，可以考虑把这些通用处理提取到 Filter 中完成，这样在 Servlet 中就只剩下针对特定请求相关的处理代码。

下面定义一个较为实用的 Filter，它对用户请求进行过滤，为请求设置编码字符集，从而可以避免为每个 JSP 页面和 Servlet 都设置字符集。该 Filter 还能实现验证用户是否登录，如果用户没有登录，系统直接跳转到登录页面。

【例 7-7】 AuthorityFilter. java 程序，代码如下。

```
package com.filter;
import java.io.IOException;
import javax.servlet.*;
import javax.servlet.annotation.WebFilter;
import javax.servlet.annotation.WebInitParam;
import javax.servlet.http.*;
@WebFilter(filterName = "authorityFilter", urlPatterns = { "/*" },
        initParams = {
            @WebInitParam(name = "encoding", value = "UTF-8"),
            @WebInitParam(name = "loginPage", value = "login.jsp"),
            @WebInitParam(name = "proLogin", value = "proLogin.jsp")
        })
public class AuthorityFilter implements Filter{
    private FilterConfig config;
    //实现初始化方法
    public void init(FilterConfig fConfig) throws ServletException{
        config = fConfig;
    }
    //实现过滤方法
    public void doFilter(ServletRequest request, ServletResponse response,
            FilterChain chain) throws IOException, ServletException{
        //获取该过滤器的配置参数
        String encoding = config.getInitParameter("encoding");
        String loginPage = config.getInitParameter("loginPage");
        String proLogin = config.getInitParameter("proLogin");
```

```
            //设置请求 request 的编码字符集
            request.setCharacterEncoding(encoding);
            HttpServletRequest hrequest = (HttpServletRequest)request;
            HttpSession session = hrequest.getSession(true);
            //获得客户请求的页面
            String requestPath = hrequest.getServletPath();
            //如果 session 作用域的 user 为 null,表明没有登录
            //即用户请求的既不是登录页面,也不是处理登录的页面
            if(session.getAttribute("user") == null &&! requestPath.endsWith(loginPage)
                    &&! requestPath.endsWith(proLogin)){
                //转发到登录页面
                request.setAttribute("message","您还没有登录!");
                request.getRequestDispatcher(loginPage).forward(request,response);
            }else{
                chain.doFilter(request,response);
            }
        }
        //实现销毁方法
        public void destroy(){
            config = null;
        }
    }
```

该过滤器通过@ WebFilter 注解的 initParams 元素指定了 3 个初始化参数，参数使用@ WebInitParam 注解指定，每个@ WebInitParam 指定一个初始化参数。在 Filter 的 doFilter()中，通过 FilterConfig 对象取出参数的值。程序中设置了请求的字符编码，还通过 Session 对象验证用户是否登录。若没有登录，则将请求直接转发到登录页面；若已登录，则转发到请求的资源。

7.3 案例：用过滤器实现水印效果

过滤器除了拦截客户与 Web 应用组件外，还可以操纵请求和修改响应。本节将使用过滤器实现 Web 页面中的水印效果。

首先介绍请求和响应包装类。在 Servlet API 中提供了 4 个包装类，分别如下。

- javax.servlet.ServletRequestWrapper。
- javax.servlet.ServletResponseWrapper。
- javax.servlet.http.HttpServletRequestWrapper。
- javax.servlet.http.HttpServletResponseWrapper。

这 4 个类提供了一个对相应接口的一种方便的实现，如 HttpServletRequestWrapper 类实现了 HttpServletRequest 接口。开发人员使用它们可以方便地修改请求和响应。这 4 个类的工作方式相同，在它们的构造方法中可以传递一个请求或响应对象，然后将所有的方法调用代理给该对象。通常是扩展这些类，覆盖有关方法提供自定义行为。

本节将在过滤器中使用这些类解决一个简单的问题。假设有一些文本文件的报表，打算

从浏览器访问这些文件内容并在报表的背景中显示一张图片，即通常所说的水印效果，如图 7-5 所示。同时，不希望浏览器缓存报表文件。

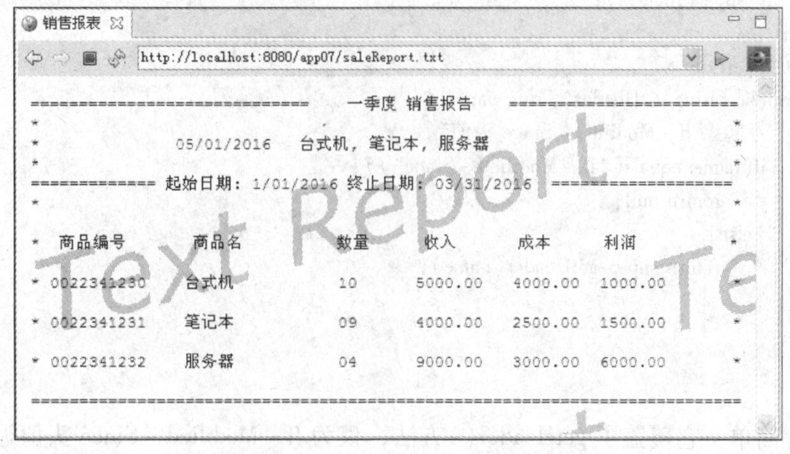

图 7-5　带背景图片的文本页面

可以通过以下两步很容易地解决这个问题。

1）把报表文本嵌入在 Web 页面的 <html> 和 <body> 标签中，并为 <body> 标签指定一个背景图片。

```
<html>
    <body background = "textReport.gif">
    <pre>
        这里是报表文本内容
    </pre>
    </body>
</html>
```

<body> 标签的 background 属性值显示给定图片作为报表的背景，<pre> 元素实现保持原文本文件的格式。

2）覆盖 If - Modified - Since 请求头。浏览器发送该请求头使服务器决定是否需要发送资源。如果在 If - Modified - Since 值指定的期限内资源没有被修改，服务器将不发送该资源。

要实现上述功能，将过滤所有对 .txt 文件的请求，过滤器需要完成下面两个操作。

1）把请求对象包装到 HttpServletRequestWrapper 中，并且覆盖 getHeader( ) 方法为 If - Modified - Since 请求头返回 null，null 值保证服务器不发送文件。

2）把响应对象包装到 HttpServletResponseWrapper 中，这样过滤器可以修改响应，并在响应发送给客户前把需要的 HTML 代码加到响应中。

下面来看实现上述功能的代码。下面程序扩展了 HttpServletRequestWrapper 类，覆盖了 getHeader( ) 方法。

【例 7-8】 NonCachingRequestWrapper.java 程序，代码如下。

```
package com.filter;
import javax.servlet.http.*;
```

```
public class NonCachingRequestWrapper extends HttpServletRequestWrapper{
    public NonCachingRequestWrapper(HttpServletRequest request){
        super(request);
    }
    @Override
    public String getHeader(String name){
      //隐藏 If-Modified-Since 头值
      if(name.equals("If-Modified-Since")){
          return null;
      }else{
          return super.getHeader(name);
      }
    }
}
```

该类非常简单，它覆盖了 getHeader()方法，仅为 If-Modified-Since 头值返回 null，其他头值保持不变。由于该类扩展了 HttpServletRequestWrapper 类，所有其他方法都代理给通过构造方法传递过来的基本请求对象。

下面的 TextResponseWrapper.java 扩展了 HttpServletResponseWrapper 类，它包装了响应对象，实现对文本数据的缓存。

【例 7-9】 TextResponseWrapper.java 程序，代码如下。

```
package com.filter;
import java.io.*;
import javax.servlet.*;
import javax.servlet.http.*;
public class TextResponseWrapper extends HttpServletResponseWrapper{
    //内部类扩展 ServletOutputStream，把写给它的数据写到字节数组中而不发给客户
    private static class ByteArrayServletOutputStream extends ServletOutputStream{
      ByteArrayOutputStream baos;
      ByteArrayServletOutputStream(ByteArrayOutputStream baos){
        this.baos = baos;
      }
      public void write(int param)throws java.io.IOException{
        baos.write(param);
      }
      public boolean isReady(){
          return true;
      }
      public void setWriteListener(WriteListener listener){
      }
    }
    //PrintWriter 和 ServletOutputStream 使用的字节数组输出流
    private ByteArrayOutputStream baos = new ByteArrayOutputStream();
    //由 ByteArrayOutputStream 创建 PrintWriter
    private PrintWriter pw = new PrintWriter(baos);
```

```
    //由 ByteArrayOutputStream 创建 ServletOutputStream
    private ByteArrayServletOutputStream basos
                    = new ByteArrayServletOutputStream(baos);
    //构造方法,包装了响应对象
    public TextResponseWrapper(HttpServletResponse response){
      super(response);
    }
    @Override
    public PrintWriter getWriter(){
        return pw;            //返回定制的 PrintWriter
    }
    @Override
    public ServletOutputStream getOutputStream(){
        return basos;         //返回定制的 ServletOutputStream 对象
    }
    //将字节输出流转换成字节数组
    byte[] toByteArray(){
      return baos.toByteArray();
    }
}
```

该类创建了 ByteArrayOutputStream 对象存储服务器要写出的所有数据。它也覆盖了 HttpServletResponse 的 getWriter()方法和 getOutputStream()方法，返回定制的 PrintWriter 对象和 ServletOutputStream 对象，它们都构建在 ByteArrayOutputStream 上，这样数据将不发送给客户。

下面的过滤器类 TextToHTMLFilter.java 把文本报表转换成可打印的 HTML 格式。

【例 7-10】 TextToHTMLFilter.java 程序，代码如下。

```
package com.filter;
import java.io.IOException;
import java.io.PrintWriter;
import javax.servlet.*;
import javax.servlet.annotation.WebFilter;
import javax.servlet.http.HttpServletRequest;
import javax.servlet.http.HttpServletResponse;
@WebFilter(dispatcherTypes = {DispatcherType.REQUEST},
        filterName = "TextToHTML", urlPatterns = {"*.txt"})
public class TextToHTMLFilter implements Filter{
    private FilterConfig filterConfig;
    public void init(FilterConfig filterConfig){
        this.filterConfig = filterConfig;
    }
    public void doFilter(ServletRequest request, ServletResponse response,
              FilterChain filterChain) throws ServletException, IOException{
      HttpServletRequest req = (HttpServletRequest) request;
      HttpServletResponse res = (HttpServletResponse) response;
```

```
            NonCachingRequestWrapper ncrw
                    = new NonCachingRequestWrapper(req);
            TextResponseWrapper trw = new TextResponseWrapper(res);
            //将包装后的请求和响应对象传到下一组件
            filterChain.doFilter(ncrw,trw);
            String top = "<html><head><title>销售报表</title></head>"
                    + "<body background = \"textReport.gif\"><pre>";
            String bottom = "</pre></body></html>";
            //将文本数据嵌入到页面的<pre>标签中
            StringBuilder htmlFile = new StringBuilder(top);
            String textFile = new String(trw.toByteArray());
            htmlFile.append(textFile);
            htmlFile.append("<br>" + bottom);
            //设置请求的字符编码和响应的内容类型
            req.setCharacterEncoding("UTF-8");
            res.setContentType("text/html;charset = UTF-8");
            //设置内容类型的长度
            res.setContentLength(htmlFile.length());
            //将新数据用实际的 PrintWriter 输出
            PrintWriter out = res.getWriter();
            out.println(htmlFile.toString());
        }
        public void destroy(){
        }
    }
```

程序中将实际的请求和响应对象分别包装到 NonCachingRequestWrapper 和 TextResponseWrapper 对象中，然后使用 doFilter()方法将它们传递给过滤器链的下一个组件。当 filterChain.doFilter()方法返回时，文本报表已经写到 TextResponseWrapper 对象中，过滤器从该对象中检索文本数据，然后将它们嵌入到适当的 HTML 标签中。最后把数据写到实际的 PrintWriter 对象并发送给客户。

在浏览器地址栏输入：http://localhost:8080/app07/saleReport.txt，即可访问报表文本文件，显示如图 7-5 所示的结果。

7.4 小结

在 Web 应用程序运行过程中会发生某些事件，为了处理这些事件，容器也采用了事件监听器模型。根据事件的类型和范围，可以把事件监听器分为 3 类：ServletContext 事件监听器、HttpSession 事件监听器和 ServletRequest 事件监听器。

对 Web 应用来说，过滤器是 Web 服务器上的组件，它们对客户和资源之间的请求和响应进行过滤。可以定义多种类型的过滤器，如验证过滤器、审计过滤器、数据压缩过滤器和加密过滤器等。

7.5 习题

1. 当一个 ServletContext 对象销毁时，调用下面哪个方法？（   ）

A. javax. servlet. ServletContextListener 接口的 contextDestroyed( ) 方法

B. javax. servlet. HttpServletContextListener 接口的 contextDestroyed( ) 方法

C. javax. servlet. http. ServletContextListener 接口的 contextDestroyed( ) 方法

D. javax. servlet. http. HttpServletContextListener 接口的 contextDestroyed( ) 方法

2. 要配置 ServletContextListener 监听器，除可以使用注解外，如果使用 web. xml 文件配置，应该使用下面哪个元素？（   ）

A. <context - listener>　　B. <listener>

C. <servlet - context - listener>　　D. <servletcontextlistener>

3. 当在会话 HttpSession 对象上添加或删除一个属性时，发生的事件是（   ）。

A. HttpSessionEvent　　B. HttpSessionBindingEvent

C. HttpSessionAttributeEvent　　D. SessionEvent

4. 在 Web 部署描述文件 web. xml 中注册监听器时需要使用 <listener> 元素，该元素的唯一一个子元素是（   ）。

A. <listener - name>　　B. <listener - class>

C. <listener - type>　　D. <listener - class - name>

5. 考虑下列代码。

```
import javax. servlet. * ;
public class MyListener implements ServletContextAttributeListener{
    public void attibuteAdded(ServletContextAttributeEvent ev){
      System. out. println("attribute added");
    }
    public void attibuteRemoved(ServletContextAttributeEvent ev){
      System. out. println("attribute removed");
    }
}
```

关于上述类，下面叙述正确的是（   ）。

A. 该类可正常编译

B. 只有添加 attibuteReplaced( ) 方法后，该类才能被正确编译

C. 只有添加 attibuteUpdated( ) 方法后，该类才能被正确编译

D. 只有添加 attibuteChanged( ) 方法后，该类才能被正确编译

6. 下面的代码是实现了 ServletRequestAttributeListener 接口的类的部分代码，且该监听器已在 web. xml 中注册。

```
public void attibuteAdded(ServletRequestAttributeEvent ev){
    getServletContext().log("A:" + ev. getName() + " ->" + ev. getValue());
}
```

```
    public void attibuteRemoved( ServletRequestAttributeEvent ev) {
        getServletContext( ). log( "M:" + ev. getName( ) + " -> " + ev. getValue( ) );
    }
    public void attibuteReplaced( ServletRequestAttributeEvent ev) {
        getServletContext( ). log( "P:" + ev. getName( ) + " -> " + ev. getValue( ) );
    }
```

下面是一个 Servlet 中 doGet( )的代码。

```
public void doGet( HttpServletRequest request, HttpServletResponse response)
        throws IOException, ServletException{
    request. setAttibute( "a" , "b" );
    request. setAttibute( "a" , "c" );
    request. removeAttibute( "a" );
}
```

试问如果客户访问该 Servlet，在日志文件中生成的内容为（　　）。

A. A：a -> b　P：a -> b

B. A：a -> b　M：a -> c

C. A：a -> b　P：a -> b　M：a -> c

D. A：a -> b　M：a -> b　P：a -> c　M：a -> c

7. 在部署描述文件中的 <filter - mapping>元素中，可以使用下列哪 3 个元素？（　　）

A. <servlet - name>　　B. <filter - class>

C. <dispatcher>　　D. <url - pattern>

E. <filter - chain>

8. 下面代码有什么错误？（　　）

```
public void doFilter( ServletRequest req, ServletResponse, res,
                FilterChain chain) throws ServletException, IOException{
    chain. doFilter( req, res) ;
    HttpServletRequest request = ( HttpServletRequest) req;
    HttpSession session = request. getSession( ) ;
    if( session. getAttribute( "login" ) == null) {
        session. setAttribute( "login" ", new Login( ) ) ;
    }
}
```

A. doFilter( )格式不正确，应该带的参数为 HttpServletRequest 和 HttpServletResponse

B. doFilter( )应该抛出 FilterException 异常

C. chain. doFilter(req, res) 调用应该为 this. doFilter(req, res, chain)

D. 在 chain. doFilter( )之后访问 request 对象将产生 IllegalStateException 异常

E. 该过滤器没有错误

9. 给定下面过滤器声明。

```
<filter-mapping>
    <filter-name>FilterOne</filter-name>
    <url-pattern>/admin/*</url-pattern>
    <dispatcher>FORWARD</dispatcher>
</filter-mapping>
<filter-mapping>
    <filter-name>FilterTwo</filter-name>
    <url-pattern>/users/*</url-pattern>
</filter-mapping>
<filter-mapping>
    <filter-name>FilterThree</filter-name>
    <url-pattern>/admin/*</url-pattern>
</filter-mapping>
<filter-mapping>
    <filter-name>FilterTwo</filter-name>
    <url-pattern>/*</url-pattern>
</filter-mapping>
```

在浏览器中输入请求/admin/index. jsp，将以下面哪个顺序调用过滤器？（　　）

A. FilterOne, FilterThree　　　　B. FilterOne, FilterTwo, FilterThree

C. FilterTwo, FilterThree　　　　D. FilterThree, FilterTwo

E. FilterThree

第 8 章　Struts 2 框架基础

Struts 2 是基于 MVC 设计模式的 Web 应用程序开发框架，它是由 Struts 和 WebWork 发展而来的。本章首先讨论 Struts 2 框架的体系结构，Action 类的使用，OGNL 表达式语言和 Struts 2 标签，接下来介绍 Struts 2 的国际化和用户输入校验，最后通过案例介绍使用 Tiles 插件构建页面布局的方法。

8.1　Struts 2 框架概述

Apache Struts 是用于开发 Java Web 应用程序的开源框架。最早由 Craig R. McClanahan 开发，2002 年由 Apache 软件基金会接管。Struts 提供了 Web 应用开发的优秀框架，是世界上应用最广泛的 MVC 框架之一。然而，随着 Web 应用开发需求的日益增长，Struts 已不能满足需要，修改 Struts 框架成为必然。因此，Apache Struts 小组和另一个 Java EE 框架 WebWork 联手共同开发了一个更高级的框架 Struts 2。

Struts 2 结合了 Struts 和 WebWork 的共同优点，对开发者更友好，具有支持 Ajax、快速开发和可扩展等特性。它已成为构建、部署和维护动态的、可扩展的 Web 应用框架。Struts 2 并不是 Struts 的简单升级，可以说 Struts 2 是一个既新又不新的 MVC 框架。说其新是因为相对于 Struts 而言，Struts 2 从设计思想到框架结构都是全新的，与 Struts 有非常大的区别；而说其不新，是因为 Struts 2 并不是一个完全新开发的 MVC 框架，而是在 WebWork 的基础上转化而来的。

Struts 2 的设计思想和核心架构与 WebWork 是完全一致的，同时它又吸收了 Struts 的一些优点。也就是说，Struts 2 是集 WebWork 和 Struts 两者设计思想的优点而设计出来的新一代 MVC 框架。

8.1.1　Struts 2 框架的组成

Struts 2 框架是基于 MVC 设计模式的 Web 应用开发框架。其中，模型（Model）表示业务逻辑和数据库代码，视图（View）表示页面设计代码，控制器（Controller）表示导航代码。所有这些使 Struts 2 成为构建 Java Web 应用的基本框架。

Struts 2 框架主要包括过滤器、拦截器、Action 对象、视图 JSP 页面和配置文件等，如图 8-1 所示。

- 控制器：控制器由核心过滤器 StrutsPrepareAndExecuteFilter、若干拦截器和 Action 动作组件实现。
- 模型：模型由 JavaBeans 或 JOPO 实现，它可以实现业务逻辑。
- 视图：通常由 JSP 页面实现，也可以由 Velocity Template、FreeMarker 或其他表示层技术实现。

- 配置文件：Struts 2 框架提供了一个 struts. xml 配置文件，使用它来配置应用程序中的组件。
- Struts 2 标签：Struts 2 提供了一个功能强大的标签库，该库提供了大量标签，使用这些标签可以简化 JSP 页面的开发。

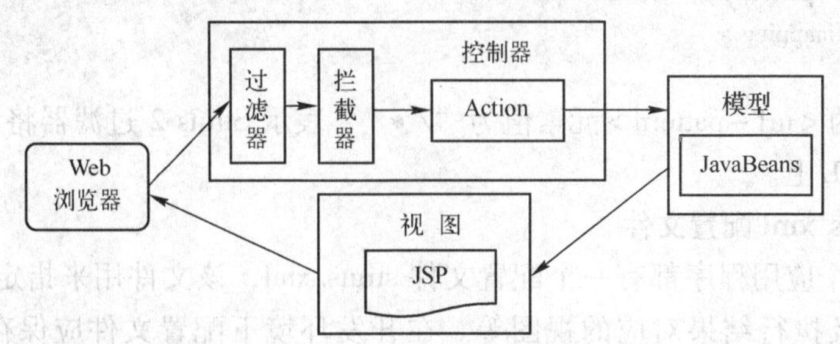

图 8-1 Struts 2 的 MVC 架构

8.1.2 Struts 2 开发环境的构建

1. Struts 2 库文件

开发 Struts 2 应用程序必须安装 Struts 2 库文件。可以到 Apache Struts Web 站点下载库文件包，地址为 http://struts. apache. org/downloads. html。目前的最新版本是 2. 3. 24，下载页面提供了多个下载文件。假设这里下载的是 struts - 2. 3. 24 - all. zip，它是一个完整发布软件包，其中包括示例应用程序、文档、所有的库文件和源代码。将该文件解压到一个临时目录中，其中 lib 目录中存放的是 Struts 2 的所有库文件，下面是开发 Struts 2 应用程序所需要的基本库文件，将它们复制到 WEB - INF\lib 目录中。

```
asm - 3. 3. jar
asm - commons - 3. 3. jar
asm - tree - 3. 3. jar
commons - fileupload - 1. 2. 2. jar
commons - io - 2. 2. jar
commons - lang3 - 3. 2. jar
freemarker - 2. 3. 22. jar
javassist - 3. 11. 0. GA. jar
ognl - 3. 0. 6. jar
struts2 - core - 2. 3. 24. jar
xwork - core - 2. 3. 24. jar。
```

如果要实现其他功能，需要将相关的库文件添加到 WEB - INF\lib 目录中。

2. 在 web. xml 中添加过滤器

要使 Web 应用程序支持 Struts 2 功能，需要在 web. xml 文件中声明一个核心过滤器类和映射，代码如下。

```
<filter>
    <filter-name>struts2</filter-name>
    <filter-class>org.apache.struts2.dispatcher.ng.filter.StrutsPrepareAndExecuteFilter
```

```
        </filter-class>
    </filter>
    <filter-mapping>
        <filter-name>struts2</filter-name>
        <url-pattern>/*</url-pattern>
    </filter-mapping>
```

注意，这里的<url-pattern>元素值为“/*”，表示 Struts 2 过滤器将应用到该应用程序的所有请求 URL 上。

3. 创建 struts. xml 配置文件

Struts 2 的每个应用程序都有一个配置文件 struts. xml，该文件用来指定动作关联的类、执行的方法，以及执行结果对应的视图等。在开发环境下配置文件应保存在 src 目录中，Web 应用打包后保存在 WEB-INF\classes 目录中。下面是 struts. xml 文件的基本结构。

```
<?xml version="1.0" encoding="UTF-8"?>
<!DOCTYPE struts PUBLIC
        "-//Apache Software Foundation//DTD Struts Configuration 2.0//EN"
        "http://struts.apache.org/dtds/struts-2.0.dtd">
<struts>
        <constant name="struts.devMode" value="true"/>
        <package name="default" namespace="/" extends="struts-default">
            <action name="index">
                    <result>/index.jsp</result>
            </action>
        </package>
</struts>
```

配置文件的根元素是<struts>，其中包含<constant>元素和<package>元素的定义。<constant>元素用来定义一些常量。<package>元素用来定义一个包，在<package>元素中通过<action>子元素定义每个动作及结果。上述文件中的<action>定义告诉 Struts 2，如果请求 URL 以 index. action 结尾，将浏览器重定向到 index. jsp 文件。

📖 可以将 Struts 2 自带的一个名为 struts2-blank 的应用程序导入到 Eclipse 中，在该应用程序中已经完成了各种配置，在此基础上进行开发会更方便。

8.1.3 动作类

创建和处理各种动作是 Struts 2 开发中最重要的任务。应用程序可以完成的每个操作都称为一个动作。例如，单击一个超链接是一个动作，在表单中输入数据后单击提交按钮也是一个动作。有些动作很简单，例如把控制权转交给一个 JSP 页面，而有些动作需要进行一些逻辑处理，这些逻辑需要写在动作类里。

动作类通常实现 Action 接口或继承 ActionSupport 类。动作类的实质就是 Java 类，它们可以有属性和方法，但必须遵守下面的规则。

- 每个属性都应定义 getter 方法和 setter 方法。动作属性的名称必须遵守 JavaBeans 属性名的命名规则。动作的属性可以是任意类型。
- 动作类必须有一个不带参数的构造方法。如果没有提供构造方法，Java 编译器会自动提供一个默认构造方法。
- 每个动作类至少有一个方法供 Struts 2 在执行这个动作时调用。
- 一个动作类可以包含多个动作方法。在这种情况下，动作类可以为不同的动作提供不同的方法。例如，一个名为 RegisterAction 的动作类可以有 login( )和 logout( )，并让它们分别对应 user_login 和 user_logout 动作。

在 Struts 2 中定义了一个 com. opensymphony. xwork2. Action 接口，所有的动作类都可以实现该接口，该接口中定义了 5 个常量和一个 execute( )，如下所示。

```
package com. opensymphony. xwork2;
public interface Action{
    public final static String SUCCESS = "success";
    public final static String ERROR = "error";
    public final static String INPUT = "input";
    public final static String LOGIN = "login";
    public final static String NONE = "none";
    public Stringexecute( ) throws Exception;
}
```

这几个常量的含义如下。

- SUCCESS：表示动作执行成功，并应该把结果视图显示给用户。
- ERROR：表示动作执行不成功，并应该把报错视图显示给用户。
- INPUT：表示输入校验失败，并应该把获取用户输入的表单重新显示给用户。
- LOGIN：表示动作没有执行（因为用户没有登录），并应该把登录视图显示给用户。
- NONE：表示动作执行成功，但不应该把任何结果视图显示给用户。

接口中定义的 execute( )是实现动作的逻辑。该方法返回一个字符串，并可以抛出异常。若动作类实现了 Action 接口，则必须实现该方法。

编写动作类通常继承 ActionSupport 类，它是 Action 接口的实现类，该类还实现了 Validateable 接口、TextProvider 接口等。

实际上，ActionSupport 类是默认动作处理类，即如果在 struts. xml 中配置的 Action 没有指定 class 属性，系统自动使用 ActionSupport 类作为动作处理类。

📖 在 Struts 2 中，动作类不一定必须实现 Action 接口，任何普通的 Java 对象（Plain Old Java Objects，POJO）只要定义 execute( )，就可以作为动作类使用。

开发 Struts 2 应用程序大致需要 3 个基本步骤：创建 Action 动作类；创建结果视图；修改配置文件 struts. xml。

1. 创建 Action 动作类

在 Struts 中，一切活动都是从用户触发动作开始的，用户触发动作有多种方式：在浏览器的地址栏中输入一个 URL，单击页面的一个链接，以及填写表单并单击提交按钮等，所有这些操作都可以触发一个动作。

动作类的任务就是处理用户动作，在 Struts 2 中充当控制器。当发生一个用户动作时，请求将经由过滤器发送到一个 Action 动作类。Struts 将根据配置文件 struts. xml 中的信息，确定要执行哪个 Action 对象的哪个方法。通常是调用 Action 对象的 execute( )执行业务逻辑或数据访问逻辑，Action 类执行后根据结果选择一个资源发送给客户。资源既可以是视图页面，也可能是 PDF 文件、Excel 电子表格等。

2. 创建视图页面

视图用来响应用户请求并输出处理结果。通常 Struts 使用 RequestDispatcher 的 forward( )转发请求，有时也使用响应对象 response 的 sendRedirect( )重定向请求。视图通常使用 JSP 页面实现。

3. 修改 struts. xml 配置文件

该文件主要用来建立动作 Action 类与视图的映射。当客户请求 URL 与某个动作名匹配时，Struts 将使用 struts. xml 文件中的映射处理请求。动作映射在 struts. xml 文件中使用 <action>标签定义。在该文件中为每个动作定义一个映射，Struts 根据动作名确定执行哪个 Action 类，根据 Action 类的执行结果确定请求转发到哪个视图页面。

8.1.4 实例：简单的 Struts 2 应用

假设创建一个向客户发送一条消息的应用程序，应完成下面 3 步：①创建一个 Action 类（控制器）执行某种操作；②创建一个 JSP 页面（视图）表示消息；③在 struts. xml 文件中建立 Action 类与视图的映射。

该应用的动作是用户单击 HTML 页面中的超链接或通过单击表单提交按钮向 Web 服务器发送一个请求。动作类的 execute( )被执行并返回 SUCCESS 结果。Struts 根据该结果返回一个视图页面（本例中是 hellouser. jsp 页面）。

1. 创建 HelloUserAction 动作类

下面是 HelloUserAction 类的定义。

【例 8-1】 HelloUserAction. java 程序，代码如下。

```
package com. action;
import com. opensymphony. xwork2. ActionSupport;
public class HelloUserAction extends ActionSupport{
    private String message = "Hello";          //动作属性
    private String userName;
    public String getMessage( ){
      return message;
    }
    public void setMessage(String message){
      this. message = message;
    }
    public String getUserName( ){
      return userName;
    }
    public void setUserName(String userName){
```

```
            this.userName = userName;
        }
        @Override
        public String execute() throws Exception{
            if(userName != null) {
                setMessage(getMessage() + " " + userName);
            } else{
                setMessage("Hello Struts User");
            }
            return SUCCESS;
        }
    }
```

该动作类声明了一个 String 类型的成员 message 用来存放数据，并且为该变量定义了 setter 和 getter 方法。程序还覆盖了 execute()，在其中调用 setMessage()设置 message 属性值，然后返回字符串常量 SUCCESS。该常量继承自 Action 接口。

2. 创建视图页面

用户动作是通过 index. jsp 页面的超链接触发的，定义如下。

【例 8-2】 index. jsp 页面，代码如下。

```
<%@ page contentType="text/html;charset=UTF-8" pageEncoding="UTF-8"%>
<%@ taglib prefix="s" uri="/struts-tags" %>
<html>
<head><title>Struts 2 应用示例</title>
</head>
<body>
    <h3>Welcome To Struts 2!</h3>
    <p><a href="<s:url action='hello'/>">Hello User</a></p>
    <s:form action="hello">
        <s:textfield name="userName" label="用户名"/>
        <s:submit value="提交"/>
    </s:form>
</body>
</html>
```

该页面中使用了 Struts 2 的<s:url>标签。要使用 Struts 2 的标签，应该使用 taglib 指令导入标签库。

```
<%@ taglib prefix="s" uri="/struts-tags" %>
```

该指令指定了 Struts 标签的 prefix 和 uri 属性值。Struts 标签以前缀 s 开头，如<s:url>标签用来产生一个 URL，它的 action 属性用来指定动作名，这里是 hello。当用户单击该链接时，将向容器发送 hello. action 请求动作。

<s:form>标签用来产生 HTML 的表单标签，<s:textfield>标签用来产生 HTML 的文本域，<s:submit>标签用来产生提交按钮控件。注意，<s:form>标签的 action 属性值是

hello，当用户单击“提交”按钮时，Struts 将执行 hello. action 动作。<s:textfield>标签的 name 属性值是 userName，该表单域的值将被发送到 Action(HelloUserAction) 对象。如果希望动作对象能自动接收表单域的值，动作类必须定义一个名为 userName 的成员变量和一个名为 setUserName()的 public 方法，Action 对象会自动接收表单域的值。

创建下面的 JSP 页面 hellouser. jsp 来显示 HelloUserAction 动作类的 message 属性值，代码如下。

【例 8-3】 hellouser. jsp 页面，代码如下。

```
<%@ page contentType="text/html;charset=UTF-8" pageEncoding="UTF-8"%>
<%@ taglib prefix="s" uri="/struts-tags" %>
<html>
<head><title>欢迎用户</title></head>
<body>
    <h2><s:property value="message"/></h2>
</body>
</html>
```

页面中，<s:property>标签显示 HelloUserAction 动作类的 message 属性值。通过位于 value 属性中的 message 告诉 Struts 框架调用动作类的 getMessage()。

3. 修改 struts. xml 配置文件

struts. xml 文件用来配置请求动作、Actiton 类和结果视图之间的联系。它通过映射告诉 Struts 2 使用哪个 Action 类响应用户的动作，执行哪个方法，根据方法返回的字符串调用哪个视图。

编辑 struts. xml 文件，在<package>元素中添加<action>定义，代码如下。

```
<action name="hello" class="com.action.HelloUserAction"
        method="execute">
        <result name="success">/hellouser.jsp</result>
</action>
```

这里，在<package>元素中添加一个<action>动作元素，名为 hello。当客户请求 URL 为 hello. action 时，将执行 HelloUserAction 类的 execute()，如果方法返回 SUCCESS，控制将转到/hellouser. jsp 视图页面。

访问 index. jsp 页面，显示如图 8-2 所示的页面。当用户单击该页面中的 Hello User 链接或在文本框中输入姓名后单击“提交”按钮时，请求转发到 hello. action 动作，Struts 将执行 HelloUserAction 类的 execute()，在该方法返回 SUCCESS 字符串后，框架将执行 hellouser. jsp 页面。显示结果如图 8-3 所示。

访问 index. jsp 页面，当用户单击该页面中的 Hello User 链接或“提交”按钮时，浏览器向服务器发送 http://localhost:8080/app08/hello. action 请求。

1）容器接收对资源 hello. action 的请求，根据 web. xml 文件的配置将所有请求转发到 StrutsPrepareAndExecteFilter 核心过滤器，该对象是进入框架的入口点。

2）Struts 框架在 struts. xml 文件中查找名为 hello 的动作映射，发现该映射对应于 HelloUserAction 类，Struts 实例化该类，然后调用其 execute()。

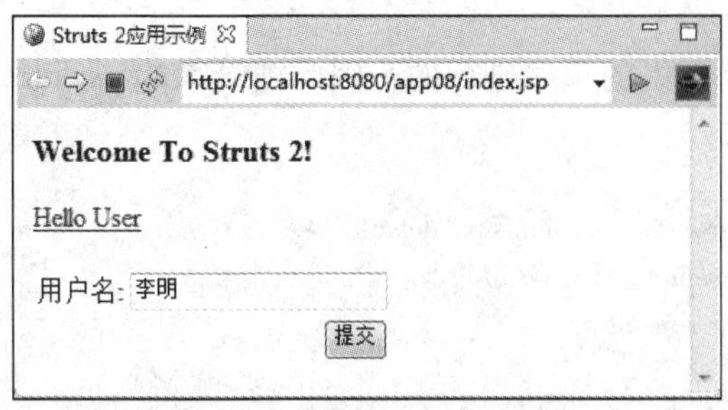

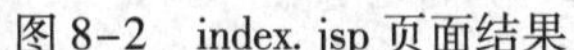
图 8-2　index. jsp 页面结果

图 8-3　hellouser. jsp 页面结果

3）在 execute() 中调用 setMessage() 设置 message 属性值并返回 SUCCESS。框架检查 struts. xml 文件中的动作映射，并告诉容器执行结果页面 hellouser. jsp。

4）在处理 hellouser. jsp 页面时，标签 <s:property value = "message"/> 将调用 HelloUserAction 对象的 getMessage()，返回 message 的值，将响应发送给浏览器。

📖 在 Struts 2 应用程序中，如果修改了某些类的定义，再次访问应用程序时，修改可能没有反映出来，此时需要重新启动服务器。

8.1.5　配置文件

配置文件 struts. xml 主要用来建立动作 Action 类与视图的映射。该文件是以 <struts> 为根元素的。允许出现在 <struts> 和 </struts> 之间的直接子元素包括 package、constant、bean 和 include，这些元素还可包含若干子元素。如果要了解该文件可以定义哪些元素，可以查看该文件的 DTD。struts. xml 文件 DTD 的完整定义在 struts2 - core - VERSION. jar 文件中，文件名为 struts - 2. 3. dtd。下面对其中几个比较重要的元素进行讨论。

1. package 元素

<package> 元素用来把动作组织成不同的包（Package）。一个典型的 struts. xml 文件可以有一个或多个包。package 元素的常用属性如表 8-1 所示。

表 8-1　package 元素的常用属性

属 性 名	是否必须	说　明
name	是	指定该包的名称，其他包可使用此名称引用该包
extends	否	指定当前包继承哪一个已经定义的包
namespace	否	为这个包指定一个 URL 映射地址
abstract	否	指定当前包为抽象的，即该包中不能包含 action 的定义

package 元素的作用是对配置的信息进行逻辑分组。使用该元素可以将具有类似特征的 action 等配置信息定义为一个逻辑配置单元，这样可以避免重复定义。在 package 中可以配置的信息包括 action、result 和 interceptor 等。

package 元素的一个最大优点是可以像类定义一样支持继承和覆盖。在定义新的 package 时，可以使用 extends 属性来指定新定义的 package 继承自某个已经存在的 package。如果在定义新的 package 时对一些设置没有定义，就会使用父 package 中的设置。如果定义了设置，就会覆盖父 package 中的设置。

Struts 2 对配置文件内容的解析是按照自上而下的顺序进行的，因此被继承的 package 一定要在继承的 package 前面定义。

```
<package name = "example" namespace = "/example" extends = "default" >
    <action name = "HelloWorld" class = "example. HelloWorld" >
        <result >/example/HelloWorld. jsp </result >
    </action >
    <action name = "Login_ * " method = "{1}" class = "example. Login" >
        <result name = "input" >/example/Login. jsp </result >
        <result type = "redirectAction" >Menu </result >
    </action >
    <action name = " * " class = "example. ExampleSupport" >
        <result >/example/{1}. jsp </result >
    </action >
</package >
```

每个 <package>元素必须有一个 name 属性。namespace 属性是可选的，若没有给出该属性，则以“/”作为默认值。如果 namespace 属性有一个非默认值，要调用这个包里的动作，必须把这个命名空间添加到有关的 URI 字符串里。例如，如果要调用的动作包含在默认命名空间的某个包里，需要使用下面的 URI。

```
/context/actionName. action
```

如果要调用的动作包含在非默认命名空间的某个包里，需要使用下面的 URI。

```
/context/namespace/actionName. action
```

<package>元素通常需要对在 struts - default. xml 文件里定义的 struts - default 包进行扩展。这样，包里的动作就可以使用 struts - default. xml 文件里注册的结果类型和拦截器了。

2. action 元素

<action>元素是<package>元素的子元素，用于定义一个动作。每个动作都必须有一个名称，动作名应该反映动作的含义。该元素的常用属性如表 8-2 所示。

表 8-2 action 元素的常用属性

属 性 名	是 否 必 须	说 明
name	是	指定动作名称
class	否	指定动作完整类名，默认为 ActionSupport 类
method	否	指定执行动作的方法名，默认为 execute( ) 方法

如果动作有与之对应的动作类，则必须使用 class 属性指定动作类的完整名称。此外，还可以指定执行动作类的哪个方法。下面是一个具体的例子。

```
<action name = "Product_save" class = "com. action. Product" method = "save" >
```

如果给出了 class 属性，但没有给出 method 属性，动作方法的名称将默认为 execute( )。下面两个 action 元素的含义是等价的。

```
<action name = "Emp_save"
            class = "com. action. EmployeeAction" method = "execute" >
<action name = "Emp_save" class = "com. action. EmployeeAction" >
```

动作可以没有与之对应的动作类。下面是一个最简单的 <action>元素。

```
<action name = "MyAction" >
```

如果某个动作没有与之对应的动作类，Struts 2 将使用 ActionSupport 类的实例作为默认的实例。

3. result 元素

<result>元素用来指定结果类型，即定义在动作完成后将控制权转到哪里。<result>元素对应动作方法的返回值，常用的结果类型有 dispatcher（默认）、chain、redirect、redirectAction 和 plainText 等。动作方法在不同的情况下可能会返回不同的值，所以，一个 <action>元素可能会有多个 <result>元素，每个元素对应动作方法的一种返回值。比如，若某个方法有 success 和 input 两种返回值，就必须提供两个 <result>元素。例如，下面的 <action>元素包含两个 <result>元素。

```
<action name = "Product_save" class = "com. action. ProductAction" method = "save" >
    <result name = "success" type = "dispatcher" >
      /jsp/Confirm. jsp
    </result>
    <result name = "input" type = "dispatcher" >
      /jsp/Product. jsp
    </result>
</action>
```

第一种结果在 save( )返回 success 时将控制转到 Confirm. jsp 页面。第二种结果在 save( )返回 input 时将控制转到 Product. jsp 即显示输入页面。<result>元素的 type 属性用来指定结果类型，这里是 dispatcher。

如果省略了 <result>元素的 name 属性，其默认值是 success；如果省略了 type 属性，默认结果类型是 Dispatcher。下面两个 <result>元素的含义是相同的。

```
<result name = "success" type = "dispatcher" >/jsp/Confirm. jsp </result>
<result>/jsp/Confirm. jsp </result>
```

📖 如果某个方法返回了一个值，而这个值没有与之匹配的 <result>元素，Struts 将尝试在 <global - results>元素下为它寻找一个匹配结果。如果在 <global - results>元素下也没有找到适当的 <result>元素，Struts 将抛出一个异常。

---

4. global - results 元素

一个 <package>元素可以包含一个 <global - results>元素，其中包含一些通用的结果。如果某个动作在它的动作声明中不能找到一个匹配的结果，它将搜索 <global - results>元素(如果有这个元素的话)。

下面是 <global - results>元素的一个例子。

```
<global-results>
    <result name="error">/jsp/GenericErrorPage.jsp</result>
    <result name="login" type="redirectAction">login.jsp</result>
</global-results>
```

5. constant 元素

<constant>元素用来定义常量或覆盖 default. properties 文件里定义的常量。使用该元素，程序员可以不必再去创建一个 struts. properties 文件。该元素有两个必需的属性：name 和 value。name 属性用来指定常量名，value 属性用来指定常量值。

例如，struts. DevMode 常量值决定 Struts 应用程序是否处于开发模式。在默认情况下，将这个常量设置为 false，即不在开发模式下。下面所示的 <constant>元素将把 struts. DevMode 值设置为 true。

```
<constant name="struts.DevMode" value="true">
```

6. include 元素

<include>元素用于包含其他的 Struts 2 配置文件。这样，通过 <include>元素就可以轻松地把 Struts 2 的配置文件分解为多个文件。<include>元素是 <struts>的直接子元素，下面是一个例子。

```
<struts>
    <include file="module-1.xml"/>
    <include file="example.xml"/>
</struts>
```

被包含的文件必须和 struts. xml 文件一样，具有一个 DOCTYPE 元素和一个 <struts>根元素，下面是 example. xml 文件的内容。

```
<?xml version="1.0" encoding="UTF-8"?>
<!DOCTYPE struts PUBLIC
        "-//Apache Software Foundation//DTD Struts Configuration 2.0//EN"
        "http://struts.apache.org/dtds/struts-2.0.dtd">
<struts>
    <package name="example" namespace="/example" extends="default">
        <action name="HelloWorld" class="example.HelloWorld">
            <result>/example/HelloWorld.jsp</result>
        </action>
        <action name="Login_*" method="{1}" class="example.Login">
            <result name="input">/example/Login.jsp</result>
```

```
            <resultname = "success" type = "redirectAction" >Menu </result>
        </action>
    </package>
</struts>
```

8.2 Action 访问 Servlet API

Struts 2 的 Action 并不与任何 Servlet API 耦合，这是 Struts 2 的一个优点。但作为 Web 应用的控制器而言，Action 很可能需要访问 Servlet API，包括 ServletContext、HttpSession、HttpServletRequest 和 HttpServletResponse 等。

在 Struts 2 中可以通过 ServletActionContext 类、ActionContext 类或 Aware 接口去访问 Servlet API。实现 Aware 接口是依赖注入技术的一种实现，推荐使用该方法，它将使动作类更容易测试。

8.2.1 使用 ServletActionContext 类

为了直接访问 Servlet API，Struts 2 提供了 org. apache. struts2. ServletActionContext 类，该类中定义了下面一些常用的静态方法。

- public static HttpServletRequest getRequest()：返回当前的请求对象。
- publicstatic HttpServletResponse getResponse()：返回当前的响应对象。
- public static ServletContext getServletContext()：返回 ServletContext 对象。

有了 HttpServletRequest 对象，可以调用其 getSession()方法得到 HttpSession 对象。如果使用了 basicStack 或 defaultStack 拦截器栈，将自动创建 HttpSession 对象。

下面的代码使用了 HttpServletRequest 和 HttpSession 对象。

```
public String execute() {
    HttpServletRequest request = ServletActionContext. getRequest();
    HttpSession session = request. getSession();
    if(session. getAttribute("user") == null) {
        return LOGIN;
    } else {
        //执行某些操作
        return SUCCESS;
    }
}
```

下面通过简单的示例来说明使用 ServletActionContext 类访问 Servlet API。假设已经创建了一个 Web 项目，并在 WEB－INF\lib 中添加了 Struts 2 的库文件，另外，还建立了 Struts 2 的配置文件 struts. xml。

下面的 HelloAction 类中通过 ServletActionContext 类获得 Servlet API 对象并在其上存储对象，然后在 JSP 页面中访问存储的对象。

【例 8-4】HelloAction. java 程序，代码如下。

```
package com.action;
import javax.servlet.ServletContext;
import javax.servlet.http.*;
import com.opensymphony.xwork2.ActionSupport;
import org.apache.struts2.ServletActionContext;

public classHelloAction extends ActionSupport{
    private String hello;
    public String execute()throws Exception{
      HttpServletRequest request = ServletActionContext.getRequest();
      HttpSession session = request.getSession();
     ServletContext context = ServletActionContext.getServletContext();
     //在不同作用域对象上存储数据
     request.setAttribute("message","Hello,Request");
     session.setAttribute("message","Hello,Session");
     context.setAttribute("message","Hello,Application");
       return "success";
    }
}
```

修改 struts.xml 文件，在 <package>元素中添加 <action>定义。

```
<action name="message" class="com.action.HelloAction"
                method="execute">
        <result name="success">/hello.jsp</result>
</action>
```

这里，在 <package>元素中添加一个 <action>动作元素，名为 message。下面的 JSP 页面 hello.jsp 使用 EL 的隐含变量访问存储在不同作用域中的 message 属性值。

【例 8-5】hello.jsp 页面，代码如下。

```
<%@ page contentType="text/html;charset=UTF-8" pageEncoding="UTF-8"%>
<%@ taglib prefix="s" uri="/struts-tags" %>
<html>
<head><title>Servlet API</title></head>
<body>
    ${requestScope.message}<br>
    ${sessionScope.message}<br>
    ${applicationScope.message}<br>
</body>
</html>
```

8.2.2 使用 ActionContext 类

ActionContext 类位于 com.opensymphony.xwork2 包中。下面是该类中定义的几个常用方法。

- public static ActionContext getContext()：静态方法，返回 ActionContext 对象。
- public Object get(Object key)：返回给定键的值。类似于调用 HttpServletRequest 的

getAttribute（String name）方法。

- public Map getSession( )：返回一个 Map 对象，该 Map 对象模拟了 HttpSession 实例。
- public void setSession(Map session)：直接传入一个 Map 实例，将该 Map 实例中的 key - value 对转换成 session 的属性名和属性值。
- public Map getApplication( )：返回一个 Map 对象，该 Map 对象模拟了该应用的 Servlet-Context 实例。
- public void setApplication(Map application)：直接传入一个 Map 实例，将该 Map 实例中的 key - value 对转换成 application 的属性名和属性值。
- public Map getParameters( )：获取所有的请求参数。类似于调用 HttpServletRequest 对象的 getPrameterMap( )方法。

8.2.3 使用 Aware 接口

Struts 提供了 4 个接口，分别用来访问 ServletContext、HttpSession、HttpServletRequest 和 HttpServletResponse，这 4 个接口如下。

- org. apache. struts2. util. ServletContextAware。
- org. apache. struts2. interceptor. SessionAware。
- org. apache. struts2. interceptor. ServletRequestAware。
- org. apache. struts2. interceptor. ServletResponseAware。

1. ServletContextAware 接口

如果要在动作类中访问 ServletContext 对象，可以实现 ServletContextAware 接口，该接口中定义了 setServletContext( )方法，格式如下。

```
public void setServletContext( ServletContext context)
```

在调用一个动作时，Struts 将首先检查相关的动作类是否实现了 ServletContextAware 接口。如果是，Struts 将在填充动作属性之前先调用该动作的 setServletContext( )方法并传递 ServletContext 对象，然后再执行动作方法。setServletContext( )方法应将 ServletContext 对象赋给类的成员变量，如下所示。

```
private ServletContext context;
public void setServletContext( ServletContext   context) {
    this. context = context;
}
```

之后，在动作类里就可以通过 context 变量访问 ServletContext 对象了。

2. ServletRequestAware 接口

如果要在动作类中访问 HttpServletRequest 对象，可以实现 ServletRequestAware 接口，该接口中定义了 setServletRequest( )方法，格式如下。

```
public void setServletRequest( HttpServletRequest   request)
```

在调用一个动作时，Struts 将首先检查相关的动作类是否实现了 ServletRequestAware 接口。如果是，Struts 将在填充动作属性之前先调用该动作的 setServletRequest( )方法并传递 HttpServletRequest 对象，然后再执行动作方法。在 setServletRequest( )方法中需要将传递来的 HttpServletRequest 对象赋给类的成员变量，如下所示。

```
private HttpServletRequest request;
public void setServletRequest(HttpServletRequest  request){
    this.request = request;
}
```

之后，在动作类里的任何位置就可以通过 request 变量访问 HttpServletRequest 对象了。

3. ServletResponseAware 接口

如果要在动作类中访问 HttpServletReponse 对象，可以实现 ServletReponseAware 接口，该接口中定义了 setServletReponse( )方法，格式如下。

```
public void setServletReponse(HttpServletReponse  reponse)
```

在调用一个动作时，Struts 将首先检查相关的动作类是否实现了 ServletReponseAware 接口。如果是，Struts 将在填充动作属性之前先调用该动作的 setServletReponse( )方法并传递 HttpServletReponse 对象，然后再执行动作方法。在 setServletReponse( )方法中需要将传递来的 HttpServletReponse 对象赋给类的成员变量，如下所示。

```
private HttpServletResponse response;
public void setServletResponse(HttpServletResponse  response){
    this.response = response;
}
```

之后，在动作类里的任何位置就可以通过 response 变量访问 HttpServletResponse 对象了。

4. SessionAware 接口

如果要在动作类中访问 HttpSession 对象，可以实现 SessionAware 接口，该接口中只定义了 setSession( )方法，格式如下。

```
public void setSession(Map  map)
```

在 setSession( )方法的实现中，需要把 Map 对象赋给类的一个成员变量。

```
private Map session;
public void setSession(Map map){
    this.session = map;
}
```

在调用一个动作时，Struts 将检查相关的动作类是否实现了 SessionAware 接口。如果是，Struts 2 将调用它的 setSession( )方法。在调用该方法时，Struts 2 将传递一个 org.apache.struts2.dispacher.SessionMap 实例，这个类扩展自 java.util.AbstractMap，它实现了 Map 接口。

8.3 ValueStack 栈与 OGNL

对于应用程序的每个动作，Struts 2 在执行相应的动作方法前会先创建一个 ValueStack 对象，称为值栈。ValueStack 用来保存该动作对象及其属性。OGNL（Object－Graph Navigation Language）称为对象—图导航语言，它是一种简单的、功能强大的表达式语言。使用 OGNL 表达式语言可以访问存储在 ValueStack 和 ActionContext 中的数据。

下面首先介绍 ValueStack 和 ActionContext 的概念，然后介绍如何使用 OGNL 表达式访问其中的对象。

8.3.1 ValueStack 栈

在对动作进行处理的过程中，拦截器需要访问 ValueStack，视图也要访问 ValueStack 才能显示动作和其他信息。

在 ValueStack 栈的内部有两个逻辑组成部分，分别是 Object Stack 和 Stack Context，如图 8-4 所示。Struts 2 将把动作和相关对象压入 Object Stack，把各种映射关系（Map 类型的对象）存入 Stack Context。在 JSP 页面中可以使用 OGNL 访问 Object Stack 和 Stack Context 中的对象。

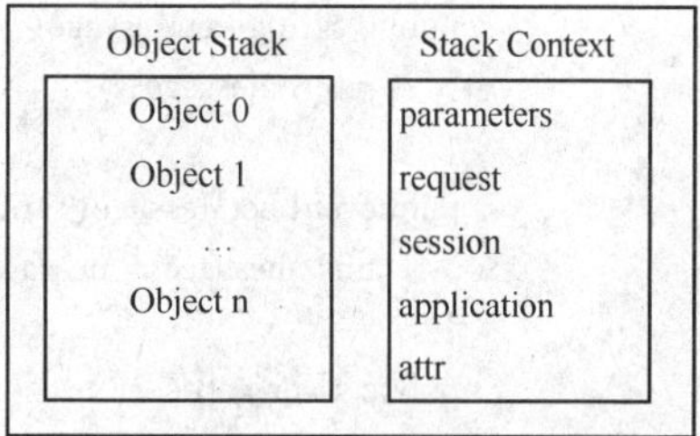

图 8-4　ValueStatck 栈示意图

8.3.2 读取 Object Stack 中对象的属性

要访问 Object Stack 中对象的属性，可以使用以下几种形式之一。

```
object.propertyName
object['propertyName']
object["propertyName"]
```

这里的 object 为 Struts 的一个动作对象，propertyName 为该对象的属性名。Object Stack 里的对象可以通过一个从 0 开始的下标引用。例如，栈顶元素用[0]来引用，它下面的对象用[1]来引用。若栈顶动作对象有一个 message 属性，则可以用下面的形式引用。

```
[0].message
[0]["message"]
[0]['message']
```

Struts 的 OGNL 有一个重要特征：如果在指定的对象里找不到指定的属性，则到指定对象的下一个对象里继续搜索。例如，如果栈顶对象没有 message 属性，上面的表达式将在 Object Stack 栈中的后续对象里继续搜索，直到找到这个属性或是到达栈的底部为止。

如果从栈顶对象开始搜索，则可以省略下标部分。例如，[0].message 可直接写成 message 的形式。还可以使用下面的语法访问动作类的 message 属性。

```
<s:property value="getMessage()"/>
```

为了说明如何访问不同类型的属性，本节定义了 SampleAction 动作类，如下所示。

【例 8-6】SampleAction. java 程序，代码如下。

```
package com. action;
import com. model. User;
import com. opensymphony. xwork2. ActionSupport;
public class SampleActionextends ActionSupport{
    private String message;
    private   User user = new User( );
    {
        user. setUsername("王小明");  //初始化块
    }
    public String execute( ){
        setMessage("世界,你好!");
        return "success";
    }
    public String getMessage( ){
        returnmessage;
    }
    publicvoid setMessage(String message){
        this. message = message;
    }
    public User getUser( ){
        return user;
    }
    public void setUser(User user){
        this. user = user;
    }
}
```

在 struts. xml 文件中使用下面的 <action> 元素定义动作。

```
<action name = "sample"  class = "com. action. SampleAction"  method = "execute" >
    <result name = "success" >/sample. jsp </result >
</action >
```

在 index. jsp 页面中添加下面代码，定义一个超链接引发 sample 动作。

```
<p > <a href = " <s:url action ='sample'/ >" >SampleAction </a > </p >
```

【例 8-7】sample. jsp 页面，代码如下。

```
<%@  page contentType = "text/html;charset = UTF - 8"% >
<%@  taglib prefix = "s"  uri = "/struts - tags"% >
<html >
<head > <title >标签示例页面 </title > </head >
<body >
    <p >OGNL 示例! </p >
```

```
        <b>[0].user.username:</b> <s:property value="[0].user.username"/> <br>
        <b>user.username:</b> <s:property value="user.username"/> <br>
        <b>message:</b> <s:property value="message"/> <br>
        <b>getMessage():</b> <s:property value="getMessage()"/> <br>
        <s:debug/>
    </body>
    </html>
```

页面的运行结果如图 8-5 所示。

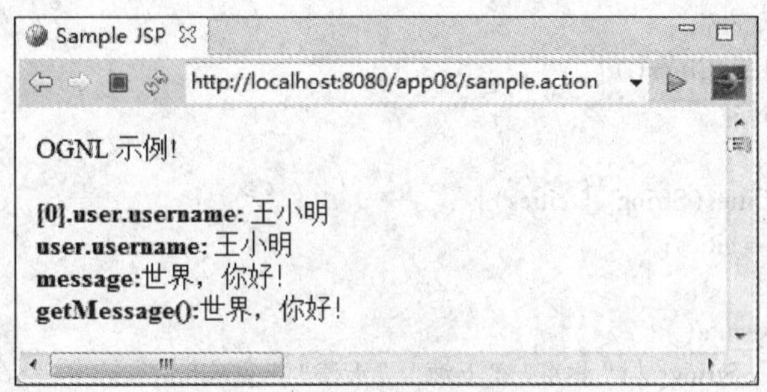

图 8-5　访问动作的属性和方法

8.3.3　读取 Stack Context 中对象的属性

Stack Context 中包含下列对象：application、session、request、parameters 和 attr。这些对象的类型都是 Map，可在其中存储“键/值”对数据。其中，application 中包含当前应用的 Servlet 上下文属性，session 中包含当前会话级属性，request 中包含当前请求级属性，parameters 中包含当前请求的请求参数，attr 用于在 request、session 和 application 作用域中查找指定的属性。

要访问 Stack Context 中的对象，需要给 OGNL 表达式加上一个前缀字符“#”。“#”相当于 ActionContext.getContext()，可以使用以下几种形式之一。

```
#object.propertyName
#object['propertyName']
#object["propertyName"]
```

这里 object 为上述 5 个对象之一，propertyName 为对象中的属性名，如下面的代码所示。

```
<s:property value="#application.userName"/>
```

该表达式将输出应用作用域（Application）中存储的名为 userName 的属性值，该表达式相当于调用 application.getAttribute("userName")。

```
<s:property value="#parameters.id[0]"/>
```

该表达式相当于调用 request.getParameter("id")，将输出名为 id 请求参数的值。

attr 用于按 request、session、application 顺序查找指定属性，下面的代码按顺序在以上 3

个作用域中查找 userName 属性，直到找到为止。

```
<s:property value="#attr.userName"/>
```

8.3.4 使用 OGNL 访问数组元素

若动作类 SampleAction 中声明了一个 String 数组属性，在 JSP 页面中可以使用 <s: property> 标签访问。下面的代码定义了 cities 数组，在 execute() 中对其初始化。

```
private String[] cities;
public String[] getCities() {
    return cities;
}
public void setCities(String[] cities) {
    this.cities = cities;
}
public String execute() {
    cities = new String[]{"北京","上海","天津","重庆"};
    return "success";
}
```

在 JSP 页面中可以使用 OGNL 按照如下方式访问数组元素。

```
<b>cities :</b> <s:property value="cities"/> <br>
<b>cities.length :</b> <s:property value="cities.length"/> <br>
<b>cities[0] :</b> <s:property value="cities[0]"/> <br>
<b>top.cities :</b> <s:property value="top.cities"/> <br>
```

上述代码的运行结果如图 8-6 所示。

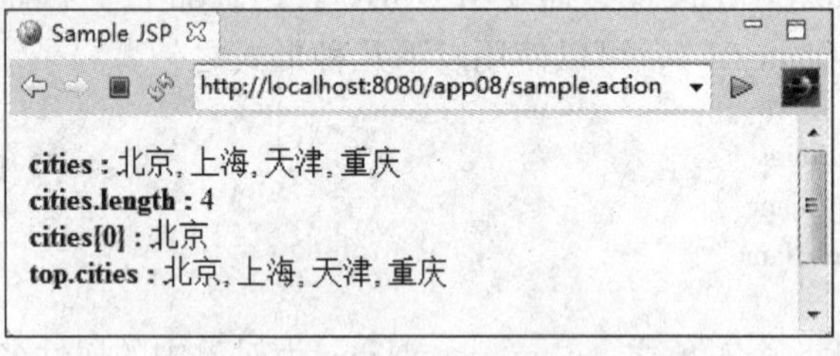

图 8-6 访问数组类型的属性

由于对象存储在 ValueStack 栈的顶部，可以使用[0]表示法访问数组对象。如果对象存储在从顶端开始的第二个位置，可以使用[1]的形式。也可以使用 top 关键字访问数组对象，它返回 ValueStack 栈的顶部元素。

8.3.5 使用 OGNL 访问 List 类型的属性

有些属性是 java.util.List 类型，可以像读取其他类型属性那样读取它们。这种 List 对象的各个元素是字符串，用逗号分隔，并带有方括号。

在 SampleAction 类中创建一个 ArrayList 对象并在 JSP 页面中使用 OGNL 访问它，代码如下。

```
private   List < String > fruitList = new ArrayList < String > ( ) ;
{
    fruitList. add( "苹果" ) ;
    fruitList. add( "橘子" ) ;
    fruitList. add( "香蕉" ) ;
}
public String execute( ) {
    return "success" ;
}
```

在 JSP 页面中可以使用 OGNL 按以下方式访问 ArrayList 的元素。

```
<b>fruitList: </b> <s:property value="fruitList"/>  <br>
<b>fruitList. size: </b> <s:property value="fruitList. size"/>  <br>
<b>fruitList[0]: </b> <s:property value="fruitList[0]"/>  <br>
```

8.3.6 使用 OGNL 访问 Map 类型的属性

下面来看如何使用 OGNL 访问 Map 属性。在 SampleAction 类中定义一个 HashMap 类型的属性，代码如下所示。

```
private   Map < String,String > countryMap = new HashMap < String,String > ( ) ;
{
    countryMap. put( "China" , "北京" ) ;
    countryMap. put( "American" , "纽约" ) ;
    countryMap. put( "Australia" , "堪培拉" ) ;
}
public String execute( ) {
    return "success" ;
}
```

在 JSP 页面中可以使用 OGNL 按以下方式访问 Map 的元素。

```
<b>countryMap: </b> <s:property value="countryMap"/> <br>
<b>countryMap. size: </b> <s:property value="countryMap. size"/> <br>
<b>countryMap[1]: </b> <s:property value="countryMap['China']"/>  <br>
```

8.4 Struts 2 常用标签

Struts 2 框架提供了一个标签库，使用这些标签可以很容易地在页面中动态访问数据，创建动态响应。Struts 2 的标签可以分为两大类：通用标签和用户界面（UI）标签。通用标签又分为控制标签和数据标签，UI 标签又分为表单标签和非表单标签。

关于 Struts 2 标签的定义，可以查看其 TLD 文件，该文件位于 struts2 – core – VER-

SION. jar 的 META - INF 目录中，文件名为 struts - tags. tld。

8.4.1 常用的数据标签

常用数据标签包括 <s:property>、<s:param>、<s:bean>、<s:set>、<s:push>、<s:action>、<s:date>和<s:include>等。

1. <s:property>标签

<s:property>标签用于在页面中输出一个动作属性值，它的属性如表 8-3 所示，所有的属性都是可选的。

表 8-3 <s:property>标签的属性

属 性 名	类 型	默 认 值	说 明
value	String	来自栈顶元素	将要显示的值
default	String		没有给出 value 属性时显示的默认值
escape	boolean	True	是否要对 HTML 特殊字符进行转义

例如，下面的标签将输出 customerId 动作属性的值。

```
<s:property value = "customerId"/>
```

下面这个<s:property>标签将输出会话作用域中名为 userName 的属性值。

```
<s:property value = "#session. userName"/>
```

如果没有给出 value 属性，将输出 ValueStack 栈顶对象的值。默认情况下，<s:property>标签在输出一个值之前会对其中的 HTML 特殊字符进行转义，常见字符及转义序列如表 8-4 所示。

表 8-4 HTML 特殊字符及转义序列

字 符	转 义 序 列	字 符	转 义 序 列
"	"	&	&
<	<	>	>

通常，EL 语言可以提供更简洁的语法。例如，下面的 EL 表达式同样可以输出 customerId 动作属性的值。

```
${customerId}
```

2. <s:param>标签

<s:param>标签用于把一个参数传递给包含它的标签（如<s:bean>、<s:url>等）。它有两个属性：name 和 value。name 的值为参数名，value 的值为参数值。

在使用 value 属性给出值时，可以不使用“%{”和“}”，Struts 都将对其求值。例如，下面两个<s:param>标签是等价的，它们都是返回 userName 动作属性的值。

```
<s:param name="userName" value="userName"/>
<s:param name="userName" value="%{userName}"/>
```

如果要传递一个 String 类型的字符串作为参数值，必须把它用单引号括起来，如下所示。

```
<s:param name="empName" value="'John Smith'"></s:param>
```

也可以将 value 属性值写在<s:param>标签的开始标签和结束标签之间，如下所示。

```
<s:param name="empName">John Smith</s:param>
```

使用这种写法可以为参数传递一个 EL 表达式的值。例如，下面的代码将把当前主机名传递给 host 参数。

```
<s:param name="host">${header.host}</s:param>
```

3. <s:bean>标签

<s:bean>标签用于创建 JavaBean 实例，并把它压入 ValueStack 栈的 Stack Context 子栈。这个标签的功能与 JSP 的<jsp:useBean>动作很相似。<s:bean>标签的属性如表 8-5 所示。

表 8-5　<s:bean>标签的属性

属 性 名	类　型	说　明
name	String	创建的 JavaBean 的完全限定类名
var	String	用来引用被压入 Context Map 栈的 JavaBean 的变量

4. <s:set>标签

<s:set>标签用来在指定作用域中定义一个属性并为其赋值，然后将其存储到 Stack Context 中。当需要将一个复杂表达式赋给变量，以后每次引用该表达式时将非常有用。<s:set>标签的属性如表 8-6 所示。

表 8-6　<s:set>标签的属性

属 性 名	类　型	默 认 值	说　明
name	String		将被创建的属性键
value	String		该键所引用的对象
scope	String	default	目标变量的作用域。可取值包括 application、session、request、page 和 default

下面的代码使用<s:set>标签定义了一个 popLanguage 变量并赋值，然后访问该变量。name 属性指定变量名，value 属性指定变量值。

```
<s:set name="popLanguage" value="%{'Java'}" scope="session"/>
Popular Language is: <s:property value="#session.popLanguage"/>
```

5. <s:push>标签

<s:push>标签与<s:set>标签类似，区别是<s:push>标签把一个对象压入 Val-

ueStack 而不是 Stack Context。<s:push>标签的另一个特殊的地方是，它的起始标签把一个对象压入栈，结束标签将弹出该对象。<s:push>标签只有一个 value 属性，它指定将被压入 ValueStack 栈中的值。

假设有一个名为 Employee 的 JavaBean 类，该类有 name 和 age 两个属性。在 JSP 中可使用下列代码创建一个 bean 实例，并将其压入 ValueStack。

```
<s:bean name = "com.model.Employee" var = "empBean" >
姓名: <s:property value = "#empBean.name"/> <br/>
年龄: <s:property value = "#empBean.age"/>
</s:bean>
<hr/>
<s:push value = "#empBean" >
姓名: <s:property value = "name"/> <br/>
年龄: <s:property value = "age"/>
</s:push>
```

6. <s:url>标签

<s:url>标签用来创建一个超链接，指向其他 Web 资源，尤其是本应用程序的资源，如下面的代码所示。

```
<p> <a href = " <s:url action ='hello'/> " >Hello World </a> </p>
```

该标签通过 action 属性指定引用的资源。当程序运行时，将鼠标指向链接，可以看到链接的目标是 hello.action，它相对于 Web 应用程序的根目录。

在<s:url>标签内可以使用<s:param>标签为 URL 提供查询串，如下面的代码所示。

```
<s:url action = "hello" var = "helloLink" >
  <s:param name = "userName" >Bruce Phillips </s:param>
</s:url>
```

这里，使用<s:param>为请求提供一个查询参数，userName 为参数名，标签内的值为参数值。注意，<s:url>标签的 var 属性的使用，它的值可以在后面代码中引用这里创建的 url 对象。

```
<p> <a href = " ${helloLink} " >Hello Bruce Phillips </a> </p>
```

7. <s:action>标签

<s:action>标签用于在 JSP 页面中直接调用一个 Action。<s:action>标签的常用属性如表 8-7 所示。

表 8-7 <s:action>标签的常用属性

属 性 名	类 型	默 认 值	说 明
var	String		指定该属性，Action 将被放入 ValueStack 栈中
name	String		指定该标签调用的 Action 名称，无需 .action 后缀

（续）

属 性 名	类 型	默 认 值	说 明
namespace	String		指定该标签调用的 Action 所在的 namespace
executeResult	boolean	false	指定是否将 Action 的处理结果页面包含到本页面
ignoreContextParams	boolean	false	指定是否将本页面的请求参数传递到调用的 Action，默认值为 false，即传入请求参数

通过指定 Action 的 name 属性和可选的 namespace 属性调用 Action。如果将 executeResult 属性值指定为 true，该标签还会把 Action 的处理结果（视图资源）包含到本页面中来。

8. <s:include>标签

<s:include>标签用于将一个 JSP 页面或者一个 Servlet 的输出包含到本页面中。该标签只有一个必需的 value 属性，用于指定需要包含的 JSP 页面或 Servlet。

在<s:include>标签体中，还可以使用<s:param>子标签为 JSP 页面或 Servlet 传递参数。

```
<p>Include Tag(Data Tags)Example!</p>
<s:include value="included_file.jsp"/>
<s:include value="included_file.jsp">
    <s:param name="title">Hello,World!</s:param>
</s:include>
```

9. <s:debug>标签

<s:debug/>标签主要用于调试。在页面中使用<s:debug/>标签将生成一个 Debug 链接，单击该链接将打开一个页面，可以显示 ValueStack 和 Stack Context 中的有关信息。在页面中可以查看到值栈中的动作对象（如 HelloUserAction），以及其属性名（如 userName）和属性值，还可以查看 Stack Context 中的属性对象及其值。

8.4.2 常用的控制标签

常用控制标签包括<s:if>、<s:iterator>、<s:append>、<s:generator>和<s:sort>等。

1. <s:if>、<s:else>和<s:elseif>标签

这 3 个标签用来进行条件测试，它们的用途与 Java 语言中的 if、else 和 else if 结构类似。<s:if>和<s:elseif>标签必须带一个 test 属性，用来设置测试条件。

例如，下面这个<s:if>标签用来测试 name 请求参数是否为空值 null。

```
<s:if test="#parameters.name==null">
```

而下面这个<s:if>标签先将 name 属性值的空格去掉，然后再测试是否为空串。

```
<s:if test="name.trim()==""">
```

下面的例子使用<s:if>标签测试会话属性 loggedIn 是否存在。若不存在，则显示一个登录表单；若存在，则显示欢迎信息。Action 动作类中的代码如下。

```
	private String username;
	private String password;
	//省略属性的 setter 和 getter 方法
	public String execute() {
		if(username != null && username.length() > 0
				&& password != null && password.length() > 0) {
		  ServletActionContext.getContext().getSession().put("loggedIn",true);
		}
		return SUCCESS;
	}
```

在 JSP 页面中使用 <s:if>标签，代码如下。

```
<body>
  <s:if test="#session.loggedIn==null">
    <h3>请输入用户名和口令</h3>
    <s:form>
      <s:textfield name="username" label="用户名"/>
      <s:password name="password" label="口令"/>
      <s:submit value="登录"/>
    </s:form>
  </s:if>
  <s:else>
    Welcome <s:property value="username"/>
  </s:else>
</body>
```

2. <s:iterator>标签

<s:iterator>是最重要的控制标签，使用该标签可以遍历数组、Collection 或 Map 对象，并把其中的每一个元素压入和弹出 ValueStack 栈，表 8-8 列出了<s:iterator>标签的属性。

表 8-8　<s:iterator>标签的属性

属性名	类型	说明
value	String	将被遍历的可遍历对象
status	IteratorStatus	存储当前的迭代状态对象
var	String	指定一个变量存放这个可遍历对象的当前元素
id	Strng	功能同 var 属性

<s:iterator>标签在开始执行时，会先把 org.apache.struts2.views.jsp.IteratorStatus 类的一个实例压入 Stack Context，在每次遍历时都更新它。可以定义一个 IteratorStatus 类型的变量赋给 status 属性。表 8-9 列出了 IteratorStatus 对象的属性。

表 8-9　IteratorStatus 对象的属性

属性名	类型	说明
index	int	每次遍历的下标值，从 0 开始

（续）

属 性 名	类 型	说 明
count	int	当前遍历的下标值
first	boolean	当前遍历的是否是第一个元素
last	boolean	当前遍历的是否是最后一个元素
even	boolean	如果 count 属性值是偶数，返回 true
odd	boolean	如果 count 属性值是奇数，返回 true
modulus	int	这个属性需要一个参数，它的返回值是 count 属性值除以输入参数的余数

下面的例子在 IteratorAction 动作类中定义了一个 List 属性和一个 Map 属性，并向其中添加了一些元素。iteratorTag. jsp 页面演示了如何使用 <s:iterator> 标签访问这些集合对象的元素。

【例 8-8】IteratorAction. java 程序，代码如下。

```
package com.action;
import com.opensymphony.xwork2.ActionSupport;
import java.util.*;

public class IteratorAction extends ActionSupport{
    private List<String> fruit;
    private Map<String,String> country;
    public String execute()throws Exception{
        fruit = new ArrayList<String>();
        fruit.add("苹果");
        fruit.add("橘子");
        fruit.add("香蕉");
        fruit.add("草莓");
        country = new HashMap<String,String>();
        country.put("China","北京");
        country.put("USA","纽约");
        country.put("England","伦敦");
        country.put("Russia","莫斯科");
        return SUCCESS;
    }
    public List<String> getFruit(){
        return fruit;
    }
    public Map<String,String> getCountry(){
        return country;
    }
}
```

【例 8-9】iteratorTag. jsp 页面代码如下。

```
<%@ page contentType="text/html;charset=UTF-8" pageEncoding="UTF-8"%>
<%@ taglib prefix="s" uri="/struts-tags" %>
```

```
<html>
<head><title>迭代标签示例</title>
<style>
    table{
      padding:0px;
      margin:0px;
      border-collapse:collapse;
    }
    td,th{
      border:1px solid black;
      padding:5px;
      margin:0px;
    }
    .evenRow{
      background:#f8f8ff;
    }
    .oddRow{
      background:#efefef;
    }
</style>
</head>
<body>
  <h3><span style="background-color:#FFFFcc">迭代标签示例</span></h3>
  <s:iterator value="fruit" status="status">
     <s:property/>
     <s:if test="!#status.last">,</s:if>
     <s:else><br></s:else>
  </s:iterator>
  <table>
    <tr><th>国家名</th><th>首都</th>
    </tr>
    <s:iterator value="country" status="status">
    <s:if test="#status.odd">
      <tr class="oddRow">
    </s:if>
    <s:if test="#status.even">
      <tr class="evenRow">
    </s:if>
      <td><s:property value="key"/></td>
      <td><s:property value="value"/></td>
    </tr>
    </s:iterator>
  </table>
</body>
</html>
```

在 struts.xml 文件中添加下面动作定义的代码。

```
<action name="iteratorTag" class="com.action.IteratorAction" method="execute">
        <result  name="success">/iteratorTag.jsp</result>
</action>
```

请求 iteratorTag.action 动作，输出结果如图 8-7 所示。

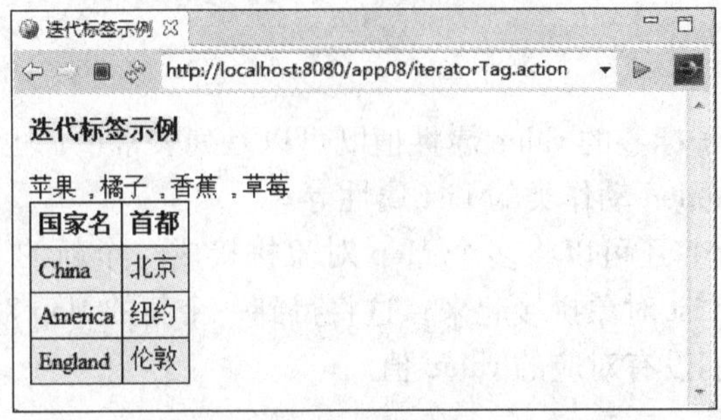

图 8-7　iteratorTag.jsp 页面运行结果

<s:iterator>标签的 value 属性值也可以通过常量或使用<s:set>标签指定，如下面的代码所示。

```
<s:iterator value="{'one','two','three','four'}">
  <s:property/>
</s:iterator>

<s:set name="os" value="{'Windows','Linux','Solaries'}"/>
<s:iterator value="#os" status="status">
  <s:property/> <s:if test="!#status.last">, </s:if>
</s:iterator>
```

3. <s:append>标签

<s:append>标签用于将多个集合对象拼接起来，形成一个新的集合。这样就可以通过一个<s:iterator>标签实现对多个集合的迭代。

使用<s:append>标签需要指定一个 var 属性，该属性值用来存放拼接后生成的集合对象，新集合被放入 Stack Context 中。此外，<s:append>标签可以带有多个<s:param>标签，每个<s:param>标签用来指定一个需要拼接的集合。子集合中的元素是以追加的方式拼接的，即后面集合的元素追加到前面集合元素的后面。下面的代码拼接了 3 个集合。

```
<!--定义 1 个集合对象 myList-->
<s:set var="myList" value="{'one','two','three'}"/>
<!--拼接 3 个集合-->
<s:append var="newList">
   <s:param value="{'Operating System','Data Structure',
'Java Programming'}"/>
     <s:param value="#myList"/>
     <s:param value="fruit"/>    <!--动作类的属性-->
</s:append>
<table border="1" width="260">
```

```
        <s:iterator value = "#newList"  status = "status" var = "elem" >
            <tr >
                <td > <s:property value = "#status. count"/ > </td >
                <td > <s:property value = "elem"/ > </td >
            </tr >
        </s:iterator >
    </table >
```

这里，<s:param>子标签的 value 属性值既可以是列表常量，也可以使用<s:set>标签定义的 List，还可以是 Action 动作类的 List 属性等。

使用<s:append>标签还可以将多个 Map 对象拼接成一个新的 Map 对象，甚至还可以将一个 Map 对象和一个 List 对象拼接起来，这将得到一个新的 Map 对象。List 的元素将作为新的 Map 的 key 值，它们没有对应的 value 值。

4. <s:merge>标签

<s:merge>标签是将多个集合的元素合并，该标签与<s:append>标签类似。新集合的元素完全相同，但不同的是，<s:merge>标签是以交叉的方式合并集合元素的。

5. <s:generator>标签

<s:generator>标签可以将指定字符串按指定分隔符分割成多个子串，临时生成的子串可以使用<s:iterator>标签迭代输出。可以这样理解：<s:generator>标签将一个字符串转换成 Iterator 集合。在该标签体内，生成的集合位于 ValueStack 的顶端，一旦该标签结束，该集合将被移出 ValueStack。

<s:generator>标签的作用类似于 String 类的 split( )，但它比 split( )的功能更强大。<s:generator>标签的常用属性如表 8-10 所示。

表 8-10　<s:generator>标签的常用属性

属性名	类型	说明
val	String	指定被解析的字符串
seperator	String	指定各元素之间的分隔符
count	Integer	可遍历对象最多能够容纳的元素个数
var	String	用来引用新生成的可遍历对象的变量
converter	Converter	指定一个转换器

下面的代码给出了<s:generator>的基本用法。

```
<s:generator val = "% {'苹果,三星,诺基亚,摩托罗拉}" separator = "," >
    <ul >
        <s:iterator > <li > <s:property/ > </li > </s:iterator >
    </ul >
</s:generator >
<s:generator val = "% {'奥迪,丰田,宝马,比亚迪'}" separator = "," id = "cars" count = "3" >
</s:generator >
<s:iterator value = "#attr. cars" >
    <s:property / >
</s:iterator >
```

6. <s:sort>标签

<s:sort>标签用来对一个可遍历对象中的元素进行排序。表 8-11 列出了它的属性。

表 8-11　<s:sort>标签的属性

属 性 名	类　型	说　明
comparator	java. util. Comparator	指定在排序过程中使用的比较器
source	String	将对其进行排序的可遍历对象
var	String	用来引用因排序而新生成的可遍历对象的变量

下面的例子在 SortTagAction 类中定义了一个 ArrayList 对象来存放 Student 对象，以及一个 myComparator 的比较器对象，使用该对象对 Student 集合进行排序。

【例 8-10】SortTagAction. java 程序代码如下。

```
package com. action;
import com. opensymphony. xwork2. ActionSupport;
import java. util. * ;

public class SortTagAction extends ActionSupport{
    private List < Student >  students = null;
    private Comparator < Student >  myComparator;   //比较器对象
    public String execute( ) throws Exception{
        students = new ArrayList < Student > ( );
        students. add( new Student(333,"张大海"));
        students. add( new Student(111,"李小雨"));
        students. add( new Student(888,"王天琼"));
        return SUCCESS;
    }
    public Comparator < Student >  getMyComparator( ) {
        //一个匿名内部类,实现 Comparator 接口
        return new Comparator < Student > ( ) {
          //实现 Comparator 接口必须实现 compare( )
          public int compare( Student o1,Student o2) {
              return o1. id - o2. id;
          }
        };
    }
    public List < Student >  getStudents( ) {
        return students;
    }
    public void setStudents( List < Student >  students) {
        this. students = students;
    }
    class Student{   //内部类定义
        private int id;
        private String name;
        Student( int id,String name) {
```

```
            this.id = id;
            this.name = name;
        }
        public String toString() {
            return id + " " + name;
        }
    }
}
```

在 JSP 页面 sortDemo.jsp 中使用<s:sort>标签对学生对象使用指定的比较器进行排序，结果可存入一个变量中，然后使用<s:iterator>标签迭代输出。

【例 8-11】sortDemo.jsp 页面，代码如下。

```
<%@ page contentType="text/html;charset=UTF-8" pageEncoding="UTF-8"%>
<%@ taglib prefix="s" uri="/struts-tags" %>
<html>
<head><title>Sort 标签示例</title></head>
<body>
<s:sort source="students" var="sortStudents" comparator="myComparator" >
</s:sort>
<s:iterator value="#attr.sortStudents" var="s">
    <s:property/><br>
</s:iterator>
</body>
</html>
```

8.4.3 表单 UI 标签

表单 UI 标签主要用来在 HTML 页面中显示数据。UI 标签可以根据选定的主题自动生成 HTML 代码。默认情况下，使用 XHTML 主题，该主题使用表格定位表单元素。

1. 表单标签的公共属性

在 HTML 语言中，表单中的元素拥有一些通用的属性，如 id 属性、name 属性，以及 JavaScript 中的事件等。与 HTML 中相同，Struts 2 提供的表单标签也存在通用的属性，而且这些属性比较多。表单标签的常用属性及说明如表 8-12 所示。

表 8-12 表单标签的常用属性及说明

属性名	类型	说明
name	String	指定 HTML 的 name 属性
value	String	指定表单元素的值
cssClass	String	用来呈现这个元素的 CSS 类
cssStyle	String	用来呈现这个元素的 CSS 样式
title	String	指定 HTML 的 title 属性
disabled	String	指定 HTML 的 disabled 属性
tabIndex	String	指定 HTML 的 tabindex 属性

（续）

属 性 名	类 型	说 明
label	String	指定一个表单元素在 xhtml 和 ajax 主题里的行标
labelPosition	String	指定一个表单元素在 xhtml 和 ajax 主题里的行标位置。可能的取值为 top 和 left（默认值）
required	boolean	在 xhtml 主题里，这个属性表明是否要给当前行标加上一个星号 *
requiredposition	String	指定表单元素在 xhtml 和 ajax 主题里标签必须出现的位置。可能的取值为 left 和 right（默认值）
theme	String	指定主题的名称
template	String	指定模板的名称
onclick	String	指定 JavaScript 的 onclick 属性
onmouseover	String	指定 JavaScript 的 onmouseover 属性
onchange	String	指定 JavaScript 的 onchange 属性
tooltip	String	指定浮动提示框的文本

2. <s:form>标签

<s:form>标签用来创建表单，它使得创建输入表单更容易。Struts 2 表单标签模拟普通的表单标签，每个<s:form>标签都带有多个属性，action 属性用来指定动作。

3. <s:textfield>和<s:password>标签

<s:textfield>标签用来生成 HTML 的单行输入框，<s:password>标签用来生成 HTML 的口令输入框，这两个标签的公共属性如表 8-13 所示。

表 8-13 <s:textfield>标签和<s:password>标签的公共属性

属 性 名	类 型	说 明
maxlength	int	指定文本框能容纳的最大字符数
readonly	boolean	指定文本框的内容是否只读，默认为 false
size	int	指定文本框的大小

<s:password>标签比<s:textfield>标签多了一个 showPassword 属性。该属性是布尔型，默认值为 false。它决定当输入的口令没有能通过校验而被重新显示给用户时，是否把刚才输入的口令显示出来。下面是一段简单的表单代码。

```
<s:form action="login">
    <s:textfield name="userName" label="用户名"  />
    <s:submit value="提交"/>
</s:form>
```

4. <s:textarea>标签

<s:textarea>标签用来生成 HTML 的文本区，该标签的常用属性如表 8-14 所示。

表 8-14 <s:textarea>标签的常用属性

属 性 名	类 型	默 认 值	说 明
rows	integer		指定文本区的行数

（续）

属性名	类型	默认值	说明
cols	integer		指定文本区的列数
readonly	boolean	false	指定文本区内容是否只读
wrap	boolean		指定文本区内容是否回绕

例如，下面的代码用于生成一个 8 行 35 列的文本区。

```
<s:textarea name="description" label="简历:"
      rows="8" cols="35"/>
```

5. <s:submit>和<s:reset>标签

<s:submit>标签用来生成 HTML 的提交按钮。根据其 type 属性的值，这个标签可以有 3 种显示效果。下面是 type 属性的合法取值。

- input：把标签呈现为<input type="submit" …/>。
- button：把标签呈现为<button type="submit" …/>。
- image：把标签呈现为<input type="image" …/>。

<s:reset>标签用来生成 HTML 的重置按钮。根据其 type 属性的值，这个标签可以有两种显示效果。下面是 type 属性的合法取值。

- input：把标签呈现为<input type="reset" …/>。
- button：把标签呈现为<button type="reset" …/>。

表 8-15 给出了<s:submit>标签和<s:reset>标签的常用属性。

表 8-15 <s:submit>标签和<s:reset>标签的常用属性

属性名	类型	说明
value	String	指定提交或重置按钮上显示的文字
action	String	指定 HTML 的 action 属性
method	String	指定 HTML 的 align 属性
type	String	指定按钮的屏幕显示类型，默认值为 input

下面是<s:submit>和<s:reset>的例子。

```
<s:submit value="提交"/>
<s:reset value="重置"/>
```

6. <s:checkbox>标签

<s:checkbox>标签用来生成 HTML 的复选框元素。该标签返回一个布尔值，若被选中则返回 true，否则返回 false。如下面的代码所示。

```
<s:checkbox name="mailingList"
label="是否加入邮件列表?"/>
```

<s:checkbox>标签还有一个非常有用的属性——fieldValue，它指定的值将在用户提交

表单时作为被选中的实际值发送到服务器。fieldValue 属性可以用来发送一组复选框的被选中值。

7. <s:radio>标签

<s:radio>标签用来生成 HTML 的单选按钮组，单选按钮的个数与标签的 list 属性提供的选项个数相同。通常使用<s:radio>标签实现“多选一”的应用。

除具有表单标签共同的属性外，<s:radio>标签还提供了如表 8-16 所示的常用属性。

表 8-16 <s:radio>标签的常用属性

属 性 名	类 型	说 明
list	String	指定选项来源的可遍历对象
listKey	String	指定选项值的对象属性
listValue	String	指定选项行标的对象属性

list、listKey 和 listValue 属性对<s:combobox>标签、<s:radio>标签、<s:select>标签、<s:checkboxlist>标签和<doubleselect>标签来说非常重要，因为它们可以帮助程序员更有效率地管理和获取这些标签的选项。

下面是该标签的简单应用。

```
<s:radio name="gender" label="性别" list="{'男','女'}"/>
```

8. <s:checkboxlist>标签

<s:checkboxlist>标签将呈现为一组复选框，它的属性如表 8-17 所示。

表 8-17 <s:checkboxlist>标签的属性

属 性 名	类 型	说 明
list	String	指定选项来源的可遍历对象
listKey	String	指定选项值的对象属性
listValue	String	指定选项行标的对象属性

<s:checkboxlist>标签将被映射到一个字符串数组或一个基本类型的数组。如果它提供的复选框一个也没有被选中，相应的属性将被赋值为一个空数组而不是空值。

下面的代码演示了<s:checkboxlist>标签的用法。

```
<s:checkboxlist name="language" list="langList" label="精通语言"/>
```

<s:checkboxlist>标签所对应的底层属性是一个字符串数组 language，页面中被选中的选项存储在该数组中。所有选项均由一个 List 对象构成。

9. <s:select>标签

<s:select>标签用来生成 HTML 的下拉列表框元素，它的属性如表 8-18 所示。

表 8-18 <s:select>标签的属性

属 性 名	类 型	默 认 值	说 明
list	String		指定选项来源的可遍历对象

（续）

属 性 名	类 型	默 认 值	说 明
listKey	String		指定选项值的对象属性
listValue	String		指定选项行标的对象属性
headerKey	String		指定选项列表中第一个选项的键
headerValue	String		指定选项列表中第一个选项的值
emptyOption	boolean	false	指定是否在标题下面插入一个空白选项
multiple	boolean	false	指定是否允许多重选择
size	integer		指定同时显示在页面中的选项个数

下面是<s:select>标签一个例子。

```
<s:select name="city" list="cityList" listKey="id" listValue="name"
        headerKey="0" headerValue="城市" label="请选择城市"/>
```

10. <s:combobox>标签

<s:combobox>标签用来生成一个文本框和一个组合框，用户可以在文本框中输入数据，如果从组合框中选择一个选项，将显示在文本框中。该标签的属性如表 8-19 所示。

表 8-19　<s:combobox>标签的属性

属 性 名	类 型	默 认 值	说 明
emptyOption	boolean	false	是否要在标题下面插入一个空白选项
headerKey	integer		headerValue 的键，默认值是 -1
headerValue	String		用作标题的选项文本
list	String		选项来源的可遍历对象
listKey	String		指定选项值的对象属性
listValue	String		指定选项行标的对象属性
maxlength	String		HTML 的 maxlength 属性
readonly	boolean	false	被呈现的元素是否是只读的
size	integer		被呈现的元素的个数

与<s:select>标签不同，<s:combobox>标签提供的选项不需要键。另外，在用户提交表单时，被发送到服务器的是被选中的选项的行标，而不是它的值。

例如，在 Action 类中定义一个 String 类型的属性 drgree 表示学位，在 JSP 页面中使用下列代码呈现一个文本框和一个组合框。

```
<s:combobox name="degree" label="学位" size="20"
            headerKey="-1" headerValue="学位" list="{'学士','硕士','博士'}"/>
```

在组合框中可以选择一个选项，选项将显示在文本框中，也可以在文本框中输入字符串，选择的选项或输入的字符串将存储在 degree 属性中。

8.4.4 实例：表单 UI 标签应用

本实例演示了如何从 Action 中向 JSP 页面传递数据，在 JSP 页面中如何使用 Struts 2 的 UI 标签显示有关属性值。本例包含 City 模型类、RegisterAction 动作类、register. jsp 页面和 success. jsp 页面。

【例 8-12】 City. java 模型类程序的代码。

```
package com.model;
public class City{
    private int id;                //城市号
    private String name;           //城市名
    public City(int id,String name){
        this.id = id;
        this.name = name;
    }
    //省略属性的 getter 和 setter 方法
}
```

【例 8-13】 RegisterAction. java 动作类的代码。

```
package com.action;
import java.util.ArrayList;
import com.model.City;
import com.opensymphony.xwork2.ActionSupport;

public class RegisterAction extends ActionSupport{
    private String username;                    //用户名
    private String password;                    //口令
    private String gender;                      //性别
    private String resume;                      //简历
    private String city;                        //存放在页面中选中的城市
    private String[] language;                  //存放在页面中选中的语言
    private Boolean  marry;                     //婚否
    private ArrayList<City>  cityList;          //城市列表
    private ArrayList<String>  langList;        //语言列表
    //省略属性的 setter 和 getter 方法
    public String populate(){
        cityList = new ArrayList<City>();
        cityList.add(new City(1,"北京"));
        cityList.add(new City(2,"上海"));
        cityList.add(new City(3,"广州"));

        langList = new ArrayList<String>();
        langList.add("Java");
        langList.add(".Net");
        langList.add("Object C");
        langList.add("C++");
```

```
            marry = false;
            return "populate";
        }
        public String execute() {
            return SUCCESS;
        }
    }
```

【例 8-14】register. jsp 页面的代码。

```
<%@ page contentType = "text/html;charset = UTF - 8" pageEncoding = "UTF - 8" % >
<%@ taglib uri = "/struts - tags" prefix = "s" % >
<html>
<head><title>注册页面</title></head>
<body>
<s:form action = "Register" >
    <s:textfield name = "username" label = "用户名"/>
    <s:password name = "password" label = "口令"/>
    <s:radio name = "gender" label = "性别" list = "{'男','女'}"/>
    <s:select name = "city" list = "cityList" listKey = "id" listValue = "name"
          headerKey = "0" headerValue = "城市" label = "请选择城市"/>
    <s:textarea name = "resume" label = "简历"/>
    <s:checkboxlist name = "language" list = "langList" label = "精通语言"/>
    <s:checkbox name = "marry" label = "婚否?"/>
    <s:submit value = "提交"/>
</s:form>
</body>
</html>
```

在 struts. xml 文件中添加下面的 action 定义。

```
<action name = " * Register" class = "com. action. RegisterAction" method = "{1}" >
        <result name = "populate" >/register. jsp</result>
        <result name = "input" >/register. jsp</result>
        <result name = "success" >/success. jsp</result>
</action>
```

应该通过 populateRegister. action 动作请求执行 RegisterAction 类的 populate()，这样才会执行 register. jsp 页面，运行结果如图 8-8 所示。

在页面中输入或选择选项后，单击“提交”按钮，请求 Register 动作，首先用从页面获得的属性值填充属性，然后执行 RegisterAction 类的 execute()，将控制转发到 success. jsp 页面，这里使用 <s:property/> 标签显示属性信息。

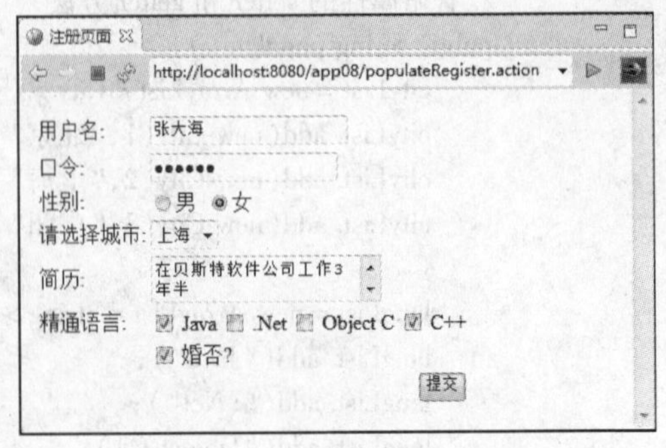

图 8-8　register. jsp 页面运行结果

【例 8-15】success.jsp 页面的代码。

```
<%@ page contentType = "text/html;charset = UTF - 8"  pageEncoding = "UTF - 8"% >
<%@ taglib uri = "/struts - tags"    prefix = "s"% >
<html>
<head> <title>用户信息 </title>  </head>
<body>
    用户名:<s:property value = "username"/> <br>
    性别:<s:property value = "gender"/> <br>
    城市:<s:property value = "city"/> <br>
    简历:<s:property value = "resume"/> <br>
    精通语言:<s:property value = "language"/> <br>
    婚否:<s:property value = "marry"/>
</body>
</html>
```

该页面的运行结果如图 8-9 所示。

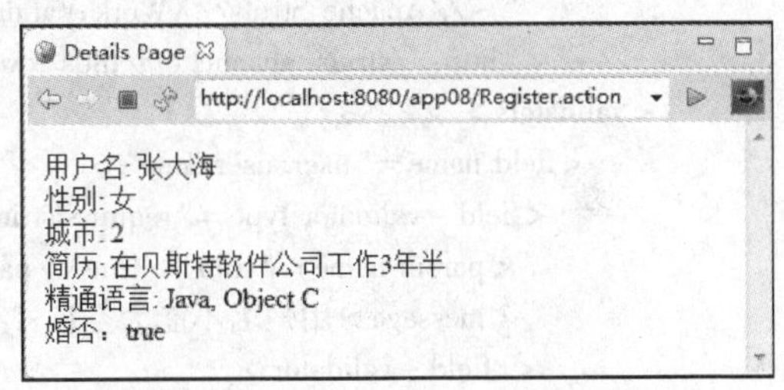

图 8-9 success.jsp 页面运行结果

8.5 用户输入校验

一个健壮的 Web 应用程序必须确保用户的输入是合法的。例如，在把用户输入的信息存入数据库之前通常需要进行一些检查，以确保用户选择的口令达到一定的长度（如不少于 6 个字符）、E - mail 地址是合法的，以及出生日期在合理的范围内等。通常需要编写有关代码来实现输入数据校验，在 Struts 2 中有多种方法用于实现用户输入校验。

- 使用 Struts 2 校验框架。这种方法是基于 XML 的简单的校验方法，可以对用户输入的数据自动校验，甚至可以使用相同的配置文件产生客户端脚本。
- 在 Action 类中执行校验。这是最强大和灵活的方法。Action 中的校验可以访问业务逻辑和数据库等。但是，这种校验可能需要在多个 Action 中重复代码，并要求自己编写校验规则。而且，需要手动将这些条件映射到输入页面。
- 使用注解实现校验。可以使用 Java 5 的注解功能定义校验规则，这种方法的好处是不用单独编写配置文件，所配置的内容和 Action 类放在一起，这样容易实现 Action 类中的内容和校验规则保持一致。
- 客户端校验。客户端校验通常是指通过浏览器支持的各种脚本来实现用户输入校验，这其中最经常使用的就是 JavaScript。在 Struts 2 中可以通过有关标签产生客户端 JavaScript 校验代码。

8.5.1 使用 Struts 2 校验框架

Struts 2 的校验框架是基于 XWork Validation Framework 的内建校验程序的，它大大简化了输入校验工作。使用该校验框架不需要编程，程序员只要在一个 XML 文件中对校验程序应该如何工作做出声明就可以了。需要声明的内容包括：哪些字段需要进行校验，以及在校验失败时把什么信息发送到浏览器。

假设需要编写一个注册页面，可能要求为用户输入定义下面的规则。

- 必须提供用户名和口令字段值，口令需要 6 ~ 14 个字符。
- 必须提供一个合法的 E - mail 地址。
- 用户年龄必须在 16 ~ 60 之间。

使用 Struts 2 的校验框架需要在配置文件中指定校验的字段、校验器类型和错误消息等。配置文件名格式应该为 <动作类名> - validation. xml，若为动作类 RegisterAction 的属性进行校验，则配置文件名为 RegisterAction - validation. xml，该文件应保存在与动作类相同的目录中。

【例 8-16】 RegisterAction - validation. xml 文件，代码如下。

```
<?xml version="1.0" encoding="UTF-8"?>
<!DOCTYPE validators PUBLIC
        "-//Apache Struts//XWork Validator 1.0.3//EN"
        "http://struts.apache.org/dtds/xwork-validator-1.0.3.dtd">
<validators>
    <field name="user.username">
       <field-validator type="requiredstring">
          <param name="trim">true</param>
          <message>用户名不能为空！</message>
       </field-validator>
    </field>
    <field name="user.password">
        <field-validator type="requiredstring" short-circuit="true">
          <param name="trim">true</param>
          <message>口令不能为空！</message>
        </field-validator>
        <field-validator type="stringlength">
          <param name="minLength">6</param>
          <param name="maxLength">14</param>
          <message>口令包含的字符在 6 到 14 个之间！</message>
        </field-validator>
    </field>
    <field name="user.age">
          <field-validator type="int">
                <param name="min">16</param>
                <param name="max">60</param>
          <message>用户年龄应在 16 到 60 之间！</message>
          </field-validator>
    </field>
    <field name="user.email">
          <field-validator type="required" short-circuit="true">
             <message>邮箱地址必填！</message>
          </field-validator>
          <field-validator type="email">
```

```
            <message>邮箱地址不合法! </message>
        </field-validator>
    </field>
</validators>
```

配置文件的根元素是 <validators>，它可以包含多个 <field> 元素和 <validator> 元素。其中的每个 <validator> 元素用来表示一个普通校验程序，每个 <field> 元素用来校验一个字段，name 属性值对应表单的字段名。表单字段的校验器通过 <field-validator> 元素的 type 属性指定，其值指定一种验证类型，例如，requiredstring 表示需要输入一个字符串，email 表示邮箱地址必须合法。<message> 元素用来指定校验失败时显示的错误消息。

可以为一个字段定义多个校验器，如果前面的校验器失败，后面的校验器就没有必要执行，其校验错误信息也没有必要显示给客户，这可以通过将 <field-validator> 元素的 short-circuit 属性值指定为 true 来实现。

输入校验失败后，Action 动作类自动返回 input 的结果，因此需要在 struts.xml 文件中配置 input 的结果，如下面的代码所示。

```
<action name="Register" class="com.action.RegisterAction"
        method="register">
    <result name="success">/success.jsp</result>
    <result name="input">/register.jsp</result>
    <result name="error">/error.jsp</result>
</action>
```

增加了上面的修改后，就为动作的各字段添加了校验规则，而且指定了校验失败后跳转到的 register.jsp 页面。接下来在 register.jsp 页面中添加 <s:fielderror/> 来输出错误提示。

当动作类执行时，系统会自动加载配置文件，Struts 2 会自动根据用户请求进行校验，当输入数据不满足校验规则时，就会看到如图 8-10 所示的界面。

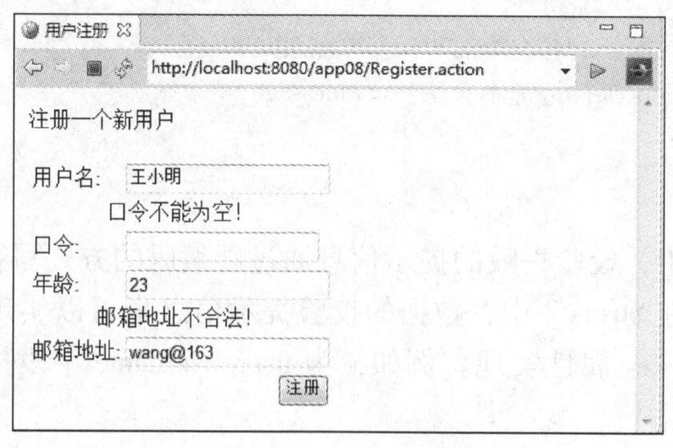

图 8-10　register.jsp 校验失败界面

Struts 2 提供了大量的内建校验器，这些内建的校验器可满足大部分应用的校验需求，开发者只需使用这些校验器即可。如果应用有特别复杂的校验需求，而且该校验有很好的复用性，开发者可以开发自己的校验器。

在 xwork-core-VERSION.jar 中的 com\opensymphony\xwork2\validator\validators 路径下

的 default. xml 文件中可以看到 Struts 2 的默认校验器注册文件，里面定义了 Struts 2 所支持的全部校验器。表 8-20 列出了常用的内置校验器。

表 8-20 Struts 2 常用的内置校验器

校验器名称	实 现 类	说 明
conversion	ConversionErrorFieldValidator	转换校验器。用于检查对指定字段进行类型转换时是否发生错误
date	DateRangeFieldValidator	日期范围校验器。用于检查指定字段的日期是否在给定的范围内
double	DoubeRangeFieldValidator	浮点数范围校验器。用于检查指定字段的浮点数值是否在某个范围之内或之外
email	EmailValidator	邮件地址校验器。用于检查指定字段是否是一个合法的 E-mail 地址
expression	ExpressionValidator	表达式校验器。用于检查某个表达式的值是否是 true
fieldexpression	FieldExpressionValidator	基于字段的表达式校验器。用于检查某个表达式的值是否是 true
int	IntRangeFieldValidator	整数范围校验器。用于检查指定字段的整数值是否在某个范围之内
regex	RegexFieldValidator	正则表达式校验器。用于检查指定字段是否与给定的正则表达式相匹配
required	RequiredFieldValidator	必填校验器。用于检查指定的字段是否为空
requiredstring	RequiredStringValidator	必填字符串校验器。用于检查指定字符串非空且字符串的长度大于 0
stringlength	StringLengthFieldValidator	字符串长度校验器。用于检查指定字符串的长度是否在某个范围之内
url	URLValidator	URL 校验器。用于检查指定字段是否为合法的 URL
visitor	VisitorFieldValidator	visitor 校验器。用于实现对复合属性的校验

上面文件中定义的校验器使用的是字段校验器语法，在 Struts 2 中还可以使用普通校验器的方法，如下面的代码所示。

```
<validators>
    <validator type="email">
        <param name="fieldName">user.email</param>
        <message>邮件地址不合法！</message>
    </validator>
</validators>
```

在上面的数据校验中，校验失败的提示信息通过硬编码的方式写在配置文件中，这显然不利于程序的国际化。在 Struts 2 中，数据的校验提示信息也可以实现国际化，这可以通过为 <message> 元素提供 key 属性实现。例如，为 user. username 字段指定的校验规则可以使用 key 属性，代码如下。

```
<field name="user.username">
    <field-validator type="requiredstring">
        <param name="trim">true</param>
    <message key="username.required"/>
    </field-validator>
</field>
```

上述代码并未直接给出 <message>元素的内容，而是指定了一个 key 属性，表明当 user. username 字段违反校验规则时，对应的提示信息是 key 为 username. required 的国际化消息。当然，必须在国际化的属性文件中定义有关的键和值。

8.5.2 使用客户端校验

上节编写的校验代码是在服务器端校验的，Struts 2 的校验框架还可实现客户端校验，即产生客户端的 JavaScript 代码校验表单数据。使用客户端校验非常简单，只要满足下面两个要求即可：①输入页面的表单元素使用 Struts 2 的标签生成；②在 <s:form…/>元素中增加 validate = "true"属性。

将 JSP 页面进行了上述修改后，即可实现客户端校验，这里使用的校验配置文件仍然是 RegisterAction - validator. xml。当输入数据校验失败时，显示的页面与服务器端校验效果相同。Struts 2 将自动为 JSP 页面生成 JavaScript 校验代码，并随响应数据一起发送到客户端。在客户端打开页面时右击页面，从“查看源文件”中可以看到 JavaScript 校验代码。

注意，使用客户端校验并不支持所有的校验器。客户端校验仅支持下面的校验器：required、requiredstring、stringlength、regex、email、url、int 和 double 校验器。

8.5.3 编程实现校验

前面介绍的校验方法是声明性的，即先声明，后使用。要校验的字段、使用的校验器和校验失败显示的信息都在 XML 配置文件中声明了。在某些场合，校验规则可能过于复杂，把它们写成一个声明性校验会非常复杂，因此 Struts 2 还提供了通过编程方式实现校验的功能。

Struts 2 提供了 com. opensymphony. xwork2. Validateable 接口，它定义了 validate()方法。在动作类中可以实现该接口以提供编程校验功能。由于 ActionSupport 类已经实现了这个接口，所以如果动作类扩展 ActionSupport 类，就可以直接覆盖 validate()。

下面的例子说明了如何通过覆盖 validate()实现复杂的校验。在注册程序中，通常要求用户提供的口令具有一定的复杂度，例如要求口令至少包含一个数字、一个小写字母和一个大写字母，才认为是一个强口令字，另外还可能要求口令字符串最少有 6 个字符。

下面的 isPasswordStrong()用于返回一个口令串是否是强口令字，在 validate()中对口令串进行验证。

```
public boolean isPasswordStrong(String password) {
    String lower = "abcdefghijklmnopqrstuvwxyz";
    String upper = "ABCDEFGHIJKLMNOPQRSTUVWXYZ";
    String digit = "0123456789";
    boolean ok1 = false, ok2 = false, ok3 = false;
    int length = password.length();
    char c = '\0';
    //检查口令串中的每个字符,看是否满足要求
    for(int i = 0; i < length; i++) {
        if(ok1 && ok2 && ok3) {
            break;
        }
        c = password.charAt(i);
```

```
            if(lower.indexOf(c) > -1){          //检查是否有小写字母
                ok1 = true;
            }
            if(upper.indexOf(c) > -1){          //检查是否有大写字母
                ok2 = true;
            }
            if(digit.indexOf(c) > -1){          //检查是否有数字字符
                ok3 = true;
            }
        }
        return(ok1 && ok2 && ok3);              //3 个条件都满足
    }
    public void validate(){
        String password = getUser().getPassword();
        if(password.length() <6){
            addFieldError("user.password","口令长度必须为 6 个字符以上!");
        }
        if(! isPasswordStrong(password)){
            addFieldError("user.password","口令强度不够!");
        }
    }
```

在 validate()中，如果某个字段不满足校验要求，使用 addFieldError()为指定字段添加校验失败信息。该方法有两个参数，一个是表单域名，另一个是显示的错误消息，方法调用如下。

```
addFieldError("user.password","口令强度不够!");
```

当用户在注册表单上单击提交按钮后，Struts 2 将用户输入的数据传输到 user 对象中，然后，系统首先执行 validate()。如果使用 addFieldError()添加了错误，系统不再继续执行 execute()，将直接返回 input 作为动作调用的结果。错误消息将在结果视图表单的 user.password 字段上方显示。

8.6 Struts 2 的国际化

在程序设计领域，人们把能够在不改写有关代码的前提下，让开发出来的应用程序能够支持多种语言的技术称为国际化技术。在 Web 开发中实现国际化技术，就是要求当应用程序运行时能够根据客户端请求所来自的国家/地区、语言的不同而呈现不同的用户界面。例如，若请求来自一台中文操作系统的客户端计算机，则应用程序响应界面中的各种标签、错误提示和帮助信息均使用中文；如果客户端计算机是英文操作系统，则应用程序也能识别并自动以英文界面响应。

8.6.1 国际化（i18n）

引入国际化机制的目的在于提供更加友好、自适应的用户界面，而并不改变程序的其他功能/业务逻辑。人们常用 i18n 这个词作为“国际化”的简称，其来源是英文单词 internationalization 的首末字母 i 和 n，以及它们之间的 18 个字符。

国际化是商业系统中不可或缺的一部分，无论学习什么 Web 框架，它都是必须掌握的技能。Struts 2 为开发人员实现软件产品的国际化提供了强有力的支持，开发人员只需要很少的工作就可以实现软件的国际化。

Struts 2 的国际化大致可分为页面的国际化、Action 的国际化及 XML 的国际化。下面首先介绍属性文件，然后介绍 Struts 2 的国际化。

8.6.2 属性文件

属性文件（或称资源文件）是用来保存多语言的字符串信息的文件。Java 在实现软件的国际化时，采用了地区和语言两个因素来划分属性文件，也就是说，开发人员应该按照地区和语言来将字符串信息写到不同的文件中。

1. 属性文件的格式

属性文件是纯文本文件，以行为单位，每行定义一个字符串资源，采用 key = value 的形式，key 表示键的名称，value 表示键的值。通常情况下，key 不应该重复。另外，在属性文件中，value 部分还可以定义一些占位符，用于标识资源信息中的动态部分，在运行时确定每个占位符的值，这样就可以方便地生成支持多语言的动态信息了。

2. 属性文件的命名

在 Struts 2 中，属性文件有不同的级别，文件名也有不同的形式，但一般格式如下。

```
baseName_language_counrty. properties
```

这里，baseName 是基本名，可以是 Action 类名，也可以是 package，还可以是用户指定的名称。language 是语言代码，country 是国家代码，有的属性文件可以不指定语言和国家代码。语言代码为符合 ISO－639 标准的定义，用两个小写字母表示，如 zh 代表汉语、en 代表英语。国家代码由 ISO 3166 标准定义，用两个大写字母表示，如 CN 表示中国、US 表示美国等。所有的属性文件的扩展名都为 . properties。而主文件名应该能够标识出这个文件所包含的信息是哪个语言和地区的。

下面是为 LoginAction 类指定的属性文件。

```
LoginAction. properties
LoginAction_zh. properties
LoginAction_en_US. properties
```

第一个文件没有使用语言代码和国家代码，它将使用默认语言和国家，第二个指定了语言代码，第三个指定了语言和国家代码。

8.6.3 属性文件的级别

在 Struts 2 中，对属性文件采取分级管理的方式。总体上说，属性文件可以分为以下 3 种类型。

- 全局属性文件。

● 包级别属性文件。

● Action 级别属性文件。

系统在查找属性文件时，查找顺序是从小范围到大范围，Action 级别的属性文件优先级最高，然后是包级别的属性文件，最后是全局属性文件。

1. 全局属性文件

全局属性文件可以被 Struts 2 应用的所有 Action 和 JSP 页面使用。在 Eclipse 开发环境中，全局属性文件应该保存在 src 目录中；在部署环境下，该文件保存在 WEB - INF/classes 目录中。当 Struts 2 不能找到较低级别的属性文件时，将使用全局属性文件。

2. 包级别的属性文件

包级别属性文件可以被一个包中的 Action 和 JSP 页面使用。包级别属性文件的 baseName 应该为 package。例如，package. properties 和 package_zh_CN. properties 是两个包级别的属性文件。包级别属性文件应该存放在包所在的目录中。

假设在 com. action 包中建立一个名为 package. properties 的属性文件，在其中添加以下一行代码。

```
greeting = 欢迎来到 Struts 2 精彩世界！
```

现在，任何由 com. action 包中 Action 呈现的视图都可以使用 <s:text> 标签的 name 属性显示 greeting 键的值。例如，在 JSP 页面中可使用 <s:text> 标签显示 greeting 键的值。

```
<h1> <s:text name="greeting"/> </h1>
```

3. Action 级别的属性文件

Action 级别属性文件仅被当前 Action 类引用。在 Struts 2 应用程序中可以为每个 Action 类关联一个消息属性文件，属性文件名与 Action 类名相同，扩展名为 . properties。该属性文件必须存放在与 Action 类相同的包中。

8.6.4 Action 的国际化

Struts 2 为 Web 应用程序提供了内建的国际化支持。在 Struts 2 中可以在 Action 类中和 JSP 页面中使用属性文件，实现国际化。

在 Action 动作类中，只要其继承 ActionSupport 类，就可以获得大部分的国际化的支持。ActionSupport 类实现了 com. opensymphony. xwork2. TextProvider 接口，该接口负责提供对各种资源包和它们的底层文本消息的访问机制。

在 TextProvider 接口中定义的 getText（String key）可以获得属性文件中某个键的值，getText()的参数为键名，结果为键值。在 Action 类的 execute()中可以使用该方法。

下面是 getText()的常用格式。

● public String getText(String key)：返回与键相关的消息。如果找不到消息，返回空值 null。

● public String getText(String key, String defaultValue)：返回与键相关的消息。如果找不到消息，返回 defaultValue 指定的默认值。

- public String getText(String key, String defaultValue, String[ ]args)：返回与键相关的消息，并使用给定的参数 args 的值填充占位符。如果找不到消息，返回 defaultValue 指定的默认值。该方法的第三个参数是 String 数组，也可以是字符串组成的 List。

下面的代码说明了 getText( )的使用。

```
public String execute( ) throws Exception{
    String str1 = getText("label.hello");
    System.out.println(str1);
    //用第二个参数的值填充 label.hello 中的第一个占位符
    String str2 = getText("label.hello2",new String[ ]{"您好"});
    System.out.println(str2);
    //与上一种实现一样
    List<String> list = new ArrayList<String>( );
    list.add("您好");
    String str3 = getText("label.hello3","大家好",list);
    System.out.println(str3);
    return SUCCESS;
}
```

当调用 getText( )时，Struts 2 将按下列顺序查找相关的属性文件，如果找不到，再向下进行查找。

1）动作类的属性文件。该文件的名称与动作类的名称相同，并且与动作类存放在相同的目录里。

2）动作类所实现的接口的属性文件。例如，如果某个动作类实现了 Dummy 接口，对应于这个接口的默认属性文件就是 Dummy. properties。

3）动作类的父类的属性文件，然后是各个父类所实现的各个接口的属性文件。如果还没有找到该消息，则沿着类的继承树一直向上查找，直至到达 Object 类。

4）默认的包属性文件。如果动作类名为 com. demo. CustomerAction，则默认的包就是 com\demo 子目录里的 package. properties。

5）最后是全局属性文件。

8.6.5 JSP 页面国际化

在 JSP 页面中，可以使用<s:text>标签和<s:i18n>标签输出国际化字符串。

1. <s:text>标签

<s:text>标签用来显示一条国际化消息，它是数据标签。它相当于从<s:property>标签中调用 getText( )。<s:text>标签的属性如表 8-21 所示。

表 8-21 <s:text>标签的属性

属性名	类型	说明
name	String	用来检索消息的键
var	String	用来保存被压入 Stack Context 中值的变量名

例如，下面的<s:text>标签将输出与键 label. helloWorld 相关联的消息。

```
<s:text name="label.helloWorld"></s:text>
```

若使用<s:property>标签，使用下面的方法输出与键 label.helloWorld 相关联的值。

```
<s:property value="%{getText('label.helloWorld')}"/>
```

下面的代码显示了表单文本域，将文本域的标题进行国际化。

```
<s:textfield name="name" key="label.helloWorld"/>
<s:textfield name="name" label="%{getText('label.helloWorld')}"/>
```

在使用<s:text>标签时如果给出了 var 属性，检索到的消息将被压入 ValueStack 栈的 Stack Context 子栈，而不是被输出。例如，下面的代码将把与键 greetings 相关联的消息压入 Stack Context 子栈，并创建一个名为 message 的变量来引用该消息。

```
<s:text name="greeting"  var="message"/>
```

之后，就可以像下面这样使用<s:property>标签去访问这条消息了。

```
<s:property value="#message"/>
```

可以使用<s:param>子标签向<s:text>标签传递参数。例如，假设在某个属性文件里有下面的键的定义。

```
greetings=Hello{0}
```

就可以使用下面这个<s:text>标签来传递一个参数。

```
<s:text name="greeting">
    <s:param>Hacker</s:param>
</s:text>
```

这个标签将输出如下所示的消息。

```
HelloHacker
```

<s:text>标签的参数还可以是一个动态的值。例如，下面的代码将把 firstName 属性的值传递给<s:text>标签。

```
<s:text name="greetings">
    <s:param><s:property value="firstName"/></s:param>
</s:text>
```

2. <s:i18n>标签

<s:i18n>标签用于加载一个自定义的资源包。该标签只有一个 name 属性，用来指定要加载的资源包的完全限定名。

下面的代码使用<s:i18n>标签输出国际化字符串，messageResource 为指定的资源文件名。

```
<s:i18n name = "messageResource" >
    <s:text name = "label. helloWorld" > </s:text >
</s:i18n >
```

8.6.6 实例：Action 属性文件应用

Action 级别属性文件是最常用的。下面为 RegisterAction（见【例 8-13】）动作类创建一个属性文件 RegisterAction_en_US. properties，文件存放在 com. action 包中。

```
username = Username
password = Password
age = Age
email = Email Address
register = Register
thankyou = Thank you for registering % {username}.
```

下面的 RegisterAction_zh_CN. properties 属性文件也存放在 com. action 包中（该文件要使用 native2ascii 工具转换）。

```
username = 用户名
password = 口令
age = 年龄
email = Email 地址
register = 注册
thankyou = 谢谢注册% {user. username}.
label. hello = 你好
```

对于包含非西欧文字的属性文件，还必须使用 Java 的 native2ascii 命令进行转换，该命令负责将非西欧文字转换成系统可以识别的文字。命令格式如下。

```
native2ascii    source. properties destination. properties
```

将生成的文件内容复制到 RegisterAction_zh_CN. properties 文件中，将其保存在与 RegisterAction 类文件相同的目录中。下面是 native2ascii 工具生成的内容。

```
username = \u7528\u6237\u540d
password = \u53e3\u4ee4
age = \u5e74\u9f84
email = Email\u5730\u5740
register = \u6ce8\u518c
thankyou = \u8c22\u8c22\u6ce8\u518c% {user. username}.
label. hello = \u4f60\u597d
```

为了在 JSP 页面中使用国际化的属性值，修改 register. jsp 页面（见【例 8-14】），将其中的<s:textfield>、<s:password>标签的 label 属性值和<s:submit>标签的属性值改为如下形式。

```
<s:textfield name="user.username" label="%{getText('username')}"/>
<s:password name="user.password" label="%{getText('password')}"/>
<s:textfield name="user.age"  label="%{getText('age')}"  />
<s:textfield name="user.email"  label="%{getText('email')}"/>
<s:submit value="%{getText('register')}"/>
```

访问 register.jsp 页面，从显示结果可以看到，标签标题内容来自属性文件。如果对该页面的请求来自英文系统，则标签显示英文，从而实现程序的国际化。

如果键的名称与 name 属性值的名称相同，还可以仅使用 key 属性，如下面的代码所示。

```
<s:textfield name="user.username" label="%{getText('username')}"/>
```

name 属性和 label 属性可以用 key 属性替换，可以写成如下形式。

```
<s:textfield key="user.username"  />
```

这里，key 属性值与 name 属性值相同，label 属性值将从 RegisterAction.properties 属性文件中查找对应键（user.username）的属性值。

8.6.7 全局属性文件应用

Struts 2 提供了多种加载属性文件的方法。最简单、最常用的就是加载全局属性文件，这种方法是通过配置常量实现的。这只需要在 struts.xml（或 struts.properties）文件中配置 struts.custom.i18n.resources 常量即可，即将该常量的值指定为 baseName 的值。

假设系统需要加载的国际化属性文件的 baseName 为 messageResource，则可以在 struts.xml 文件中指定下面一行。

```
<!--指定属性文件的 baseName 为 messageResource -->
<constant name="struts.custom.i18n.resources"  value="messageResource"/>
```

或者在 struts.properties 文件中指定如下一行。

```
<!--指定属性文件的 baseName 为 messageResource -->
struts.custom.i18n.resources=messageResource
```

下面创建两个资源文件。

- messageResource_en_US.properties。
- messageResource_zh_CN.properties。

messageResource_en_US.properties 文件的内容如下。

```
label.hello=hello,{0}
label.helloWorld=Hello,World!
userName=username
userName.required= ${getText('userName')}is required
```

messageResource_zh_CN. properties 文件的内容如下。

```
label. hello = 你好, {0}
label. helloWorld = 你好,世界!
userName = 用户名
userName. required = ${getText('userName')}不能为空
```

在属性文件中可以包含参数占位符，它们用{0}、{1}等形式指定。这些参数占位符可以在执行 ActionSupport 类的 getText()时为其传递参数，也可以在使用 <s:text>标签时使用 <s:param>子标签为其传递参数。

8.7 案例：用 Tiles 实现页面布局

JSP 提供了一个 include 指令（<%@ include…）用来包含静态文件和一个 include 动作（<jsp：include …>）用来包含动态资源。但是，JSP 提供的这两种包含都存在着不足。一旦需要改变页面的布局，程序员将不得不去修改所有的页面。使用 Apache Tiles 就可以避免上述不足。Apache Tiles 是一个模板框架，它用来简化 Web 应用的用户界面的开发。它允许定义页面片段来组装完整的页面。本节在登录应用程序的基础上增加了 Tiles 功能，即当用户登录成功后显示一个完整的页面。

8.7.1 在 web. xml 中配置 Tiles

在 Struts 2 应用程序中使用 Tiles，首先从 Struts 2 的完整分发 struts-2. 3. 24-all. zip 文件中将下面的 JAR 文件添加到 WEB-INF/lib 目录中。

```
commons-beanutil-1. 8. 0. jar
commons-collections-3. 2. jar
commons-digester-2. 0. jar
commons-logging-1. 1. 3. jar
commons-logging-api-1. 1. jar
struts2-tiles-plugin-2. 3. 24. jar
tiles-api-2. 0. 6. jar
tiles-core-2. 0. 6. jar
tiles-jsp-2. 0. 6. jar
```

另外，还应该在 web. xml 中注册 StrutsTilesListener 监听器，并指定 Tiles 定义文件 tiles. xml 的位置，代码如下。

```
<listener>
   <listener-class>org. apache. struts2. tiles. StrutsTilesListener</listener-class>
</listener>
<context-param>
   <param-name>tilesDefinitions</param-name>
   <param-value>/WEB-INF/tiles. xml</param-value>
</context-param>
```

8.7.2 创建模板页面

模板页面是创建其他 JSP 页面的模板，在其中使用 Tiles 的 <tiles:insertAttribute>标签作为占位符，这些占位符在定义文件中用具体的值或 JSP 页面替换。模板页面 baseLayout.jsp 的代码如下。

【例 8-17】 baseLayout.jsp 页面，代码如下。

```
<%@ page contentType="text/html;charset=UTF-8" pageEncoding="UTF-8"%>
<%@ taglib uri="http://tiles.apache.org/tags-tiles" prefix="tiles"%>
<!DOCTYPE HTML PUBLIC "-//W3C//DTD HTML 4.01 Transitional//EN"
"http://www.w3.org/TR/html4/loose.dtd">
<html>
<head>
<meta http-equiv="Content-Type" content="text/html;charset=UTF-8">
<title><tiles:insertAttribute name="title" ignore="true"/></title>
<style type="text/css">@import url(css/style.css);</style>
</head>
<body>
<div id="container">
    <div id="header">
        <tiles:insertAttribute name="header"/></div>
    <div id="mainContent">
        <div id="leftmenu"><tiles:insertAttribute name="leftmenu"/></div>
        <div id="content"><tiles:insertAttribute name="content"/></div>
    </div>
    <div id="footer"><tiles:insertAttribute name="footer"/></div>
</div>
</body>
</html>
```

该页面使用<div>元素为页面设计布局，同时使用 CSS 定义页面元素的样式，样式表文件 style.css 的代码如下。

```
@CHARSET "UTF-8";
body,div,p,ul{
    margin:0;
    padding:0;
}
#container {
    width:1004px;
    margin:0 auto;
}
#header p{
    margin:0 0 5px 0;
}
.clearfix:after{clear:both;content:".";display:block;height:0;visibility:hidden;}
.clearfix{display:block; *zoom:1;}
```

```
#mainContent {
    margin:0 0 5px 0;
}
#sidebar {
    float:left;width:200px;
    padding:5px 0 5px 30px;
}
#sidebar ul{
    list-style:none;
}
#sidebar p{
    margin:0 0 10px 0;
}
#content {
    float:left;width:750px;
    min-height:200px;
}
#content h2{
    text-align:center;
}
#footer {
    height:50px;
    padding:10px;
    text-align:center;
}
```

8.7.3 创建 tiles. xml 定义文件

定义文件用来定义具体的页面视图。该文件首先用模板页面定义一个基本布局视图（baseLayout），然后定义其他视图继承该基本布局视图。下面的定义文件名为 tiles. xml，它应存放在/WEB-INF 目录中。

```
<?xml version="1.0" encoding="UTF-8" ?>
<!DOCTYPE tiles-definitions PUBLIC
    "-//Apache Software Foundation//DTD Tiles Configuration 2.0//EN"
    "http://tiles.apache.org/dtds/tiles-config_2_0.dtd">
<tiles-definitions>
    <definition name="baseLayout" template="/baseLayout.jsp">
        <put-attribute name="title" value="" />
        <put-attribute name="header" value="/header.jsp" />
        <put-attribute name="leftmenu" value="/leftmenu.jsp" />
        <put-attribute name="content" value="" />
        <put-attribute name="footer" value="/footer.jsp" />
    </definition>
    <definition name="/welcome.tiles" extends="baseLayout">
        <put-attribute name="title" value="欢迎页面" />
        <put-attribute name="content" value="/welcome.jsp" />
```

```
        </definition>
        <definition name="/error.tiles"" extends="baseLayout">
            <put-attribute name="title" value="错误页面" />
            <put-attribute name="content" value="/error.jsp" />
        </definition>
</tiles-definitions>
```

定义文件的根元素是 <tiles - definitions>，其中可以包含若干个 <definition> 子元素，每个 <definition> 定义一个逻辑视图名。该文件使用模板页面 baseLayout. jsp 定义一个名为 baseLayout 的基本布局视图。该布局包含名称为 header、title、body、menu 和 footer 等属性，它们的值是一个 JSP 片段页面。Struts 2 将使用这些片段和模板页面来组装结果页面。

在定义其他视图名时，可以在现有的视图名（如 baseLayout）上扩展，这里使用 extends 属性，例如定义/welcome. tiles 视图名时就扩展了 baseLayout 视图。当覆盖 baseLayout 视图时，只需修改有变化的属性值（如 title 属性和 content 属性），其他的属性值仍保留 baseLayout 的属性值。

8.7.4 创建 LoginAction 类

为了展示 Tiles 的应用，定义下面的 LoginAction 类，其中接收 login. jsp 页面传递来的 username 和 password，并将它们封装在 User 对象中，然后在 authenticate( ) 方法中验证用户是否合法。

【例 8-18】LoginAction. java 程序，代码如下。

```java
package com.action;
import com.opensymphony.xwork2.ActionSupport;
import com.model.User;
public class LoginAction extends ActionSupport{
    private User user;
    public User getUser() {
        return user;
    }
    public void setUser(User user) {
        this.user = user;
    }
    public String authenticate() {          // 登录验证方法
        if ("admin".equals(user.getUsername())
                && "admin123".equals(user.getPassword())) {
            return "success";
        } else {
            addActionError(getText("error.login"));
            return "error";
        }
    }
        public String logout() { // 退出登录方法
            return "logout";
        }
}
```

在该 Action 类中，将校验用户的方法定义为 authenticate( )，若用户名和密码分别为 admin 和 admin123 时，认为用户合法，登录成功，返回 success，否则向动作对象中添加错误信息，错误信息从资源文件得到，返回 error。另外，还定义了退出登录的方法 logout( )，它返回 logout。

8.7.5 创建 struts. xml 文件

在 struts. xml 文件中的 <package>元素中，应添加调用 tiles 的标签处理请求，在动作的定义中将结果的 type 属性指定为 tiles，结果指定为逻辑视图名。

```
<?xml version="1.0" encoding="UTF-8" ?>
<!DOCTYPE struts PUBLIC
    "-//Apache Software Foundation//DTD Struts Configuration 2.0//EN"
    "http://struts.apache.org/dtds/struts-2.0.dtd">
<struts>
<constant name="struts.devMode" value="false" />
<constant name="struts.enable.DynamicMethodInvocation" value="false" />
<constant name="struts.custom.i18n.resources"  value="ApplicationResources" />
<package name="basicstruts2" extends="struts-default" namespace="/">
<result-types>
        <result-type name="tiles"
                class="org.apache.struts2.views.tiles.TilesResult" />
    </result-types>
    <action name="index">
        <result>/index.jsp</result>
    </action>
    <action name="Login" class="com.action.LoginAction"
                method="authenticate">
        <result name="success" type="tiles">/welcome.tiles</result>
        <result name="error" type="tiles">/error.tiles</result>
    </action>
    <action name="logout" class="com.action.LoginAction" method="logout">
        <result name="logout">/login.jsp</result>
    </action>
  </package>
</struts>
```

8.7.6 创建 JSP 视图页面

本应用程序中包含多个 JSP 页面，其中包括登录页面 login. jsp、页眉内容页面 header. jsp、左侧菜单页面 leftmenu. jsp、页脚页面 footer. jsp、欢迎页面 welcome. jsp 和错误页面 error. jsp 等。

【例 8-19】 登录页面 login. jsp 的代码。

```
<%@ page contentType="text/html;charset=UTF-8" pageEncoding="UTF-8"%>
<%@ taglib prefix="s" uri="/struts-tags" %>
<html>
```

```
<head><title>登录页面</title></head>
<body>
<p>请输入用户名和密码:</p>
<s:form action="Login">
  <s:textfield name="user.username" label="用户名"
      tooltip="输入用户名" labelposition="left" />
  <s:password name="user.password" label="密码"
      tooltip="输入密码" labelposition="left" />
  <s:submit value="登录" align="center" />
</s:form>
</body>
</html>
```

header.jsp 页面构成页眉内容，代码如下。

【例 8-20】 header.jsp 页面的代码。

```
<%@ page contentType="text/html;charset=UTF-8" pageEncoding="UTF-8"%>
<script language="JavaScript" type="text/javascript">
    function check(){
        open("/helloweb/register.jsp","register");
    }
</script>
<p><img alt="Here is a logo." src="images/head.jpg" width="908"/></p>
<form action="login.do" method="post" name="login">
    用户名<input type="text" name="username" size="13" />
    密  码<input type="password" name="password" size="13"  />
     <input type="submit" name="submit" value="登  录">
     <input type="button" name="register" value="注  册" onclick="check();">
</form>
```

leftmenu.jsp 页面构成左侧菜单，代码如下。

【例 8-21】 leftmenu.jsp 页面的代码。

```
<%@ page contentType="text/html;charset=UTF-8" pageEncoding="UTF-8"%>
<ul>
     <li><a href="showProduct.do?category=101">手机数码</a></li>
     <li><a href="showProduct.do?category=102">家用电器</a></li>
     <li><a href="showProduct.do?category=103">汽车用品</a></li>
     <li><a href="showProduct.do?category=104">服饰鞋帽</a></li>
     <li><a href="showProduct.do?category=105">运动健康</a></li>
</ul>
```

footer.jsp 页面构成页脚内容，代码如下。

【例 8-22】 footer.jsp 页面的代码。

```
<%@ page contentType="text/html;charset=UTF-8" pageEncoding="UTF-8"%>
<p align="center">关于我们|联系我们|人才招聘|友情链接</p>
<p align="center">Copyright &copy;2018 百斯特电子商城公司,8899123.</p>
```

welcome. jsp 页面是登录成功显示的页面，代码如下。

【例 8-23】welcome. jsp 页面的代码。

```
<%@ page contentType="text/html;charset=UTF-8" pageEncoding="UTF-8"%>
<%@ taglib prefix="s" uri="/struts-tags"%>
<h2>欢迎<s:property value="user.username"/>登录本系统</h2>
<p align="right"><a href="<s:url action='logout'/>">安全退出</a></p>
<p>这是</p>
<p>主体</p>
<p>内容</p>
```

8.7.7 运行应用程序

访问 login. jsp 页面，输入用户名 admin 和口令 admin123，登录成功显示的页面如图 8-11 所示。

图 8-11 welcome. tiles 登录成功页面

8.8 小结

本章介绍了 Struts 2 框架基础知识，该框架实现了 MVC 体系结构，它通过提供一些类使用户很容易设计应用程序。它提供了一个核心控制器和一个 Struts 2 配置文件来管理所有的模型和视图。

Struts 2 提供了一组自定义标签，使用这些标签可以很容易地在页面中输出数据、设计表单元素等。使用 Struts 2 还可以方便地实现 Web 应用的表单数据校验、国际化及页面布局等功能。

8.9 习题

1. Struts 2 框架的核心过滤器类是（　　）。

A. Action　　　　　　　　　　　　　　　　B. StrutsPrepareAndExecuteFilter

C. ServletActionContext　　　　　　　　　D. ActionSupport

2. 下面哪个常量不是在 Action 接口中声明的？（　　）

A. SUCCESS　　　　B. ERROR　　　　C. INPUT　　　　D. LOGOUT

3. 下面哪个方法是在 Action 接口中声明的？（　　）

A. String lonin( )　　　　　　　　　　　B. String execute( )

C. void register( )　　　　　　　　　　　D. String validate( )

4. 要在 JSP 页面中使用 Struts 2 的标签，应该在页面中使用什么指令？（　　）

A. <% page taglib = "/struts - tags" % >

B. <%@ taglib prefix = "s" uri = "/struts - tags" % >

C. <%@ taglib prefix = "c" uri = " http://java. sun. com/jsp/jstl/core " % >

D. <%@ taglib prefix = "/struts - tags " uri = "s" % >

5. 要访问 Stack Context 的 application 对象中的 userName 属性，下面哪个是正确的？（　　）

A. <s:property value = "#application. userName" />

B. <s:property value = " application. userName" />

C. <s:property value = " ${application. userName}" />

D. <s:property value = "%{application. userName}" />

6. 下面哪个标签可以在集合对象上迭代？（　　）

A. <s:bean>　　　B. <s:iterator>　　　C. <s:generator>　　　D. <s:sort>

7. 下面哪种校验不能使用校验框架来实现？（　　）

A. 限制一个字段的长度　　　　　　　　　B. 指定口令包含的字符

C. E-mail 地址是否合法　　　　　　　　　D. 日期数据是否合法

8. 试说明在 Struts 2 框架中 MVC 的模型、视图和控制器都是使用什么组件实现的？

9. 试说明 Struts 2 的 struts. xml 文件的作用。

10. 在 JSP 页面中如何访问值栈中的动作属性？

11. 若要开发国际化的 Struts 2 应用，可以使用哪几种属性文件？

12. 如果属性文件中包含非西欧字符，应该如何转换？

13. 假设使用 Struts 2 的校验框架为 LoginAction 动作类定义校验规则，校验规则文件名应如何确定？

14. 简述用 Tiles 框架设计页面布局需要编写哪些文件。

第 9 章 Hibernate 框架基础

Hibernate 是一个开放源代码的对象/关系映射框架，它用来实现应用程序的持久化功能。本章首先介绍应用程序的持久层和对象/关系映射的概念，然后介绍 Hibernate 框架、核心组件和运行机制，接下来介绍配置文件、映射文件和关联映射，最后介绍 HQL 数据查询。

通过本章的学习，读者应该了解 ORM 和持久层的基本概念，了解 Hibernate 体系结构和常用 API，学会 Hibernate 开发步骤，掌握持久化类与数据表的映射和数据查询。

9.1 Hibernate 开发基础

数据处理已成为当今计算机应用系统中最主要的功能，而数据的存储无疑是应用系统开发中最重要的工作之一。将数据保存到永久存储设备（磁盘或磁带）上的过程就是数据持久化。

9.1.1 分层体系结构与持久层

分层结构是软件设计中一种重要的思想。随着计算机应用软件的不断发展，应用程序从最初的单层结构逐渐演变为双层，后来又发展成三层结构，包括表示层、业务逻辑层和数据库层。各层完成的主要功能如下。

- 表示层：提供了与用户交互的接口，实现用户操作界面，展示用户需要的数据。
- 业务逻辑层：完成业务流程，处理表示层提交的数据请求，并将要保存的数据提交给数据库。
- 数据库层：存储需要持久化的业务数据。数据库独立于应用，它提供了系统状态的一种持久化表现形式。

在上面的三层软件体系结构中，业务逻辑层除了负责业务逻辑以外，还要负责相关的数据库操作，即对业务数据的增、删、改、查。为了使业务逻辑层的开发人员能真正专注于业务逻辑的开发，而不纠缠于底层的实现细节，可以把数据访问从业务逻辑中分离出来，形成一个新的、单独的持久层。增加了持久层后的软件体系结构就变成了 4 层，如图 9-1 所示。

我们知道，Java 语言是面向对象的，Java 程序是通过对象表示数据的。而当今的数据库都是关系型数据库，通过表结构存储数据。这样在程序设计语言中的对象和关系数据库的数据表之间就存在不匹配的情况。如何将程序中的对象存储到数据表中，如何从数据表中取出数据构成程序中的对象，这就是对象与关系之间的映射问题，通常称为对象—关系映射。

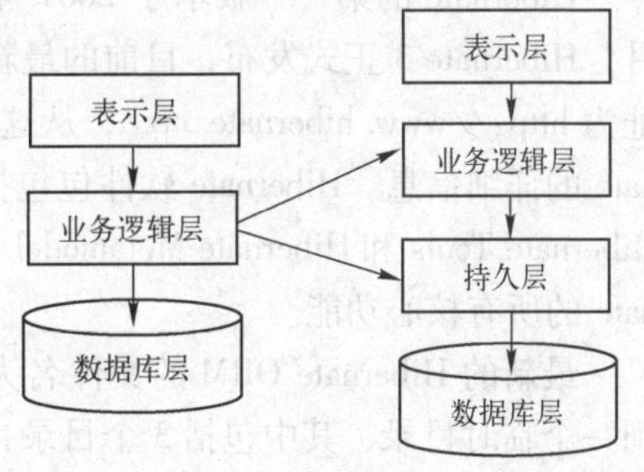

图 9-1　增加了持久层的软件体系结构

持久层是在软件的三层体系结构的基础上发展起来的，它主要解决对象与关系这两大领域之间存在的不匹配问题，为对象和关系数据库之间提供一个成功的映射解决方案。

持久层的实现是和数据库紧密相连的。在 Java 领域内，访问数据库通常使用 JDBC，JDBC 使用灵活而且访问速度快，但 JDBC 不仅需要操作对象，还需要操作关系，并不是完全地面向对象编程。因此，近年来又涌现出了许多新的持久层框架，这些框架为持久层的实现提供了更多的选择。目前主流的持久层框架包括 Hibernate、iBatis 和 JDO 等。这些框架都对 JDBC 进行了封装，使业务逻辑的开发人员不再面对关系型操作，简化了持久层的开发。

9.1.2 对象关系映射 ORM

面向对象的开发方法是当今企业级应用开发的主流开发方法，关系数据库是企业级应用环境中永久存储数据的主流数据库管理系统。在软件开发过程中，对象和关系数据是业务实体的两种不同表现形式，业务实体在内存中的存在形式是对象。要想将业务实体永久存储，则只能将其存入关系数据库，在关系数据库中它以关系数据的形式存在。

为了将面向对象与关系数据库之间的差异屏蔽掉，使开发人员可以用面向对象的思想来操作关系数据库，对象—关系映射（Object/Relation Mapping，ORM）组件就应运而生了，如图 9-2 所示。

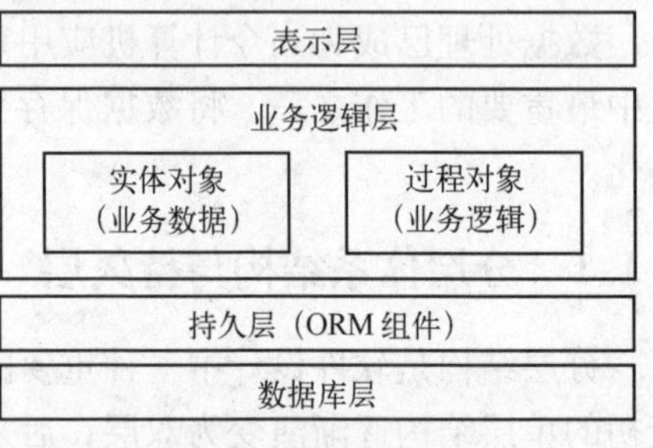

图 9-2　ORM 示意图

对象—关系映射实现了 Java 应用中的对象到关系数据库中表的自动持久化，并使用元数据来描述对象和数据库之间的映射关系，元数据通常采用 XML 格式。

本质上，ORM 完成的是将数据从一种表现形式转换为另一种表现形式。因此，ORM 系统一般以中间件的形式存在，主要实现程序对象到关系数据库数据的映射。Hibernate 是最常用的实现 ORM 的框架。Hibernate 对 JDBC 进行了非常轻量级的封装，使得 Java 程序员可以用对象编程思维来操纵数据库。简单地说，就是将 Java 对象与对象关系映射到关系型数据库的数据表与数据表之间的关系。Hibernate 可以应用在任何使用 JDBC 的场合，既可以在 Java 的客户端程序使用，也可以在 Servlet/JSP 的 Web 应用中使用。

9.1.3 Hibernate 软件包

Hibernate 的第一个版本于 2001 年末发布，2003 年 6 月发布了 Hibernate 2，2005 年 3 月，Hibernate 3 正式发布，目前的最新版本是 Hibernate 4.3.10 版。Hibernate 官方网站的网址为 http://www.hibernate.org/，从这个网站可以获得 Hibernate 所有的发行包和关于 Hibernate 的详细信息。Hibernate 软件包包括 Hibernate ORM、Hibernate Shards、Hibernate Search、Hibernate Tools 和 Hibernate Metamodel Generator 等，其中 Hibernate ORM 软件包包含了 Hibernate 的所有核心功能。

最新的 Hibernate ORM 的文件名为 hibernate-release-4.3.10.Final.zip，将该文件解压到一个临时目录，其中包括 3 个目录：documentation、lib 和 project。

- documentation 目录中包含 Hibernate 的开发指南、DOC 文档等。

- lib 目录中包含 Hibernate 应用编译和运行时所依赖的类库。该目录还包含几个子目录，其中 required 目录中包含了开发 Hibernate 应用所必需的库文件。其中 hibernate - core -4. 3. 10. Final. jar 文件是开发 Hibernate 应用的基础框架和核心 API。其他子目录中包含了可选的库文件，如实现数据库连接池的 c3p0 - 0. 9. 2. 1. jar 包就存放在 optional/c3p0 目录中。
- project 目录中存放的是 Hibernate 项目的源文件。

Java Web 应用程序中要添加 Hibernate 的支持，需要将有关的库文件复制到 WEB - INF/lib 目录中。如果只需要 Hibernate 的基本支持，应将 Hibernate 软件包解压目录的 lib/requried 目录中的 JAR 文件复制到 WEB - INF/lib 目录中。

运行 Hibernate 应用程序可能还需要其他库文件，如数据库驱动程序库，应该将这些库也添加到 WEB - INF/lib 目录中。

9.2 Hibernate 体系结构

Hibernate 作为对象/关系映射框架，它通过映射文件和配置文件把 Java 持久化对象（Persistent Object，PO）映射到数据库中，然后通过操作 PO，对数据表的数据进行插入、删除、修改和查询等操作。Hibernate 的概要结构和详细结构如图 9-3 所示。

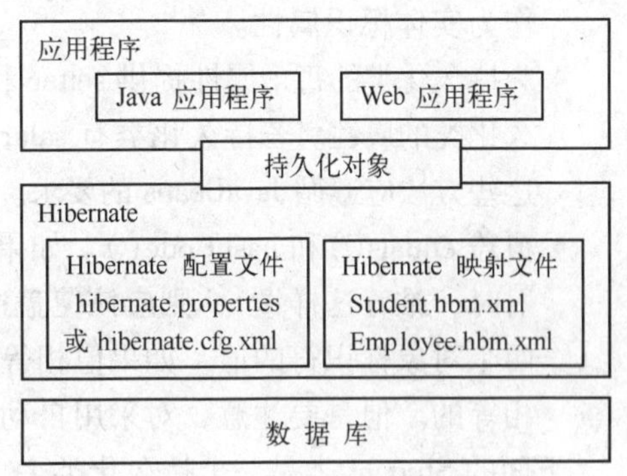

图 9-3　Hibernate 的体系结构

持久化对象 PO 是要写入数据库的对象。Hibernate 配置文件 hibernate. cfg. xml 主要用来配置数据库的连接参数。在一般情况下，该文件是 Hibernate 的默认配置文件。Hibernate 映射文件 Xxx. hbm. xml 用来把持久化类、数据表和 PO 的属性与表的字段一一映射起来，它是 Hibernate 的核心文件。

Hibernate 应用的运行过程如图 9-4 所示。

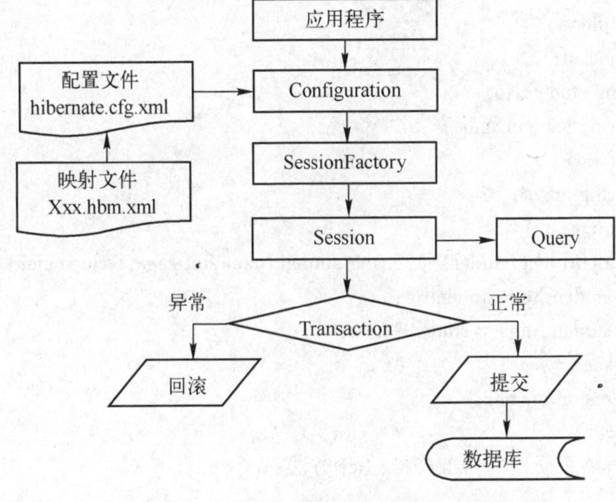

图 9-4　Hibernate 应用的执行过程

应用程序首先创建 Configuration 对象，该对象读取 Hibernate 配置文件和映射文件的信息，并用这些信息创建一个 SessionFactory 会话工厂对象，然后从 SessionFactory 对象生成 Session 会话对象，并用 Session 对象生成 Transaction 事务对象。最后，通过 Session 对象的 save( )、get( )、load( )、update( )和 delete( )等方法对 PO 进行操作，Transaction 对象将把这些操作结果提交到数据库中。如果要进行查询，可以通过 Session 对象生成一个 Query 对象，然后调用 Query 对象的 list( )或 iterate( )执行查询操作，在返回的 List 对象或 Iterator 对象上迭代，即可访问数据库数据。

持久化类是一种轻量级的持久化对象，它通常与关系数据库中的表对应，每个持久化对象与表中的一行对应。Hibernate 中的 PO 完全采用普通 Java 对象（Plain Old Java Object, POJO）来作为持久化对象使用，PO 的属性与数据表中的字段相匹配。

虽然 Hibernate 对持久化类没有太多的要求，但应遵循以下几个规则。

- 提供一个默认的构造方法。持久化类应该提供一个默认的构造方法，以便 Hibernate 用它来创建实例，构造方法的访问修饰符至少应该是包可访问的。
- 提供一个标识属性。标识属性通常映射数据表的主键字段。这个属性的类型可以是任意的基本类型、基本类型包装类、字符串类型或日期类型。建议使用基本类型包装类作为实体标识属性。
- 为持久化类的每个属性提供 setter 和 getter 方法。Hibernate 默认采用属性方式来访问持久化类的属性。若持久化类有 salary 属性，则该类应该定义 getSalary( )和 setSalary( )，这些方法应遵循 JavaBeans 的要求。
- 覆盖 equals( )和 hashCode( )。如果需要把持久化对象存入 Set 中（当需要进行关联映射时，推荐这样做），则应该覆盖这两个方法。覆盖这两个方法最简单的方法是比较两个对象标识符的值。如果值相等，则两个对象对应于数据库的同一行，因此它们是相等的。但是要注意，对采用自动生成标识值的对象不能使用这种方法。

下面的 Student 类是一个持久化类。

【例 9-1】 Student. java 程序，代码如下。

```
package com. entity;
public class Student {
    private Long id;
    private long studentNo;
    private String studentName;
    private int sage;
    private String major;
    public Student( ) { }
    public Student( long studentNo,String studentName,int sage,Stringmajor) {
        this. studentNo = studentNo;
        this. studentName = studentName;
        this. sage = sage;
        this. major = major;
    }
    // 这里省略了属性的 setter 和 getter 方法
}
```

可以看到 Student 类的定义符合 JavaBeans 规范，为每个属性定义了 setter 和 getter 方法，并且属性的访问权限都是 private。所有的持久化类都需要一个默认的构造方法，因为 Hibernate 将使用 Java 的反射机制来创建对象。如果没有定义默认构造方法，编译器将自动创建一个默认构造方法。

Hibernate 的持久化对象分为 3 种状态：临时态（transient）、持久态（persistent）和脱管态（detached）。在开发 Hibernate 程序时，需要充分理解对象的这 3 种状态，才能更好地进行 Hibernate 的开发。下面分别对这 3 种状态进行介绍。

- 临时态（transient）：如果一个实体对象通过 new 关键字创建，但还没有纳入 Hibernate 的 Session 管理之中，它就处于临时状态。其特征是数据库中没有与之匹配的数据，也没有在 Hibernate 的缓存管理之中。如果临时对象在程序中没有被引用，则将被垃圾回收器回收。
- 持久态（persistent）：当一个临时对象与 Session 关联，如执行 save( ) 等，它就成为持久化对象。处于该状态的对象在数据库中有与之匹配的数据，在 Hibernate 缓存的管理之内。当持久化对象有任何的改变时，Hibernate 在更新缓存时对其进行更新。如果实例从持久态变成了临时态，Hibernate 同样会对其进行删除操作，不需要手动检查脏数据。
- 脱管态（detached）：当 Session 关闭后持久化对象变成脱管状态，其特征是在数据库中有与之匹配的数据，但并不处于 Session 的管理之下。

9.3 Hibernate 核心 API

除配置文件、映射文件和持久化对象之外，Hibernate 还包括一些重要的接口和类。本节的目的是使读者对 Hibernate 的 API 有一个更全面的了解。下面列出了 Hibernate 的核心 API。

- org. hibernate. cfg. Configuration，该接口对象用来读取 Hibernate 配置文件，并生成 SessionFactory 对象。
- org. hibernate. SessionFactory，该接口对象是用来创建 Session 实例的工厂。
- org. hibernate. Session，用来操作 PO，它通过 get( )、load( )、save( )、update( ) 和 delete( ) 实现对 PO 的加载、保存、更新和删除等操作。它是 Hibernate 的核心接口。
- org. hibernate. Transaction，用来管理 Hibernate 的事务，它从 Session 的 beginTransaction( ) 生成，它的主要方法有 commit( ) 和 rollback( )。
- org. hibernate. Query，用来对 PO 进行查询操作，它从 Session 的 createQuery( ) 生成。

9.3.1 Configuration 类

Configuration 类负责管理 Hibernate 的配置信息。Hibernate 运行时需要获取一些底层实现的基本信息，如数据库驱动程序类、数据库的 URL 等。这些信息定义在 Hibernate 的配置文件 hibernate. cfg. xml 中。调用 Configuration 类的 configure( ) 将加载配置文件，代码如下。

```
Configuration config = new Configuration(). configure();
```

执行该语句时，Hibernate 会自动在 WEB - INF/classes 目录中搜寻 hibernate. cfg. xml，如果该文件存在，则将该文件的内容加载到内存中；若不存在，则抛出异常。

9.3.2 SessionFactory 接口

SessionFactory 是会话工厂对象，它负责创建 Session 实例。构造 SessionFactory 对象很耗费资源，所以一般情况下，一个应用只初始化一个 SessionFactory 对象，为不同的线程提供 Session。SessionFactory 对象需要通过 Configuration 创建。下面的 HibernateUtil 辅助类完成启动 Hibernate 和创建会话工厂对象。

【例 9-2】HibernateUtil. java 程序，代码如下。

```
package com.util;
import org.hibernate.SessionFactory;
import org.hibernate.boot.registry.StandardServiceRegistryBuilder;
import org.hibernate.cfg.Configuration;
import org.hibernate.service.ServiceRegistry;
public class HibernateUtil {
    private static final SessionFactory sessionFactory = buildSessionFactory();
    private static SessionFactory buildSessionFactory() {
        try {
            // 根据 hibernate.cfg.xml 创建 SessionFactory 对象
            Configuration configuration = new Configuration();
            configuration.configure("hibernate.cfg.xml");
            // 创建 ServiceRegistry 实例
            ServiceRegistry serviceRegistry = new StandardServiceRegistryBuilder().
                        applySettings(configuration.getProperties()).build();
            SessionFactory sessionFactory =
                    configuration.buildSessionFactory(serviceRegistry);
            return sessionFactory;
        } catch (Throwable ex) {
                throw new ExceptionInInitializerError(ex);
        }
    }
    public static SessionFactory getSessionFactory() {
        return sessionFactory;
    }
}
```

Configuration 对象会根据当前的 hibernate. cfg. xml 配置文件信息，通过 Configuration 对象的 buildSessionFactory( )方法创建 SessionFactory 对象，为该方法传递一个 ServiceRegistry 对象，它通过 StandardServiceRegistryBuilder 对象的 build( )方法创建。

📖 Hibernate 的早期版本创建 SessionFactory 是调用 Configuration 对象的 buildSessionFactory( )方法，在 Hibernate 4 中该方法应该带一个 ServiceRegistry 参数，它通过 StandardServiceRegistryBuilder 的 build( )方法创建。

9.3.3 Transaction 接口

org. hibernate. Transaction 对象表示数据库事务，它的运行与 Session 对象有关，可调用 Session 的 beginTransaction( )方法生成一个 Transaction 实例，如下面的代码所示。

```
Transaction tx = session. beginTransaction( ) ;
```

Transaction 接口的常用方法如下。

- public void begin( )：开始事务。
- public void commit( )：提交事务。
- public void rollback( )：回滚事务。
- public boolean wasCommited( )：返回事务是否已提交。
- public boolean wasRolledBack( )：返回事务是否已回滚。

一个 Session 实例可以与多个 Transaction 实例关联，但一个特定的 Session 实例在任何时候必须至少与一个未提交的 Transaction 实例关联。

9.3.4 Session 接口

Session 对象是应用程序与数据库之间的一个会话，它是 Hibernate 的核心对象，是持久层操作的基础。持久化对象的生命周期、数据库的存取和事务的管理都与 Session 息息相关。

使用 SessionFactory 对象的 getCurrentSession( )或 openSession( )方法创建 Session 对象。

```
Session session = factory. getCurrentSession( ) ;
Session session = factory. openSession( ) ;
```

Session 接口定义了 save( )、load( )、update( )和 delete( )等方法来分别实现持久化对象的保存、加载、修改和删除等操作。这种持久化操作是受 Session 控制的，即通过 Session 对象来完成这些操作。

1. save( )方法

save( )方法用来将临时对象持久化到数据库中，对象将从临时状态变为持久状态。格式如下。

```
Serializable save( Object object) throws HibernateException
```

该方法将一个 PO 的属性取出放入 PreparedStatement 语句中，然后向数据库中插入一条记录（或多条记录，如果有级联）。例如，下面的代码把一个新建的 Student 对象持久化到数据库中。

```
Student stud = new Student( ) ;
stud. setStudentNo( "20120101" ) ;
…
session. save( stud) ;
```

在调用 save( )时，Hibernate 并不立即执行 SQL 语句，而是等到清理完缓存后再执行。

如果在调用 save( )后又修改了 stud 的属性，则 Hibernate 将发出一条 INSERT 语句和一条 UPDATE 语句来完成持久化操作，如下面的代码所示。

```
Student stud = new Student( );
stud. setStudentNo( "20120101" );
stud. setStudentName( "王小明" );
session. save( stud);
stud. setStudentName( "张大海" );
//事务提交,关闭 Session
```

当对象在持久化状态时，它一直位于 Session 的缓存中，对它的任何操作在事务提交时都将同步保存到数据库中。

2. get( )方法

get( )方法用来返回一个持久化类的实例，格式如下。

```
public Object get( Class clazz,Serializable id)
```

clazz 是持久化类型，id 是对象的主键值。以下代码用于取得主键 id 值为 22 的一个 Student 对象。

```
Student stud = ( Student) session. get( Student. class, new Integer(22) );
```

get( )的执行顺序如下。

- 首先通过 id 值在 Session 一级缓存中查找对象，如果存在此 id 主键值的对象，直接将其返回。
- 否则，在 SessionFactory 二级缓存中查找，找到后将其返回。
- 如果在一级缓存和二级缓存中都不能找到指定的对象，则从数据库加载拥有此 id 的对象。

因此，get( )并不总是向数据库发送 SQL 语句，只有当缓存中无此对象时，才向数据库发送 SQL 语句以取得数据。

3. load( )方法

load( )方法也是通过标识符来得到指定类的持久化对象实例的，其一般格式为。

```
Object load( Class clazz,Serializable id) throws HibernateException
```

返回给定的实体类和标识符的持久化实例。该方法与 get( )具有相同的格式，但二者有以下区别。

- 当记录不存在时，get( )返回 null，load( )抛出 HibernateException 异常。
- load( )可以返回实体的代理实例，而 get( )永远都直接返回实体类。

4. update( )方法

update( )方法用来更新脱管对象，格式如下。

```
void update( Object object) throws HibernateException
```

这里，object 为脱管实例，调用该方法将其更新为持久实例。如果配置文件设置了 cascade = "save - update"，调用该方法将级联更新有关的实例。

```
… //打开 Session,开启事务
stud = (Student) seesion. get(Student. class, new Integer(20120101));
stud. setStudentName("李明月");
session. update(stud);
… //关闭 Session,提交事务
```

5. saveOrUpdate( )方法

在实际应用中，Web 程序员可能不知道一个对象是临时对象还是脱管对象，而对临时对象使用 update( )方法是不对的，对脱管对象使用 save( )方法也是不对的。这时可以使用 saveOrUpdate( )，格式如下。

```
void saveOrUpdate(Object object) throws HibernateException
```

saveOrUpdate( )兼具 save( )和 update( )的功能，对于传入的对象，saveOrUpdate( )首先判断该对象是临时对象还是脱管对象，然后调用合适的方法。如果传入的是临时对象，则调用 save( )；如果传入的是脱管对象，则调用 update( )。

6. delete( )方法

delete( )方法用于从数据库中删除一个持久实例，格式如下。

```
void delete(Object object) throws HibernateException
```

参数对象既可以是与事务相关的持久实例，也可以是临时实例。如果关联设置了 cascade = "delete"，该方法将级联删除相关的对象。

9.3.5 Query 接口

Query 接口主要用来创建 HQL 查询对象。HQL 是 Hibernate 提供的一种功能强大的查询语言。通过 Session 的 createQuery( )获得 Query 实例，格式如下。

```
Query createQuery(String queryString)
```

参数 queryString 是一个 HQL 字符串，可以是 SELECT 查询语句，也可以是 DELETE 等更新语句。该方法返回一个 Query 对象，使用该对象可以查询数据库。

```
Query query = session. createQuery("from Student"); //生成一个 Query 实例
```

创建了 Query 对象后，就可以调用 Query 接口的 list( )、iterate( )或 executeUpdate( )方法来执行查询或更新操作。

下面介绍 Query 接口中的常用方法。

1. list( )和 iterate( )方法

list( )方法返回一个 List 对象，如果结果集是多个，则返回一个 Object[ ]对象数组。iterate( ) 方法返回一个 Iterator 对象，如果结果集是多个，则返回一个 Object[ ]对象数组。

```
Query query = session.createQuery("from Student s where s.sage > ?");
query.setInteger(0,20);          //设置参数值
List<Student> list = query.list();
for(int i = 0;i < list.size();i++){
    Student stud = (Student)list.get(i);
    System.out.println(stud.getStudentName());
}
```

2. executeUpdate()方法

Query 的 executeUpdate()方法用于执行 HQL 的更新和删除语句，常用于批量更新和批量删除，格式如下。

```
int executeUpdate() throws HibernateException
```

返回值为更新或删除的行数。

```
Query query = session.createQuery("delete from Student");
  query.executeUpdate();
```

3. setFirstResult()和 setMaxResult()方法

Query 接口还提供了 setFirstResult()和 setMaxResults()两个方法，它们分别用来设置返回结果的第一行和最大行数，格式如下。

- Query setFirstResult(int firstResult)：设置要返回的第一行。如果没有设置，将从结果集的第 0 行开始。
- Query setMaxResults(int maxResults)：设置返回的最大行数。如果没有设置，返回的结果数没有限制。

4. uniqueResult()方法

uniqueResult()方法返回该查询对象的一个实例，如果查询无结果，则返回 null，格式如下。

```
Object uniqueResult() throws HibernateException
```

9.4 配置文件

Hibernate 配置文件用来配置 Hibernate 运行的各种信息，在 Hibernate 应用开始运行时，要读取配置文件信息。Hibernate 的默认配置文件 hibernate.cfg.xml 是 XML 文件格式。在 Hibernate 系统中，可以在 hibernate.cfg.xml 中定义数据库连接信息和定义要用到的 Xxx.hbm.xml 映射文件列表。

📖 在 Hibernate 解压目录的 project\etc 目录中也有一个 hibernate.cfg.xml 文件，它可作为配置文件模板。

下面的配置文件配置了到 MySQL 数据库的连接信息及 Student.hbm.xml 映射文件，存放在 src 目录中。

【例 9-3】hibernate. cfg. xml 配置文件，代码如下。

```
<?xml version = '1.0 'encoding = 'utf - 8 '? >
<!DOCTYPE hibernate - configuration PUBLIC
    " -//Hibernate/Hibernate Configuration DTD 3.0//EN"
    "http://www.hibernate.org/dtd/hibernate - configuration - 3.0.dtd" >
<hibernate - configuration >
  <session - factory >
    <!-- 指定数据库连接参数 -- >
    <property name = "connection.driver_class" >
        com.mysql.jdbc.Driver </property >
    <property name = "connection.url" >
        jdbc:mysql://localhost:3306/test </property >
    <property name = "connection.username" > root </property >
    <property name = "connection.password" >12345 </property >

    <!-- 指定 JDBC 连接池大小 -- >
    <property name = "connection.pool_size" >1 </property >
    <!-- 指定数据库 SQL 方言 -- >
    <property name = "dialect" >
      org.hibernate.dialect.MySQL5Dialect </property >
    <!-- 打开 Hibernate 自动会话上下文管理 -- >
    <property name = "current_session_context_class" > thread </property >
    <!-- 关闭二级缓存 -- >
    <property name = "cache.provider_class" >
      org.hibernate.cache.NoCacheProvider </property >
  <!-- 指定将所有执行的 SQL 语句回显到 stdout -- >
    <property name = "show_sql" > true </property >
    <!-- 指定在启动时对表进行检查 -- >
    <property name = "hibernate.hbm2ddl.auto" > validate </property >
    <!-- 指定映射文件,若有多个映射文件,使用多个 mapping 元素指定 -- >
    <mapping resource = "com/entity/Student.hbm.xml"/>
  </session - factory >
</hibernate - configuration >
```

📖 必须把数据库驱动程序添加到 WEB - INF/lib 目录中，程序才能正确运行。

配置文件的根元素是 <hibernate - configuration>，其子元素 <session - factory> 用来定义一个数据库会话工厂。如果需要使用多个数据库，就需要使用多个 <session - factory> 元素定义，但通常把它们放在多个配置文件中。

<session - factory> 元素的子元素 <property> 用来定义数据库连接信息，<mapping> 子元素用来指定持久化类映射文件的相对路径。

📖 在 Hibernate 中还可以使用属性文件的格式，文件名为 hibernate. properties。用属性文件的格式的缺点是需要在程序中以硬编码方式定义映射文件。

9.4.1 数据库连接配置

Hibernate 支持两种数据库连接方式：JDBC 和 JNDI 方式。

使用基本 JDBC 连接数据库，需要指定数据库驱动程序、URL、用户名和密码等属性值，如表 9-1 所示。

表 9-1 JDBC 属性配置

name 属性值	说 明
connection. driver_class	设置数据库驱动程序类名
connection. url	设置数据库连接的 URL
connection. username	设置连接数据库使用的用户名
connection. password	设置连接数据库使用的密码
dialect	指定连接数据库使用的 Hibernate 方言

9.4.2 数据库方言配置

Hibernate 底层仍然使用 SQL 语句执行数据库操作，虽然所有关系型数据库都支持标准的 SQL，但不同数据库的 SQL 还是有一些语法差异，因此 Hibernate 使用数据库方言来识别这些差异。一旦为 Hibernate 设置了合适的数据库方言，Hibernate 就可以自动处理数据库访问所存在的差异。常用的数据库所使用的方言如表 9-2 所示。

表 9-2 常用数据库的方言

数 据 库 名	方 言 类 名
MySQL5	org. hibernate. dialect. MySQL5Dialect
Oracle11g	org. hibernate. dialect. Oracle10gDialect
PostgreSQL	org. hibernate. dialect. PostgreSQLDialect
DB2	org. hibernate. dialect. DB2Dialect
Sybase	org. hibernate. dialect. SybaseASE15Dialect
Microsoft SQL Server 2008	org. hibernate. dialect. SQLServer2008Dialect
Pointbase	org. hibernate. dialect. PointbaseDialect

9.4.3 数据库连接池配置

使用数据库连接池技术可以明显提高数据库应用的效率。Hibernate 提供了 JDBC 连接池功能，它通过 hibernate. connection. pool_size 属性指定，这是 Hibernate 自带的连接池的配置参数。

然而，在 Hibernate 开发中经常使用第三方提供的数据库连接池技术，如 C3P0 连接池。要使用 C3P0 连接池，需要将 Hibernate 解压目录 lib \ optional \ c3p0 中的 jar 文件添加到 WEB - INF\lib 目录中。

在配置文件中使用下面代码配置 C3P0 连接池。

```
<!-- 配置最大连接数 -->
<property name = "hibernate. c3p0. max_size" >100 </property >
<!-- 配置最小连接数 -->
<property name = "hibernate. c3p0. min_size" >5 </property >
```

```
<!-- 配置连接的超时时间,如果超过这个时间会抛出异常,单位为毫秒 -->
<property name="hibernate.c3p0.timeout">5000</property>
<!-- 配置最大的 PreparedStatement 的数量 -->
<property name="hibernate.c3p0.max_statement">100</property>
<!-- 配置每隔多少秒检查连接池里的空闲连接,单位为秒 -->
<property name="hibernate.c3p0.idle_test">120</property>
<!-- 配置当连接池中的连接用完后,C3P0 一次分配的新的连接数 -->
<property name="hibernate.c3p0.acquire_increment">2</property>
<!-- 配置是否每次都验证连接是否可用 -->
<property name="hibernate.c3p0.validate">false</property>
```

9.4.4 其他常用属性配置

在配置文件中还可以配置许多其他属性，如 JNDI 数据源的连接属性、Hibernate 事务属性、二级缓存相关属性，以及外连接抓取属性等。表 9-3 给出了其他一些常用属性配置。

表 9-3 其他常用属性配置

属性名	说明
hibernate.show_sql	是否在控制台显示 Hibernate 生成的 SQL 语句，值为 true 或 false
hibernate.format_sql	是否将 SQL 语句转换成格式良好的 SQL，值为 true 或 false
hibernate.use_sql_comments	是否在 Hibernate 生成的 SQL 语句中添加有助于调试的注释
hibernate.jdbc.fetch_size	指定 JDBC 抓取数量的大小，它接受一个整数值，其实质是调用 Statement.setFetchSize()
hibernate.jdbc.batch_size	指定 Hibernate 使用 JDBC 的批量更新大小，它接受一个整数值，建议取 5 到 30 之间的值
hibernate.connection.autocommit	设置是否自动提交。通常不建议打开自动提交
hibernate.bhm2ddl.auto	设置当创建 SessionFactory 时，是否根据映射文件自动建立数据库表。该属性取值可以为 create、update 和 create-drop 等

9.5 映射文件

Hibernate 的映射文件定义持久化类与数据表之间的映射关系，如数据表的主键生成策略、字段的类型和实体关联关系等。在 Hibernate 中，映射文件是 XML 文件，其命名规范是 *.hbm.xml。例如，为持久化类 Student 定义的映射文件名应为 Student.hbm.xml，保存在与 Student.java 相同的目录中，内容如下。

【例 9-4】 Student.hbm.xml 映射文件，代码如下。

```
<?xml version="1.0" encoding="UTF-8"?>
<!DOCTYPE hibernate-mapping PUBLIC
        "-//Hibernate/Hibernate Mapping DTD 3.0//EN"
        "http://hibernate.sourceforge.net/hibernate-mapping-3.0.dtd">
<hibernate-mapping package="com.entity">
    <class name="Student" table="student">
        <id name="id" column="id">
```

```
            <generator class = "identity" />
        </id>
        <property name = "studentNo" type = "long" column = "studentno" />
        <property name = "studentName" type = "string" column = "studentname" />
        <property name = "sage" type = "integer" column = "sage" />
        <property name = "major" type = "string" column = "major" />
    </class>
</hibernate-mapping>
```

映射文件的根元素是 <hibernate - mapping>，其 package 属性用来指定持久化类所在的包名。子元素 <class>定义一个持久化类与数据表之间的映射，其中包括主键映射和属性映射。从映射文件可以看出，它在持久化类与数据表之间起着桥梁的作用，映射文件描述了持久化类与数据表之间的映射关系，同样也反映了数据表的结构等信息。使用映射文件可以自动建立数据表。

下面详细介绍映射文件的各元素。

1. <hibernate - mapping>元素

该元素是映射文件的根元素，其他元素嵌入在 <hibernate - mapping>元素内，其常用的属性主要有 package 属性，用于指定包名。

2. <class>元素

<class>元素用于指定持久化类和数据表的映射。name 属性指定持久化类名，table 属性指定表名。如果缺省该属性，则使用类名作为表名。

3. <id>元素

<id>元素声明了一个标识符属性，例如在上述映射文件中的<id>元素如下。

```
<id name = "id" column = "id" >
    <generator class = "identity" />
</id>
```

name = "id" 表示使用 Student 类的 id 属性作为对象标识符，它与 student 表的 id 字段对应。同时告诉 Hibernate 使用 Student 类的 getId( ) 和 setId( ) 访问这个属性。

4. <generator>元素

<generator>元素是<id>元素的一个子元素，它用来指定标识符的生成策略（即如何产生标识符值）。它有一个 class 属性，用来指定一个 Java 类的名称，该类用来为该持久化类的实例生成唯一的标识，所以也称为生成器（Generator）。Hibernate 提供了多种内置的生成器，表 9-4 给出了生成器的名称。

表 9-4 常见的生成器

主键生成器	说　明
increment	为 long、short 或者 int 类型生成唯一标识。只有在没有其他进程往同一张表中插入数据时才能使用。在集群下不要使用
identity	对 DB2、MySQL、MS SQL Server、Sybase 和 HypersonicSQL 的内置标识字段提供支持。返回的标识符是 long、short 或者 int 类型

（续）

主键生成器	说　明
sequence	在 DB2、PostgreSQL 和 Oracle 等提供序列的数据库中使用。返回的标识属性值是 long、short 或 int 类型
hilo	使用一个高/低位算法来生成 long、short 或者 int 类型的标识符，该算法需要从数据库的某个表的字段中读取 high 值
assigned	让应用程序在调用 save( ) 之前为对象分配一个标识符。这是 < generator > 元素没有指定时的默认生成策略
native	根据底层数据库对自动生成 OID 能力的支持，具体选择 identity、sequence 或 hilo 生成器来产生 OID，常用于跨平台应用
foreign	使用另外一个相关联的对象的标识符。它通常和 < one - to - one > 联合使用

5. < property > 元素

< property > 元素用来映射实体类的普通属性，通过该元素能够详细地对数据表的字段进行描述。< property > 元素的常用属性及说明如表 9-5 所示。

表 9-5　< property > 元素的常用属性及说明

属 性 名	说　明
name	指定持久化类中的属性名称
column	指定数据表中的字段名称
type	指定数据表中的字段类型,这里指 Hibernate 映射类型
not - null	指定数据表字段的非空属性，它是一个布尔值
length	指定数据表中的字段长度
unique	指定数据表字段值是否唯一，它是一个布尔值
lazy	设置延迟加载

📖 在实际开发中，可以省略 column 及 type 属性的配置，此时 Hibernate 默认使用持久化类中的属性名及属性类型映射数据表中的字段。但要注意，当持久化类中的属性名与数据库 SQL 关键字相同时（如 sum、group 等），应该使用 column 属性指定具体的字段名称以示区分。

从映射文件可以看出，它描述了持久化类与数据表之间的映射关系，是持久化类与数据库之间的桥梁，同样也给出了数据表的结构等信息。

使用 Hibernate 可以开发独立的 Java 应用程序，下面的程序在 main( ) 中完成会话对象和各种对象的创建及持久化操作。

【例 9-5】Main. java 示例应用程序，代码如下。

```
package com. action;
import org. hibernate. Session;
import com. model. Student;
import com. util. HibernateUtil;

public class Main {
    public static void main( String[ ] args) {
        // 创建会话对象
        Session session = HibernateUtil. getSessionFactory( ). getCurrentSession( );
        // 开始一个事务
```

```
            session.beginTransaction();
            //创建一个 student 对象
            Student student = new Student();
            student.setStudentNo(20120108);
            student.setStudentName("王小明");
            student.setSage(20);
            student.setMajor("计算机科学");
            // 将 student 对象持久化到数据表中
            session.save(student);
            System.out.println("插入学生成功!");
            // 从数据库中读取一个对象
            Student stud = (Student)session.get(Student.class,new Long(1));
            System.out.println(stud.getStudentName() + "   " + stud.getSage());
            session.getTransaction().commit();                    // 提交事务
            HibernateUtil.getSessionFactory().close();             // 关闭会话工厂
        }
    }
```

程序使用工具类 HibernateUtil 创建一个 Session 对象，然后开始一个事务，接下来使用 Session 对象的 save()方法将一个学生实例持久化到数据库中，然后再用 get()方法读取一个学生实例，最后关闭会话工厂。

9.6 关联映射

在 Hibernate 中，持久化实体属性有各种类型，它们需要映射到数据库中不同类型的字段。实体之间还有各种关联，它们也要映射到数据库中。本节主要讨论关联映射。

9.6.1 实体关联类型

在关系数据库中，实体与实体之间的联系有一对一、一对多、多对一和多对多 4 种类型。在 Hibernate 中实体类之间也存在这 4 种关联类型。

- 一对一：一个实体实例与其他实体的单个实例相关联。例如，一个人（Person）只有一个身份证（IDCard），人和身份证之间就是一对一的关联。
- 一对多：一个实体实例与其他实体的多个实例相关联。例如，在订单系统中，一个订单（Order）和订单项（OrderItem）具有一对多的关联。
- 多对一：一个实体的多个实例与其他实体的单个实例相关联。这种情况和一对多的情况相反。在人力资源管理系统中，员工（Employee）和部门（Department）之间就是多对一的关联。
- 多对多：实体 A 的一个实例与实体 B 的多个实例相关联，反之，实体 B 的一个实例与实体 A 的多个实例相关联。例如，在大学里，一门课程（Course）有多个学生（Student）选修，一名学生可以选修多门课程。因此，学生和课程之间具有多对多的关联。

9.6.2 单向关联与双向关联

实体关联的方向可以是单向的（Unidirectional）或双向的（Bidirectional）。在单向关联中，只有一个实体具有引用相关联实体的字段。例如，OrderItem 具有一个标识 Product 的字段，但是 Product 没有引用 OrderItem 的字段。换句话说，通过 OrderItem 可以知道 Product，但是通过 Product 并不能知道是哪个 OrderItem 实例引用它。

在双向关联中，每个实体都具有一个引用相关联实体的字段。通过关联字段，实体类的代码可以访问与它相关的对象。例如，如果 Order 知道它具有哪些 OrderItem 实例，而且如果 OrderItem 知道它属于哪个 Order，则它们具有一种双向关联。

HQL 查询语言的查询通常会跨关系进行导航。关联的方向决定了查询能否从某个实体导航到另外的实体。例如，如果从 Department 实体到 Student 实体具有单向关联，则可以从 Department 导航到 Student，反之则不能。但如果这两个实体具有双向关联，则也可以从 Student 实体导航到 Department 实体。

9.6.3 一对多关联映射

具有关联关系的实体需要通过映射文件映射。下面主要讨论一对多关联映射、一对一关联映射和多对多关联映射。

在实际应用中，一对多关联最常见，例如一个部门（Department）有多个员工（Employee）就是典型的一对多联系，如图 9-5 所示。在实际编写程序时，一对多关联有两种实现方式：单向关联和双向关联。单向一对多关联只需要在一方配置映射，而双向一对多关联需要在关联的双方进行映射。下面以部门（Department）和员工（Employee）为例，说明如何进行一对多关联的映射。

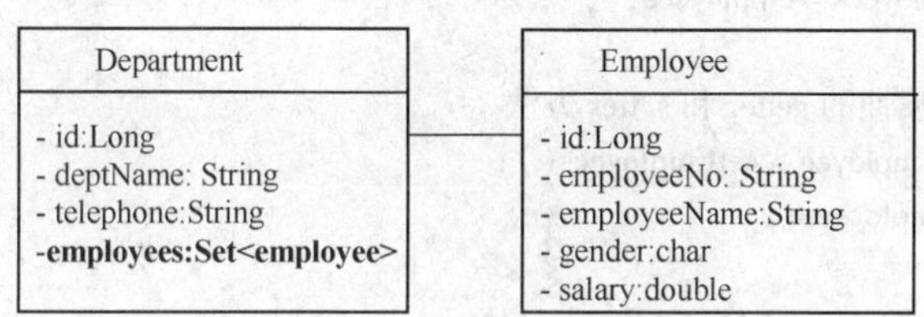

图 9-5 Department 与 Employee 之间的关联

1. 单向关联

为了让两个持久类支持一对多的关联，需要在“一”方的实体类中增加一个属性，该属性引用“多”方关联的实体。具体来说，就是在 Department 类中增加一个 Set < Employee > 类型的属性，并且为该属性定义 setter 和 getter 方法。

【例 9-6】 Employee. java 程序，代码如下。

```
package com. hibernate;
import java. time. LocalDate;
public classEmployee{
    private Long id;
    private StringemployeeNo;
    private StringemployeeName;
    private char gender;
    private double salary;
    public Employee(){ }
```

```
    public Employee(String employeeNo,String employeeName,
                    char gender,double salary) {
        this.employeeNo = employeeNo;
        this.employeeName = employeeName;
        this.gender = gender;
        this.salary = salary;
    }
    //省略各属性的 setter 和 getter 方法
}
```

【例 9-7】Department. java 程序，代码如下。

```
package com.hibernate;
import java.util.*;
public class Department {
    private Long id;
    private String deptName;
    private String telephone;
    private Set<Employee> employees;        // 引用员工的集合属性
    public Department(){}                   // 默认构造方法
    public Department(String deptName,String telephone,Set<Employee> employees) {
        this.deptName = deptName;
        this.telephone = telephone;
        this.employees = employees;
    }
    //employees 属性的 getter 和 setter 方法
    public Set<Employee> getEmployees() {
        return employees;
    }
    public void setEmployees(Set<Employee> employees) {
        this.employees = employees;
    }
    //省略其他属性的 getter 和 setter 方法
}
```

注意，在 Department 类中定义了一个 Set 类型的属性 employees，并且为该属性定义了 setter 和 getter 方法。有了这个属性，才能保证从“一”方访问到“多”方。

【例 9-8】Employee. bhm. xml 映射文件，代码如下。

```
<?xml version="1.0" encoding="UTF-8"?>
<!DOCTYPE hibernate-mapping PUBLIC
        "-//Hibernate/Hibernate Mapping DTD 3.0//EN"
        "http://hibernate.sourceforge.net/hibernate-mapping-3.0.dtd">
<hibernate-mapping package="com.entity">
  <class name="Employee" table="employee">
    <id name="id" column="id">
        <generator class="identity"/>
```

```
        </id>
        <property name="employeeNo" type="string" column="employee_no" />
        <property name="employeeName" type="string" column="employee_name" />
        <property name="gender" type="char" column="gender" />
        <property name="salary" type="double" column="salary" />
    </class>
</hibernate-mapping>
```

对于单向的一对多关联只需在“一”方实体类的映射文件中使用<one-to-many>元素进行配置，即只需配置 Department 的映射文件 Department.bhm.xml，如下所示。

【例 9-9】 Department.bhm.xml 映射文件，代码如下。

```
<?xml version="1.0" encoding="UTF-8"?>
<!DOCTYPE hibernate-mapping PUBLIC
        "-//Hibernate/Hibernate Mapping DTD 3.0//EN"
        "http://hibernate.sourceforge.net/hibernate-mapping-3.0.dtd">
<hibernate-mapping package="com.entity">
    <class name="Department" table="department" lazy="true">
        <id name="id" column="id">
            <generator class="identity" />
        </id>
        <property name="deptName" type="string" column="dept_name" />
        <property name="telephone" type="string" column="telephone" />
        <set name="employees" table="employee"
            lazy="false" inverse="false"
            cascade="all" sort="unsorted">
            <key column="dept_id"/>    <!--关联表(多方)的外键名-->
            <one-to-many class="com.entity.Employee" />
        </set>
    </class>
</hibernate-mapping>
```

在上述映射文件中，<class>元素的 lazy 属性设置为 true，表示数据延迟加载；如果 lazy 属性设置为 false，表示数据立即加载。下面对立即加载和延迟加载这两个概念进行说明。

- 立即加载：表示当 Hibernate 从数据库中取得数据组装好一个对象（如 Department 对象）后，会立即再从数据库中取出此对象所关联的对象的数据组装对象（如 Employee 对象）。
- 延迟加载：表示当 Hibernate 从数据库中取得数据组装好一个对象（如 Department 对象）后，不会立即再从数据库中取出此对象所关联的对象的数据组装对象（如 Employee 对象），而是等到需要时，才会从数据库中取得数据组装关联对象。

映射文件中的<set>元素用来描述 Set 类型字段 employees，该元素的各属性含义如下。

- name：指定字段名。本例中的字段名为 employees，其类型为 java.util.Set。
- table：指定关联的表名，本例为 employee 表。
- lazy：指定是否延迟加载，false 表示立即加载。
- inverse：用于表示双向关联中被动的一端。inverse 值为 false 的一方负责维护关联关系。
- cascade：指定级联关系。cascade=all 表示所有情况下均进行级联操作，即包含 save-update 和 delete 操作。

- sort：指定排序关系，其可选值为 unsorted（不排序）、natural（自然排序）和 comparatorClass（由实现 Comparator 接口的类指定排序算法）。
- <key>子元素的 column 属性指定关联表（本例为 employee 表）的外键（dept_id）。
- <one-to-many>子元素的 class 属性指定关联类的名称。

在 hibernate.cfg.xml 文件中加入下面配置映射文件的代码。

```
<mapping resource="com/entity/Employee.hbm.xml"/>
<mapping resource="com/entity/Department.hbm.xml"/>
```

下面的代码创建了一个 Department 对象 depart 和两个 Employee 对象，并将它们持久化到数据库表中。

```
Session session = HibernateUtil.getSessionFactory().getCurrentSession();
Transaction tx = session.beginTransaction();
Employee emp1 = new Employee("901","王小明",'男',3500.00),
              emp2 = new Employee("902","张大海",'女',4800.00);
Set<Employee> employees = new HashSet<Employee>();
employees.add(emp1);
employees.add(emp2);
Department depart = new Department("软件开发部","3400222",employees);
session.save(depart);
tx.commit();
```

执行上述代码后，将在 department 表中插入一条记录，在 employee 表中插入两条记录。对于单向的一对多关联，查询时只能从“一”方导航到“多”方，如下所示。

```
String query_str = "from Department d inner join d.employees e";
Query query = session.createQuery(query_str);
List list = query.list();
for(int i=0;i<list.size();i++){
    Object obj[] = (Object[])list.get(i);
    Department dept = (Department)obj[0];    // dept 是数组中的第一个对象
    Employee emp = (Employee)obj[1];         // emp 是数组中的第二个对象
    System.out.println(dept.getDeptName() + ":" + emp.getEmployeeName());
}
```

2. 双向关联

如果要设置一对多双向关联，需要在“多”方的类（如 Employee）中添加访问“一”方对象的属性和 setter 及 getter 方法。例如，如果要设置 Department 和 Employee 的双向关联，需要在 Employee 类中添加下面代码。

```
private Department department;
public Department getDepartment(){
    return this.department;
}
public void setDepartment(Department department){
    this.department = department;
}
```

在“多”方的映射文件 Employee. hbm. xml <class>元素中使用<many-to-one>元素定义多对一关联。代码如下。

```
<many-to-one  name="department" class="com.entity.Department"
    cascade="all" outer-join="auto" column="dept_id"/>
```

此外，还需要把 Department. bhm. xml 中的<set>元素的 inverse 属性值设置为 true，如下所示。

```
<set name="employees" table="employee"
    lazy="false" inverse="true"
      cascade="all" sort="unsorted">
    <key column="dept_id"/>
    <one-to-many class="com.entity.Employee"/>
</set>
```

下面的代码实现了从 Employee 和 Department 实体类查询的功能，这里用到了实体连接的功能，它是从“多”方导航到“一”方。

```
Session session = HibernateUtil.getSessionFactory().getCurrentSession();
Transaction tx = session.beginTransaction();
Department depart = new Department();
depart.setDeptName("财务部");
depart.setTelephone("112233");
Employee emp1 = new Employee("903","刘涛",'男',4200.00),
                emp2 = new Employee("904","李明翰",'女',5200.00);
emp1.setDepartment(depart);
emp2.setDepartment(depart);
session.save(emp1);
session.save(emp2);
//查询员工及部门信息
String queryString = "from Employee e inner join e.department d";
Query query = session.createQuery(queryString);
List list = query.list();
for(int i=0;i<list.size();i++){
    Object obj[] = (Object[])list.get(i);
    Employee emp = (Employee)obj[0];             // emp 是数组中的第一个对象
    Department dept = (Department)obj[1];        // dept 是数组中的第二个对象
    System.out.println(dept.getDeptName() + " :" + emp.getEmployeeName());
}
```

9.6.4 一对一关联映射

一对一关联在实际应用中也比较常见，例如学生（Student）与学生的校园卡（Card）之间就具有一对一的关联关系，如图 9-6 所示。一对一关联也分为单向的和双向的，它需要在映射文件中使用<one-to-one>元素映射。另外，一对一关联关系在 Hibernate 中的实现有两种方式：主键关联和外键关联。

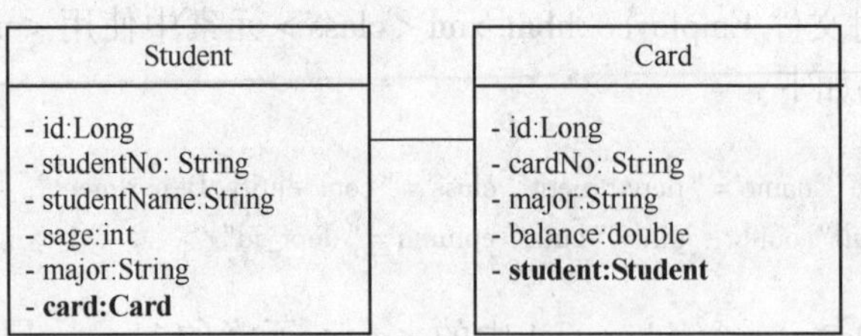

图 9-6 Student 与 Card 之间的一对一关联

1. 主键关联

主键关联是指关联的两个实体共享一个主键值，即主键值相同。例如，Student 和 Card 是一对一关系，它们在数据库中对应的表分别是 student 和 card。两个关联的实体在表中具有相同的主键值，这个主键值可由 student 表生成，也可由 card 表生成。在另一个表中要引用已经生成的主键值需要在映射文件中使用主键的 foreign 生成机制。

为了建立 Student 和 Card 之间的双向一对一关联，首先在 Student 类和 Card 类中添加引用对方对象的属性，以及 setter 和 getter 方法。

在 Student 类中添加下面代码。

```
private Card card;    //一个 Card 类型的属性
public Card getCard() {
    return this.card;
}
public void setCard(Card card) {
    this.card = card;
}
```

在 Card 类中添加下面代码。

```
private Student student;    //一个 Student 类型的属性
public Student getStudent () {
    return this.student;
}
public void setStudent (Student student) {
    this. student = student;
}
```

接下来，在 Student 类的映射文件 Student. hbm. xml 的 <class>元素中添加 <one-to-one>元素，如下所示。

```
<one-to-one name="card" class="com.entity.Card"
        cascade="all"  fetch="join"/>
```

这里，<one-to-one>元素的 cascade 属性值 all 表示当保存或更新当前对象时，级联保存或更新所关联的对象。

<one-to-one>元素的 fetch 属性的可选值有 join 和 select。当 fetch 属性值设置为 join 时，表示连接抓取（Join Fetching）：Hibernate 通过在 SELECT 语句中使用 outer join（外连

接）来获得对象的关联实例或集合。当 fetch 属性值设置为 select 时，表示查询抓取（Select Fetching）：Hibernate 需要另外发送一条 SELECT 语句抓取当前对象的关联实例或集合。

为了实现双向关联，在 Card 类的映射文件 Card. hbm. xml 的 <class>元素中也需要添加 <one-to-one>元素，如下所示。

【例 9-10】 Card. hbm. xml 映射文件，代码如下。

```
<hibernate-mapping package="com.entity">
    <class name="Card" table="card" lazy="true">
        <id name="id" column="id">
            <generator class="foreign">
                <param name="property">student</param>
            </generator>
        </id>
        <property name="cardNo" type="string" column="cardNo" />
        <property name="major" type="string" column="major" />
        <property name="balance" type="double" column="balance" />
        <one-to-one name="student" class="com.entity.Student"
                    constrained="true" />
    </class>
</hibernate-mapping>
```

在 hibernate. cfg. xml 文件中加入下面配置映射文件的代码。

```
<mapping resource="com/entity/Student.hbm.xml"/>
<mapping resource="com/entity/Card.hbm.xml"/>
```

编写下面的测试代码。

```
Session session = HibernateUtil.getSessionFactory().getCurrentSession();
Transaction tx = session.beginTransaction();
Student student = new Student(20160101,"Akbar Housein",20,"电子商务");
Card card = new Card("110101","电子商务",1500.00);
student.setCard(card);
card.setStudent(student);
session.save(student);  // 持久化学生对象
tx.commit();
```

执行上述代码，查看 student 和 card 表，可以看到其中各插入了一条记录，且它们的 id 字段值相同。

2. 外键关联

一对一的外键关联是指两个实体各自有自己的主键，但其中一个实体用外键引用另一个实体。例如，Student 实体对应表的主键是 id，Card 实体对应表的主键是 id，设在 card 表中还有一个 studentId 属性，它引用 student 表的 id 列，在 card 表中 studentId 就是外键。

一对一关联实际是多对一关联的特例，因此在外键所在的实体的映射文件中使用 <many-to-one>元素来建立关联。

若仍建立双向关联，则 Student. hbm. xml 无需修改，修改后的 Card. hbm. xml 代码如下。

```
<hibernate-mapping package="com.entity">
    <class name="Card" table="card" lazy="true">
    <id name="id" column="id">
        <generator class="identity"> <!-- 这里不再是 foreign 了 -->
            <param name="property">student</param>
        </generator>
    </id>
    <property name="cardNo" type="long" column="cardNo" />
    <property name="major" type="string" column="major" />
    <property name="balance" type="double" column="balance" />
    <many-to-one name="student" class="com.entity.Student"
            column="studentId" unique="true" />
    </class>
</hibernate-mapping>
```

由于 Card 实体有其自己的主键，所以这里的主键生成器类指定为 identity 而不再是 foreign。为了建立外键关联，Card.hbm.xml 文件中使用 <many-to-one>元素，name 属性指定外键关联对象的字段，class 属性指定外键关联对象的类，column 属性指定表中外键的字段名，unique 属性表示使用 DDL 为外键字段生成一个唯一约束。

当将 <many-to-one>元素的 unique 属性值指定为 true 时，多对一的关联实际上就变成了一对一的关联。

9.6.5 多对多关联映射

学生（Student）实体和课程（Course）实体之间是最典型的多对多关联。既可以设置单向的多对多关联，也可以设置双向的多对多关联。本节主要讲解如何设置双向的多对多关联。在映射多对多关联时，需要另外使用一个连接表，如图 9-7 所示。

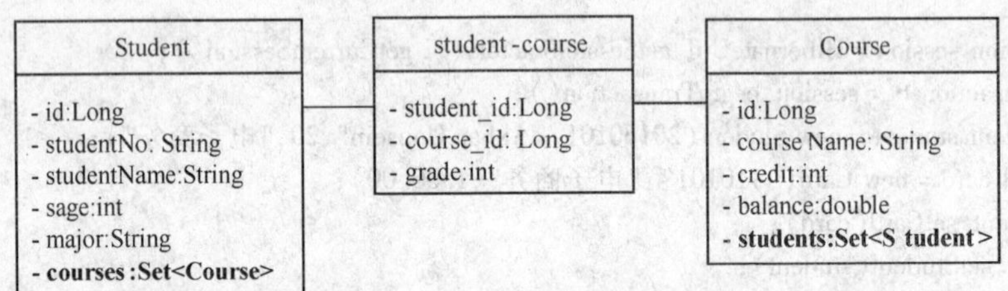

图 9-7 Student 与 Course 之间的多对多关联

下面是连接表 student_course 的定义。

```
CREATE TABLE student_course (
    student_id bigint NOT NULL,
    course_id bigint NOT NULL,
    grade integer DEFAULT 0,
    CONSTRAINT sc_pkey PRIMARY KEY (student_id,course_id)
)
```

下面在两个实体 Student 和 Course 上建立多对多的关联。我们知道，一名学生可以选择多门课程，一门课程可以被多名学生选择。对于双向的多对多关联，要求关联的双方实体类都使用 Set 集合属性，两端都增加集合属性的 setter 和 getter 方法。

在 Student 类中增加的代码如下。

```
private Set < Course > courses = new HashSet < Course > ( ) ;
public void setCourses( Set < Course > courses) {
    this. courses = courses;
}
public Set < Course > getCourses( ) {
    return courses;
}
```

【例 9-11】课程类 Course 的定义，代码如下。

```
package com. entity;
import java. util. Set;
import java. util. HashSet;
public class Course{
    private Long id;                                // 课程号
    private String courseName;                      // 课程名
    private double ccredit;                         // 学分
    private Set < Student > students = new HashSet < Student > ( ) ;    // 选课的学生
    public Course( ) { }
    public Course( String courseName, double ccredit) {
        this. courseName = courseName;
        this. ccredit = ccredit;
    }
    public Long getId( ) {
        return id;
    }
    public void setId( Long id) {
        this. id = id;
    }
    public String getCourseName( ) {
        return this. courseName;
    }
    public void setCourseName( String courseName) {
        this. courseName = courseName;
    }
    public double getCcredit( ) {
        return this. ccredit;
    }
    public void setCcredit( double ccredit) {
        this. ccredit = ccredit;
    }
    public void setStudents( Set < Student > students) {
        this. students = students;
    }
    public Set < Student > getStudents( ) {
        return students;
    }
}
```

对于双向的多对多关联，需要在两端实体类的映射文件中都使用 <set> 元素定义集合属性，并在其中使用 <many-to-many> 元素进行多对多映射。

在 Student.hbm.xml 文件中添加下面代码。

```
<set name="courses" table="student_course" cascade="all">
    <key column="student_id" />
    <many-to-many column="course_id"  class="Course" />
</set>
```

为 Course 类创建一个映射文件 Course.hbm.xml，代码如下所示。

【例 9-12】 课程类 Course 的映射文件 Course.hbm.xml，代码如下。

```
<hibernate-mapping package="com.entity">
    <class name="Course" table="course">
    <id name="id" column="id">
        <generator class="identity" />
    </id>
    <property name="courseName" type="string" column="course_name" />
    <property name="ccredit" type="double" column="ccredit" />
    <set name="students" table="student_course" cascade="all">
        <key column="course_id" />
        <many-to-many column="student_id"  class="Student" />
    </set>
    </class>
</hibernate-mapping>
```

将映射文件添加到配置文件 hibernate.cfg.xml 中。

```
<mapping resource="com/entity/Course.hbm.xml"/>
```

从上面的映射可以看到，在双向多对多关联的两边都需要指定连接表的表名（student_course）和外键列的列名（student_id 和 course_id）。<key> 子元素用来指定本持久化类的外键，<many-to-many> 的 column 属性用来指定连接表中的外键名。

下面的代码创建了三门课程对象，然后创建两个学生对象，并将它们持久化到数据库中。

```
Session session = HibernateUtil.getSessionFactory().getCurrentSession();
Transaction tx = session.beginTransaction();
Student student1 = new Student(20120101,"王小明",18,"计算机科学"),
        student2 = new Student(20120102,"李大海",20,"电子商务");
Course  course1 = new Course("数据结构",4),
        course2 = new Course("操作系统",3),
        course3 = new Course("数据库原理",3.5);
Set<Course> courses1 = new HashSet<Course>();
courses1.add(course1);
courses1.add(course2);
student1.setCourses(courses1);          // student1 选两门课
Set<Course> courses2 = new HashSet<Course>();
courses2.add(course1);
courses2.add(course2);
courses2.add(course3);
```

```
student2. setCourses( courses2);          // student2 选三门课
session. save( student1);
session. save( student2);
tx. commit( );
```

1. 添加关联关系

现在要求为一名学生增加一门选修课程“数据库原理”，可以先得到学生对象，然后得到该学生选课集合，最后在该集合中增加一门课程，代码如下。

```
Student student = ( Student) session. createQuery(
        "from Student s where s. studentName = '王小明'"). uniqueResult( );
Course course = new Course("数据库原理",3. 5);
student. getCourses( ). add( course);
session. save( student);
```

如果要增加的课程已在数据表中存在，可以使用下列代码得到课程对象。

```
Course course = ( Course) session. createQuery(
        "from Course c where c. courseName = '数据库原理'"). uniqueResult( );
```

2. 删除关联关系

删除关联关系比较简单，直接调用对象集合的 remove( ) 删除不需要的对象即可。例如，要删除学生“王小明”选修的“数据结构”和“操作系统”两门课程，代码如下。

```
Student student = ( Student) session. createQuery(
        "from Student s where s. studentName = '王小明'"). uniqueResult( );
Course course1 = ( Course) session. createQuery(
        "from Course c where c. courseName = '数据结构'"). uniqueResult( );
Course course2 = ( Course) session. createQuery(
        "from Course c where c. courseName = '操作系统'"). uniqueResult( );
student. getCourses( ). remove( course1);
student. getCourses( ). remove( course2);
session. save( student);
```

运行上述代码，将从数据表 student_course 中删除以上两条记录，但 student 表和 course 表并没有发生任何变化。

9.7 Hibernate 数据查询

数据查询是 Hibernate 中最常见的操作。Hibernate 提供了多种查询方法，包括 HQL、条件查询、本地 SQL 查询和命名查询等。本书只介绍 HQL 查询。

9.7.1 HQL 查询概述

HQL（Hibernate Query Language）称为 Hibernate 查询语言，它是 Hibernate 提供的一种功能强大的查询语言。HQL 与 SQL 类似，用来执行对数据库的查询。当在程序中使用 HQL 时，它将自动产生 SQL 语句并对底层数据库进行查询。HQL 使用类和属性代替表和字段。HQL 的功能非常强大，它支持多态和关联，并且比 SQL 简洁。

一个 HQL 查询语句可能包含下面元素：子句、聚集函数和子查询。子句包括 from 子句、select子句、where 子句、order by 子句和 group by 子句等。聚集函数包括 avg( )、sum( )、min( )、max( )和 count( )等。子查询是嵌套在另一个查询中的查询，如果底层数据库支持子查询，则 Hibernate 将支持子查询。

HQL 查询结果是 Query 实例，每个 Query 实例对应一个查询对象。使用 HQL 查询的一般步骤如下。

1）获取 Session 对象。

2）编写 HQL 语句。

3）以 HQL 语句作为参数，调用 Session 对象的 createQuery( )创建 Query 对象。

4）如果 HQL 语句包含动态参数，则调用 Query 的 setXxx( )设置参数值。

5）调用 Query 对象的 list( )或 iterate( )返回查询结果列表（持久化实体集）。

9.7.2 查询结果处理

调用 Session 对象的 createQuery( )返回一个 Query 对象，在该对象上迭代可以返回结果对象。有两种方法可以处理查询结果：在 Query 实例上调用 list( )返回 List 对象和调用 iterate( )返回 Iterator 对象。

下面的代码说明了如何使用 list( )返回 List 对象，然后通过其 get( )检索每个 Student 持久类的实例。

```
String query_str = "from Student as s";
Query query = session.createQuery(query_str);
List<Student> list = query.list();          // 将 Query 对象转换为 List 对象
for(int i = 0;i < list.size();i ++){         // 对 List 对象迭代
    Student stud = (Student)list.get(i);
    System.out.println("学号:" + stud.getStudentNo());
    System.out.println("姓名:" + stud.getStudentName());
}
```

下面的代码说明了如何使用 iterate( )返回 Iterator 对象，然后在其上迭代获得每个 Student 持久类的实例。

```
Query query = session.createQuery(query_str);
for(Iterator<Student> it = query.iterate();it.hasNext();){
    Student stud = (Student)it.next();
    System.out.println("学号:" + stud.getStudentNo());
    System.out.println("姓名:" + stud.getStudentName());
}
```

9.7.3 HQL 的基本查询

from 子句是最简单、最基本的 HQL 语句，from 关键字后紧跟持久化类的类名，代码如下。

```
from Student
```

该语句表示从 Student 持久化类中选出全部实例，实际是从数据库中查询 student 表中的所有记录。除 Java 类名和属性名称外，HQL 语句对大小写不敏感，所以上面语句中的 from 和 FROM 是相同的，但是 Student 和 student 不同。通常，在 from 中为持久化类名指定一个别名，如下所示。

```
from Student as s
```

命名别名时，as 关键字是可选的，但为了增加可读性，建议保留。

from 子句后面还可出现多个持久化类，此时将产生一个笛卡尔积或多表连接，但实际上这种用法很少使用。当需要多表连接时，可以考虑使用隐式连接或显式连接。

有时并不需要得到对象的所有属性，这时可以使用 select 子句指定要查询的属性，代码如下。

```
select s. studentName from Student s
```

下面的代码说明了如何执行该语句。

```
String query_str = "select s. studentName from Student s";
Query query = session. createQuery( query_str);
List < String > list = query. list( );
for( int i = 0;i < list. size( );i ++ ) {
    String sname = ( String) list. get( i);
    System. out. println( "姓名:" + sname);
}
```

如果要查询两个以上的属性，查询结果会以对象数组的方式返回，如下面的代码所示。

```
String query_str = "select s. studentNo,s. studentName,s. major from Student s";
Query query = session. createQuery( query_str);
List < Object[ ] > list = query. list( );
for( int i = 0;i < list. size( );i ++ ) {
    Object obj[ ] = ( Object[ ]) list. get( i);
    System. out. println( "学号:" + obj[0]);
    System. out. println( "姓名:" + obj[1]);
    System. out. println( "专业:" + obj[2]);
}
```

在使用属性查询时，由于返回的是对象数组，操作和理解都不太方便。如果将一个对象数组中的所有成员都封装成一个对象就方便多了。下面的代码将查询结果进行了实例化。

```
String query_str = "select new Student( s. studentNo,s. studentName,s. major)
from Student s";
Query query = session. createQuery( query_str);
List < Student > list = query. list( );
for( int i = 0;i < list. size( );i ++ ) {
    Student stud = ( Student) list. get( i);        // 返回的元素是 Student 实例
    System. out. println( "学号:" + stud. getStudentNo( ));
    System. out. println( "姓名:" + stud. getStudentName( ));
    System. out. println( "专业:" + stud. getMajor( ));
}
```

要正确运行以上程序，还需要在 Student 类中添加一个以下的构造方法。

```
public Student(int studentNo,String studentName,String major){
    this.studentNo = studentNo;
    this.studentName = studentName;
    this.major = major;
}
```

如果要去除查询结果的重复数据，可使用 distinct 关键字，代码如下。

```
select distinct s.sage from Student as s
```

9.7.4 HQL 的聚集函数

可以在 HQL 的查询中使用聚集函数。HQL 支持的聚集函数与 SQL 完全相同，有以下 5 个。

- count()：统计查询对象的数量。
- avg()：计算属性的平均值。
- sum()：计算属性的总和。
- min()：统计属性值的最小值。
- max()：统计属性值的最大值。

例如，要得到 Student 实例的数量，可使用以下语句。

```
select count(*) from Student
```

要得到全体 Student 实例的平均年龄，可使用以下语句。

```
String hql = "select avg(s.sage) from Student as s";
Query query = session.createQuery(hql);
List list = query.list();
System.out.println("平均年龄:" + list.get(0));
```

在 HQL 的查询语句中，可以使用 where 子句筛选查询结果，缩小查询范围。如果没有为持久化实例指定别名，可以直接使用属性名来引用属性，如下面的代码所示。

```
from Student where studentName like 'Akaba%'
```

上面的 HQL 语句与下面的语句效果相同。

```
from Student as s where s.studentName like 'Akaba%'
```

在 where 子句中，可以使用各种运算符和函数构成复杂的表达式，常用的运算符如下。

- 数学运算符：+、-、*、/等。
- 比较运算符：=、>=、<=、>、<、!=、like 等。
- 逻辑运算符：not、and、or 等。
- 字符串连接符：||，用于实现两个字符串的连接。其用法是 value1 || value2。
- 集合运算符：in、not in、between、is null、is not null、is empty、is not empty、member of、not member of 等。

在 where 子句中，可以使用的函数包括以下几个。

- 算术函数：abs( )、sqrt( )、sign( )、sin( )等。
- SQL 标量函数：substring( )、trim( )、lower( )、upper( )、length( )等。
- 时间操作函数：current_date( )、current_time( )、current_timestamp( )、hour( )、minute( )、second( )、day( )、month( )、year( )等。

下面语句用于查询一名年龄为 22 岁的员工及其所在部门的信息。

```
from Department d where 22 = any(select s. age from d. employees e)
```

HQL 查询语句返回的结果可以根据属性进行排序，可以使用 asc 或 desc 指定按升序或按降序排序。如果没有指定排序规则，默认采用升序规则。

```
from Student as s order by s. sage                          // 按年龄升序排序
from Student as s order by s. studentNo asc,s. sage desc    // 先按学号升序排序,再按年龄降序排序
```

与 SQL 语言一样，在 HQL 查询语句中可以使用 group by 子句对查询结果进行分组。类似于 SQL 的规则，出现在 select 后的属性要么出现在聚集函数中，要么出现在 group by 的属性列表中。另外，还可以使用 having 子句对分组结果进行过滤。

```
select s. gender,avg(s. sage) from Student as s
group by s. gender having avg(s. sage) >20
```

与 SQL 规则相同，having 子句必须与 group by 子句配合使用，不能单独使用。

9.7.5 带参数的查询

如果 HQL 查询语句中带有参数，则在执行查询语句之前需要设置参数。如果使用的是命名参数，应该使用 setParameter( )设置；如果使用的是占位符（?），则应该使用 setXxx( )设置。常用的方法如下。

- Query setParameter(String name, Object val) throws HibernateException：将指定的对象值绑定到指定名称的参数上。
- Query setParameter(int position, Object val) throws HibernateException：将指定的对象值绑定到指定位置的参数上。
- Query setInteger(String name, int val) throws HibernateException：将指定的整数值 val 绑定到指定名称的参数上。
- Query setInteger(int position, int val) throws HibernateException：将指定的整数值 val 绑定到指定位置的参数上。

关于设置参数的方法，还有 setBinary( )、setByte( )、setBoolean( )、setCharacer( )、setFloat( )、setDouble( )、setDate( )和 setEntity( )等，这些方法的具体使用请参阅 Hibernate API 文档。值得注意的是，大多数方法都有两种格式，一种是通过名称为指定的参数赋值，一种是 JDBC 风格的通过问号为指定的参数赋值。

首先使用名称指定参数，然后使用 setParameter( )为指定的参数赋值，代码如下。

```
Query query = session. createQuery("from Student s where s. sage > :age");
query. setParameter("age" ,20);
```

Hibernate 也支持 JDBC 风格的查询参数，即使用问号（?）作为占位符，然后使用 Query 接口的 setXxx()设置参数值，代码如下。

```
Query query = session. createQuery("from Student s where s. sage > ?");
query. setInteger(0,20);          //参数的序号从 0 开始
```

9.8 案例：注册/登录系统的实现

本节实现一个注册/登录系统。按照 MVC 设计模式，可以将应用组件分成以下几层：模型层包括存放用户信息的 User 类，持久层使用 Hibernate 实现，控制层使用 Action 动作类，表示层包括 JSP 页面。

9.8.1 定义持久化类

为了封装用户数据，定义一个 User 类，它是持久化类，代码如下。

【例 9-13】 用户类 User 的定义。

```
package com. model;
public classUser{
    private Long id;
    private String username;
    private String password;
    private int age;
    private String email;
    // 这里省略了属性的 getter 和 setter 方法
    @ Override
    public String toString() {
        return "用户名:" + getUsername() + "口令:" + getPassword()
            + "年龄:" + getAge() + "邮箱:" + getEmail();
    }
}
```

注意，模型类必须定义一个默认构造方法，该类除为每个属性定义 setter 和 getter 方法外，还覆盖了 toString()。

用户数据存放在一个名为 userinfo 的数据表中，该表有 id、username、password、age 和 email 字段。创建 userinfo 表的 SQL 代码如下。

```
CREATE TABLE userinfo(
    id bigint(5)  NOT NULL,                 --用户 ID
    username varchar(20),                   --用户名
    password varchar(8) NOT NULL,           --口令
    age int,                                --年龄
    email varchar(50) UNIQUE,               --邮箱地址
    PRIMARY KEY (id) );
```

9.8.2　定义映射文件

User 类的映射文件 User. hbm. xml 如下，它保存在与 User 相同的目录中。

【例 9-14】 映射文件 User. hbm. xml，代码如下。

```
<?xml version="1.0" encoding="UTF-8"?>
<!DOCTYPE hibernate-mapping PUBLIC
          "-//Hibernate/Hibernate Mapping DTD 3.0//EN"
          "http://hibernate.sourceforge.net/hibernate-mapping-3.0.dtd">
<hibernate-mapping package="com.model">
    <class name="User" table="userinfo">
      <id name="id" column="id">
          <generator class="identity" />
      </id>
      <property name="username" type="string" column="username" />
      <property name="password" type="string" column="password" />
      <property name="age" type="integer" column="age" />
      <property name="email" type="string" column="email" />
    </class>
</hibernate-mapping>
```

在配置文件 hibernate. cfg. xml 中增加下面一行代码。

```
<mapping resource="com/model/User.hbm.xml"/>
```

9.8.3　定义 Action 动作类

下面的 RegisterAction. java 程序是一个动作类，在该类中声明了一个 User 类型的属性 user，并为该属性定义了 setter 和 getter 方法。user 对象与 JSP 页面表单域使用的 user 名匹配。

【例 9-15】 RegisterAction. java 程序，代码如下。

```
package com.action;
import com.model.User;
import com.util.HibernateUtil;
import com.opensymphony.xwork2.ActionSupport;
import org.hibernate.Session;
import org.hibernate.Transaction;
import org.hibernate.Query;
import java.util.List;

public class RegisterAction extends ActionSupport {
    private User user;
    public User getUser() {
        return user;
    }
    public void setUser(User user) {
        this.user = user;
    }
    @Override
```

```
public String execute() throws Exception {
    return SUCCESS;
}
// 执行注册动作
public String register() throws Exception {
    try{
        Session session = HibernateUtil.getSessionFactory().getCurrentSession();
        Transaction tx = session.beginTransaction();
        session.save(user);              //将 user 对象持久化到数据表中
        tx.commit();
        return SUCCESS;
    }catch(Exception e){
        e.printStackTrace();
        HibernateUtil. getSessionFactory().close();
        return ERROR;
    }
}
// 执行登录动作
public String login() throws Exception {
    try{
        Session session = HibernateUtil.getSessionFactory().getCurrentSession();
        Transaction tx = session.beginTransaction();
        Query query = session.createQuery(
                "from User where username = :uname and password = :upass");
        query.setParameter("uname",user.getUsername());
        query.setParameter("upass",user.getPassword());
        List list = query.list();          // 执行查询
        tx.commit();
        if(list.size() == 1){            // 说明查询的用户是合法用户
            return SUCCESS;
        }else{
            return ERROR;
        }
    }catch(Exception e){
        e.printStackTrace();
        HibernateUtil. getSessionFactory().close();
        return ERROR;
    }
}
}
```

该类定义了 register() 和 login()，分别用来处理注册和登录动作。当注册或登录表单提交时，动作类首先使用 User 类的默认构造方法创建 user 属性对象，然后用表单域的值填充该 user 对象的每个属性，这个过程发生在 execute()执行之前。

9.8.4 创建结果视图

为了将表单数据收集到 User 对象中，定义了下面的 register. jsp 页面，其中包含一个表单，用来接收用户输入的数据。

【例 9-16】register. jsp 页面，代码如下。

```
<%@ page contentType = "text/html;charset = UTF - 8" pageEncoding = "UTF - 8"% >
<%@ taglib prefix = "s" uri = "/struts - tags" % >
<html>
<head> <title>用户注册 </title> </head>
<body>
<p>注册一个新用户 </p>
<s:form action = "Register" >
            <s:actionerror /> <s:fielderror />
     <s:textfield name = "user. username" label = "用户名" />
     <s:password name = "user. password" label = "口令" />
     <s:textfield name = "user. age"    label = "年龄"    />
     <s:textfield name = "user. email"    label = "邮箱地址"/>
     <s:submit value = "注册"/>
</s:form>
</body>
</html>
```

当用户单击“提交”按钮时，系统执行 Register 动作，将表单数据提交给动作对象，因此需要在 struts. xml 文件中定义动作名称。注意，4 个输入域的 name 属性值对应于 User 类的 4 个属性，这里用对象名 user 来引用 4 个属性。当创建 Action 类处理该表单时，必须在 Action 类中指定该对象。

name 属性值使用完整名称 user. username，表示 Struts 2 将表单输入值传递给 user 对象的 setUsername( )方法。

这里为 User 类的每个字段都提供了一个输入域。注意，User 类的 age 属性的类型是 int，其他属性的类型是 String。在 Struts 2 中，当调用 user 对象的 setAge( )时，Struts 2 会自动将用户输入的 String 对象（如"25"）转换成整数 25。

页面中的 <s:actionerror /> 和 <s:fielderror /> 标签用来显示动作错误和字段校验的错误。应用程序登录页面 login. jsp 用来显示用户的登录信息。

【例 9-17】login. jsp 页面，代码如下。

```
<%@ page contentType = "text/html;charset = UTF - 8" pageEncoding = "UTF - 8"% >
<%@ taglib prefix = "s" uri = "/struts - tags" % >
<html>
<head> <title>登录页面 </title> </head>
<body>
<p>请输入用户名和密码: </p>
<s:form action = "Login" >
   <s:textfield name = "user. username" label = "用户名"
        tooltip = "输入用户名" labelposition = "left" />
   <s:password name = "user. password" label = "密码"
        tooltip = "输入密码" labelposition = "left" />
   <s:submit value = "登录" align = "center" />
</s:form>
</body>
</html>
```

【例 9-18】注册成功后显示的页面 success. jsp，代码如下。

```
<%@ page contentType = "text/html;charset = UTF - 8" pageEncoding = "UTF - 8"% >
<%@ taglib prefix = "s" uri = "/struts - tags" % >
<html>
<head> <title>注册成功页面</title> </head>
<body>
<p>注册成功！ </p>
<s:property value = "user" />
<p> <a href = " <s:url action = 'index '/>" >返回首页</a> </p>
</body>
</html>
```

该页面通过<s:property>标签显示 user 对象的信息，它将调用 User 类的 toString( )输出结果。

welcome. jsp 页面用于显示登录成功后的欢迎消息，代码如下。

【例 9-19】welcome. jsp 页面，代码如下。

```
<%@ page contentType = "text/html;charset = UTF - 8" pageEncoding = "UTF - 8"% >
<html>
<head> <title>欢迎页面</title> </head>
<body>
    <p align = "center" > <font color = "#000080" size = "5" >
    欢迎登录本系统</font> </p>
</body>
</html>
```

9. 8. 5 修改 struts. xml 配置文件

在 struts. xml 文件中定义动作名称、Action 类和结果视图页面之间的关系。在 struts. xml 文件中添加以下代码。

```
<action name = "registerInput" >
        <result>/register. jsp</result>
</action>
<action name = "loginInput" >
        <result>/login. jsp</result>
</action>
<action name = "Register" class = "com. action. RegisterAction" method = "register" >
        <result name = "success" >/success. jsp</result>
        <result name = "error" >/error. jsp</result>
</action>
<action name = "Login" class = "com. action. RegisterAction"   method = "login" >
        <result name = "success" >/welcome. jsp</result>
        <result name = "error" >/error. jsp</result>
</action>
```

该定义告诉 Struts 2 当请求 Register 动作时，执行 RegisterAction 类的 register( )方法。若

该方法返回 success，执行结果页面 welcome. jsp；若返回 error，执行 error. jsp 页面。当请求 Login 动作时，将执行 RegisterAction 类的 login( )方法。

9.8.6 运行应用程序

在 index. jsp 页面创建包含 registerInput 和 loginInput 两个动作的链接，这两个动作都执行 execute( )，然后转到结果视图 register. jsp 和 login. jsp 页面。

```
<p> <a href = " <s:url action = 'registerInput/' > " >用户注册 </a> </p>
<p> <a href = " <s:url action = 'loginInput/' > " >用户登录 </a> </p>
```

访问 index. jsp 页面，单击“用户注册”链接，打开 register. jsp 页面，如图 9-8 所示。在该页面中输入用户信息，单击“注册”按钮，注册成功后则显示如图 9-9 所示的页面。

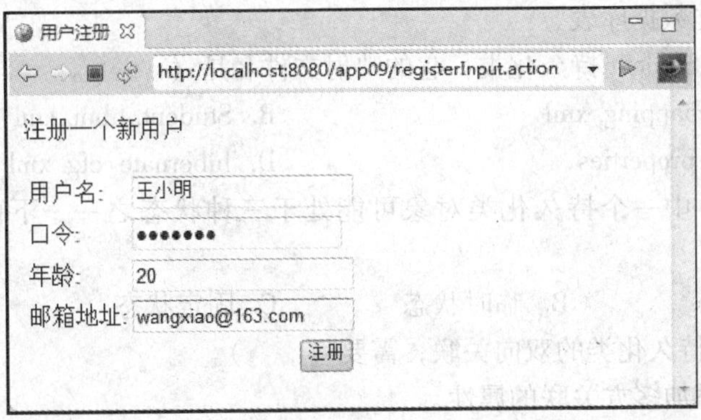

图 9-8　register. jsp 页面运行结果

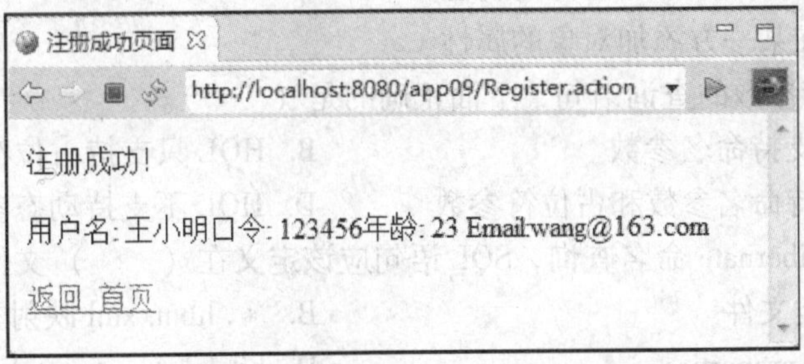

图 9-9　welcome. jsp 页面运行结果

成功注册一个用户后，可用该用户名和口令登录。

说明：该注册应用没有考虑用户重名的问题。

9.9 小结

Hibernate 是轻量级的 O/R 映射框架，它用来实现应用程序的持久化功能。本章首先介绍 Hibernate 的框架结构、核心组件和运行机制，接下来介绍了映射文件和配置文件，之后详细讨论了关联映射、组件映射和继承映射，最后介绍了 Hibernate 数据查询语言 HQL 的使用、条件查询、本地 SQL 查询及命名查询等。

9.10 习题

1. 什么是 ORM，它能解决什么问题？
2. 实现与数据库连接，完成数据库数据操作属于（　　）层的功能。
   A. 表示层　　B. 业务逻辑层　　C. 持久层　　D. 数据库层
3. Hibernate 的配置文件的主要作用是什么？
4. Hibernate 映射文件的作用是（　　）。
   A. 定义数据库连接参数
   B. 建立持久化类和数据表之间的对应关系
   C. 创建持久化类
   D. 自动建立数据库表
5. 假设有一个 Student 持久化类，它的映射文件名是（　　）。
   A. Student. mapping. xml　　B. Student. hbm. xml
   C. hibernate. properties　　D. hibernate. cfg. xml
6. 在 Hibernate 中一个持久化类对象可能处于三种状态之一，下面哪个是不正确的？（　　）
   A. 持久状态　　B. 临时状态　　C. 固定状态　　D. 脱管状态
7. 若建立两个持久化类的双向关联，需要（　　）。
   A. 在一方添加多方关联的属性
   B. 在多方添加一方关联的属性
   C. 在一方和多方都添加对方的属性
   D. 不需要在某一方添加对象的属性
8. HQL 支持带参数的查询语句，下面正确的是（　　）。
   A. HQL 只支持命名参数　　B. HQL 只支持占位符（?）参数
   C. HQL 支持命名参数和占位符参数　　D. HQL 不支持动态参数
9. 如果使用 Hibernate 命名查询，SQL 语句应该定义在（　　）文件中。
   A. 持久化类文件　　B. *. hbm. xml 映射文件
   C. hibernate. properties　　D. hibernate. cfg. xml

第 10 章　Spring 框架基础

Spring 是目前最流行的轻量级 Java EE 开发框架，该框架以强大的功能和卓越的性能受到了众多开发人员的喜爱。本章首先介绍 Spring 框架的基本概念，然后重点介绍 Spring 的依赖注入，接下来介绍 Spring 的数据库开发，最后介绍 Spring 与 Struts 2 和 Hibernate 4 的整合，以及一个会员管理系统实例。

10.1　Spring 基础知识

Spring 是一个轻量级的、非侵入式的 IoC 容器及 AOP 框架。Spring 支持 JPA、Hibernate、Web 服务、Ajax、Struts、JSF，以及许多其他框架。Spring MVC 组件可以用来开发基于 MVC 的 Web 应用程序。Spring 框架提供了许多使企业应用开发更容易的特征。经过多年的发展，Spring 现在已经发展成为 Java EE 开发中最重要的框架之一。

10.1.1　Spring 框架概述

传统的 Java EE 应用开发效率很低，即使使用了 Web 框架开发技术也很难提高开发效率。例如，即使开发者使用 Struts 2 框架完成了 MVC 模式开发，而在数据持久层使用 Hibernate 框架技术，开发者也很难将这两者进行彻底分离。在进行 MVC 模式开发时总要考虑对数据持久层的依赖，在想要获取业务逻辑层组件时总要对其进行引用，以及在编写业务逻辑组件的时候总能看到重复出现的日志输出、事务控制等代码，这些都严重地拖累了 Java EE 应用的开发效率，也导致了业务逻辑组件的臃肿和混乱。

随着 Spring 框架的出现，这些问题都得到了极大的改善。Spring 框架致力于 Java EE 应用的各层的解决方案。虽然 Spring 框架为 Java EE 应用的各层都提供了解决方案，但它并非要取代其他各层中表现优异的 Web 框架。开发者在进行 MVC 模式开发时，表示层仍然使用 Struts 2，持久层仍然使用 Hibernate 提供的方案，Spring 所做的工作就是将这些优秀的框架完美地对接起来，使得 Web 框架开发成为一个整体，极大地降低了 Java EE 应用各层之间的耦合度。

10.1.2　Spring 框架模块

Spring 框架由 20 多个模块组成，可分成以下几部分：核心容器（Core Container）；数据访问/集成模块（Data Access/Integration）；Web 模块；AOP（Aspect Oriented Programming）；Instrumentation；Test。

图 10-1 显示了 Spring 框架的所有模块。

1. 核心容器

位于 Spring 结构图最底层的是其核心容器（Core Container），它由 Beans、Core、Context

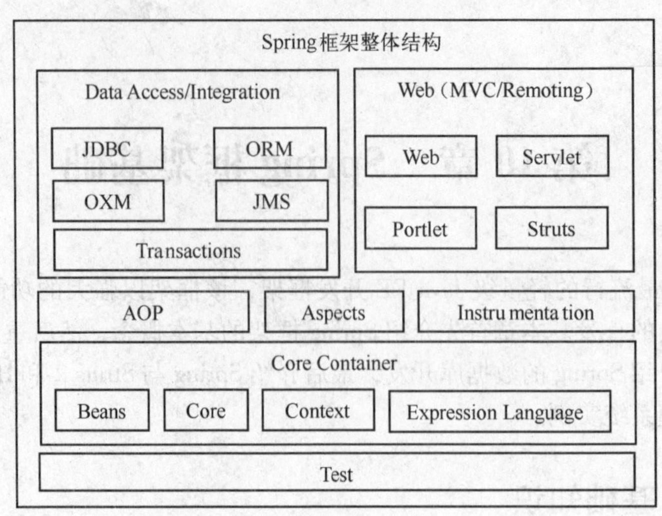

图 10-1　Spring 框架组成模块

和 Expression Language 模块组成。Spring 的其他模块都是建立在核心容器之上的。Beans 和 Core 模块实现了 Spring 框架的基本功能，规定了创建、配置和管理 Bean 的方式，提供了控制反转（IoC）和依赖注入（DI）的特性。

核心容器中的主要组件是 BeanFactory，它是工厂模式的实现，JavaBean 的管理就由它负责。BeanFactory 类通过 IoC 将应用程序的配置及依赖规范与实际的应用程序代码分离。

Context 模块建立在 Beans 和 Core 模块之上，该模块向 Spring 框架提供上下文的信息。它扩展了 BeanFactory，添加了对国际化的支持，提供了资源加载和校验等功能。Expression Language 模块提供了一种强大的表达式语言来访问和操纵运行时对象。

2. 数据访问/集成模块

数据访问/集成模块由 JDBC、ORM、OXM、JMS 和 Transaction 这几个模块组成。Spring 的 JDBC 模块对数据库访问过程进行了封装，提供了一个 JDBC 的抽象层。这样就大大减少了开发过程中对数据库操作代码的编写。

ORM 模块为主流的对象/关系映射 API 提供了集成层，这些对象/关系映射 API 包括 Hibernate、iBatis、JPA 和 JDO。该模块可以将 O/R 映射框架与 Spring 提供的特性进行组合来使用。OXM 模块为 Object/XML 映射的实现提供了一个抽象层。JMS 模块包含发布和订阅消息的特性。Transaction 模块提供了对声明式事务和编程事务的支持。

3. Web 模块

Web 模块包括 Web、Servlet、Portlet 和 Struts 等几个模块。Web 模块提供了基本的面向 Web 的集成功能，还包括 Spring 的远程支持中与 Web 相关的部分。Servlet 模块提供了 Spring 的 Web 应用的模型—视图—控制器（MVC）实现。Portlet 模块提供了一个在 Portlet 环境中使用的 MVC 实现。Struts 模块提供了对 Struts 的支持。

4. AOP 和 Instrumentation 模块

AOP 模块提供了一个符合 AOP 联盟标准的面向切面编程的实现，使用该模块可以定义方法拦截器和切点，将代码按功能进行分离，降低它们之间的耦合性。Aspects 模块提供了对 AspectJ 的集成支持。Instrumentation 模块提供了 class instrumentation 的支持和 classloader

实现，可以在特定的应用服务器上使用。

5. Test 模块

Test 模块支持使用 JUnit 和 TestNG 对 Spring 组件进行测试，它提供一致的 ApplicationContexts 并缓存这些上下文，它还提供一些 mock 对象，使得开发者可以独立地测试代码。

10.1.3 Spring 4.0 的新特征

Spring 框架 4 是最重要的版本，它支持大数据、云计算及 REST 开发。它支持微服务体系结构（Micro Service Architecture），使得开发人员能够开发轻量级的服务。

Spring 框架 4 包含以下几个新特征。

- 支持 Java 8。Spring 4 完全支持 Java 8 的新特征，包括 Lambda 表达式、新的日期—时间 API 等。
- 完全支持 HTML 5 和 WebSocket。使用 Spring 4 可以开发满足 WebSocket 规范的应用。
- 注解驱动的编程模型。Spring 4 使开发人员可以开发使用自定义组合注解的应用程序，并支持 Spring 表达式语言。
- 完全支持 Java EE 7 规范。可在应用程序中使用 JMS 2.0、JTA 1.2 和 JPA 2.1 等特征。
- 在 Spring 4 框架中删除了过时的包和方法，可以使用 Spring 4 的新的 API。
- Spring 4 核心容器的改变。如添加了@ Description 注解、@ Conditional 注解、@ Ordered 注解，以及自定义注解等。
- 在 Spring 4 框架中添加了许多新的单元测试和集成测试功能，这可以帮助开发人员开发更好的代码。

10.1.4 Spring 的下载与安装

Spring 的下载地址是 http://projects.spring.io/spring-framework/，Spring 目前的稳定版本是 4.1.7 版，本书的代码都是基于该版本测试通过的，建议读者也下载该版本的 Spring。下载的文件名为 spring-framework-4.1.7.RELEASE-dist.zip，将该文件解压到一个临时目录中，得到以下几个文件夹。

- docs：包含 Spring 的相关 API 文档。
- libs：包含 Spring 的 JAR 包、源代码的 JAR 文件等。
- schema：包含 Spring 分模块的项目源代码，每个 JAR 包对应一个分模块的项目源代码。

要使 Web 项目具有 Spring 功能，只需将 Spring 的解压目录 libs 中的全部 JAR 文件复制到 Web 应用的 WEB-INF/lib 目录中即可。

注意，Spring 应用在运行时需要记录日志，通常使用 Log4j 框架的 commons-logging 包，可以到 http://commons.apache.org/下载，将下载文件解压出的 commons-logging-1.1.3.jar 文件添加到 Web 应用的 WEB-INF/lib 目录中即可。

🕮 如果使用 Struts 2 框架，在其解压的 lib 目录中也可以找到 commons-logging-1.1.3.jar 文件，把它复制到 Web 应用的 WEB-INF/lib 目录中即可。

为了方便程序的调试，可以在项目中加入 Eclipse 自带的测试插件 Junit。右击项目名，在弹出的快捷菜单中选择 Build Path→Configure Build Path 命令，在 Add Libraries 对话框中选择 Junit，在下一个对话框中选择 Junit 4。

10.2 Spring 容器与依赖注入

Spring 框架的核心机制是依赖注入，它提供了框架的重要功能，包括依赖注入和 Bean 的生命周期管理功能。核心容器提供 Spring 框架的基本功能。核心容器的主要组件是 BeanFactory，它是工厂模式的实现。BeanFactory 使用控制反转（IoC）模式，将应用程序的配置和依赖性规范与实际的应用程序代码分开。

10.2.1 Spring 容器概述

Spring 是一个轻量级容器，它为管理对象之间的依赖关系提供了基础功能。在 Spring 框架中有以下两种容器。

- BeanFactory。
- ApplicationContext。

BeanFactory 由 org. springframework. beans. factory. BeanFactory 接口定义，是基本的依赖注入容器，提供完整的依赖注入服务支持。

ApplicationContext 由 org. springframework. context. ApplicationContext 接口定义，它是 BeanFactory 的子接口，也被称为应用上下文。BeanFactory 提供了 Spring 的配置框架和基本功能，ApplicationContext 则添加了更多的企业级功能。

此外，Spring 还提供了 BeanFactory 和 ApplicationContext 接口的几个实现类，它们也都称为 Spring 容器。

10.2.2 BeanFactory 及其工作原理

BeanFactory 在 Spring 中的作用至关重要，它实际上是一个用于配置和管理 Java 类的内部接口。顾名思义，BeanFactory 就是一个管理 Bean 的工厂，它负责初始化各种 Bean，并调用它们的生命周期方法。

BeanFactory 接口中定义的方法有以下几个。

- boolean containBean(String name)：判断容器是否包含 id 为 name 的 Bean 定义。
- Object getBean(String name)：返回容器中 id 为 name 的 Bean 实例。
- Object getBean(String name,Class requiredType)：返回容器中 id 为 name，并且类型为 requiredType 的 Bean 实例。
- Class getType(String name)：返回容器中 id 为 name 的 Bean 实例的类型。

ApplicationContext 与 BeanFactory 相比，除了创建、配置和管理 Bean 外，还提供了更多的附加功能，如对国际化的支持等。ApplicationContext 接口有以下 3 个实现类。

- ClassPathXmlApplicationContext：从类加载路径下的 XML 文件中获取上下文定义信息，创建 ApplicationContext 实例。
- FileSystemXmlApplicationContext：从文件系统的 XML 文件中获取上下文定义信息，创

建 ApplicationContext 实例。

- XmlWebApplicationContext：从 Web 系统中的 XML 文件中获取上下文定义信息，创建 ApplicationContext 实例。

下面的代码使用 ClassPathXmlApplicationContext 创建一个 ApplicationContext 实例。

```
ApplicationContext context = new ClassPathXmlApplicationContext("src/beans.xml");
```

下面的代码使用 FileSystemXmlApplicationContext 创建一个 ApplicationContext 实例。

```
ApplicationContext context = new FileSystemXmlApplicationContext("src/beans.xml");
```

有了 Spring 容器之后，业务对象之间的依赖关系就可以通过容器完成。不管使用哪种容器，都需要将 Bean 之间的关系告诉 Spring 框架，这需要使用 XML 文件配置 Bean 之间的依赖关系。

10.2.3 依赖注入

依赖注入是 Spring 框架的核心特征，其主要目的是降低程序对象之间的耦合度。应用依赖注入，当程序中的一个对象需要另一个对象时，由容器来创建。

在传统的程序设计过程中，当某个 Java 实例（调用者）需要另一个 Java 实例（被调用者）时，通常由调用者来创建被调用者的实例。而在依赖注入模式下，创建被调用者的工作不再由调用者完成，而是由 Spring 容器来完成，然后注入给调用者，这称为依赖注入。

为了理解依赖注入，下面通过人（Person）开汽车（Car）的例子来说明依赖注入的运行机制。在传统的程序设计模式下，如果调用者需要一辆汽车（在 Java 中这辆汽车是一个对象），那么调用者就需要自己“构造”出一辆汽车（通常使用 new 调用 Car 类的构造方法）。假设要为 Person 类定义一个 driveCar()方法，就需要创建一个 Car 对象，如下所示。

```
public void driveCar(){
    Car car = new Car();        // 调用者自己构造一个 Car 对象
    car.start();
    car.setSpeed(100);
    car.run();
}
```

该方法表示，一个人要驾驶汽车就需要创建一个 Car 对象，这就是说 Person 类依赖一个 Car 类。要使程序正确运行，需要在 driveCar()方法中使用 new 运算符创建一个汽车对象。这样，Person 类和 Car 类之间的关系就是依赖关系，Person 类依赖 Car 类。

这种设计方法看起来很自然，这在项目中的对象比较少时没有什么问题，但当项目中包含大量对象时，这种对象间的依赖关系就会变得复杂起来，代码之间的这种紧密耦合就会给代码的测试和重构造成极大的困难。

在 Spring 模式下，通过依赖注入的方式，调用者只需完成较少的工作。当调用者需要一个汽车对象时，可以由 Spring 容器来创建该汽车对象，并将其注入到调用对象中。

10.2.4 依赖注入的实现方式

Spring 的依赖注入通常通过以下两种方式来实现。

- 设值注入。Spring 容器使用属性的 setter 方法来注入被依赖的实例。
- 构造注入。Spring 容器使用构造方法来注入被依赖的实例。

1. 设值注入

设值注入是指 Spring 容器通过调用者类的 setter 方法把所依赖的实例注入。例如在 Person 类中定义一个 Car 类型的成员，然后定义一个 setter 方法就可以注入 Car 对象，代码如下。

```
private Car car;
//该方法就是设值注入方法
public void setCar(Car car) {
    this.car = car;
}
public void driveCar() {
    // 此处不需要调用者用 new 创建所依赖的实例
    car.start();
    car.setSpeed(100);
    car.run();
}
```

在 Spring 项目的 src/applicationContext.xml 配置文件中添加 Bean 的定义，对设值注入的属性使用 <property> 元素配置。下面的文件配置了 Car 和 Person 两个 Bean，代码如下。

```
<?xml version="1.0" encoding="UTF-8"?>
<beans xmlns="http://www.springframework.org/schema/beans"
    xmlns:xsi="http://www.w3.org/2001/XMLSchema-instance"
    xsi:schemaLocation=" http://www.springframework.org/schema/beans
    http://www.springframework.org/schema/beans/spring-beans.xsd">
  <bean id="car" class="spring.demo.Car">
    <property name="speed" value="0"></property>
  </bean>
  <bean id="person" class="spring.demo.Person">
    <property name="name" value="李小明"></property>
    <property name="age" value="20"></property>
      <!-- 为 person 对象设值注入 car 对象 -->
      <property name="car" ref="car"></property>
  </bean>
</beans>
```

这里首先配置了 Car 类的一个 Bean 实例，然后在配置 Person 类的 car 属性时，使用了 <property> 元素的 ref 属性来引用 Car 类的一个实例。

2. 构造方法注入

构造方法注入是指 Spring 容器通过调用者类的构造方法把所依赖的实例注入。基于构造方法的注入需要通过为调用者类定义带参数的构造方法实现，每个参数代表一个依赖。

例如，在 Person 类中可以定义以下构造方法。

```
public Person(Car car){
    this.car = car;
}
```

在 Spring 配置文件 src/applicationContext.xml 中，对构造注入的属性使用 <constructor-arg>元素配置。下面的文件配置了 Car 和 Person 两个 Bean，代码如下。

```
<bean id="car" class="spring.demo.Car">
    <property name="speed" value="0"></property>
</bean>
<bean id="person" class="spring.demo.Person">
    <property name="name" value="李小明"></property>
    <property name="age" value="20"></property>
      <!-- 为 person 对象构造方法注入 car 对象 -->
      <constructor-arg ref="car"/>
</bean>
```

使用构造方法可以注入多个值，如下所示。

```
public Person(String name,int age,Car car){
    this.name = name;
    this.age = age;
    this.car = car;
}
```

在 Spring 配置文件 src/applicationContext.xml 中，对构造方法注入的每个参数使用 <constructor-arg>元素配置，通过其 index 属性指定参数的序号，如下所示。

```
<bean id="person" class="spring.demo.Person">
    <!-- 为 Person 实例构造方法的每个参数注入值 -->
    <constructor-arg index="0" value="李小明"/>
    <constructor-arg index="1" value="20"></property>
    <constructor-arg index="2" ref="car"/>
</bean>
```

设值注入和构造方法注入是目前主流的依赖注入实现模式，这两种方法各有优点，也各有缺点。Spring 框架对这两种依赖注入方法都提供了良好的支持，这也为开发人员提供了更多的选择。那么在使用 Spring 开发应用程序时，应该选择哪一种注入方式呢？就一般项目开发而言，应该以设值注入为主，辅之以构造方法注入作为补充，可以达到最佳的开发效率。

【例 10-1】 Car 类的定义，代码如下。

```
package spring. demo;
public class Car {
    private int speed;    // 表示速度
    // speed 属性的 setter 方法和 getter 方法
    public int getSpeed() {
        return speed;
    }
    public void setSpeed(int speed) {
        this. speed = speed;
    }
    public void start() {
        System. out. println("The car is started. ");
    }
    public void run() {
        System. out. println("The car is running at " + speed + " km/h. ");
    }
}
```

该类定义了一个 speed 属性表示车的速度，另外，还定义了 start()方法表示启动汽车，run()方法输出车的速度。

【例 10-2】 Person 类的定义，代码如下。

```
package spring. demo;
public class Person{
    private String name;
    private int age;
    private Car car;
    public String getName() {
        return name;
    }
    public void setName(String name) {
        this. name = name;
    }
    public int getAge() {
        return age;
    }
    public void setAge(int age) {
        this. age = age;
    }
    // 该方法就是设值注入方法
    public void setCar(Car car) {
        this. car = car;
    }
    public void sayHello() {
        System. out. println("Hello,World!");
        System. out. println("My name is " + name + ",I'm " + age);
```

```
        }
        public void driveCar() {
            // 此处不需要调用者用 new 创建所依赖的实例
            car.start();
            car.setSpeed(100);
            car.run();
        }
    }
```

下面的应用程序 Application 的功能是先初始化 Spring 容器，该容器是 Spring 应用的核心，它负责管理容器中的 Java 组件。

【例 10-3】 Application.java 程序，代码如下。

```
    package spring.demo;
    import org.springframework.context.ApplicationContext;
    import org.springframework.context.support.FileSystemXmlApplicationContext;

    public class Application{
        public static void main(String[] args) {
        // 创建一个 Spring 容器
        ApplicationContext context = new FileSystemXmlApplicationContext(
                        "src/applicationContext.xml");
            // 从容器中检索 person 对象
            Person person = (Person)context.getBean("person");
            person.sayHello();
            person.driveCar();
        }
    }
```

程序中首先通过配置文件实例化一个 Spring 容器，ApplicationContext 对象就是 Spring 容器。然后通过容器的 getBean()方法从容器中检索 person，最后调用它的 sayHello()方法输出 person 的 name 和 age 属性值，调用 driveCar()方法输出有关信息。执行该应用程序，在控制台输出结果如下。

```
    Hello,World!
    My name is 李小明,I'm 20
    The car is started.
    The car is running at100 km/h.
```

程序中并不是使用 Person 类的构造方法创建 person 对象，而是调用容器的 getBean()方法返回一个 Person 实例。

10.3 Spring JDBC 开发

使用 Spring 的 DAO 可使用户很容易地使用数据访问技术，如 JDBC、Hibernate、JPA 或

JDO 等技术访问数据库。

10.3.1 配置数据源

不管使用哪种 Spring DAO，都需要配置一个数据源的引用。Spring 提供了在 Spring 上下文中配置数据源 Bean 的多种方式，包括以下几个。

- 通过 JDBC 驱动程序定义的数据源。
- 通过 JNDI 查找的数据源。
- 连接池的数据源。

在 Spring 中，通过 JDBC 驱动定义数据源是最简单的配置方式。Spring 提供了两种数据源对象供选择，它们位于 org. springframework. jdbc. datasource 包中。

- DriverManagerDataSource，在每个连接请求时都返回一个新建的连接，但它提供的连接没有进行池化管理。
- SingleConnectionDataSource，在每个连接请求时都会返回同一个连接。

下面的代码配置了一个 DriverManagerDataSource 数据源 dataSource，它连接到 MySQL 的 test 数据库。

```
<baen id="dataSource"
    class="org.springframework.jdbc.datasource.DriverManagerDataSource">
        <property name="driverClassName"
            value="com.mysql.jdbc.Driver"/>
        <property name="url"
            value="jdbc:mysql://localhost:3306/test"/>
        <property name="username" value="root"/>
        <property name="password" value="12345"/>
        </bean>
```

📖 由于这两个数据源都没有进行池化管理，所以不建议在产品环境中使用。

这里定义了 dataSource 数据源，它的类型是 org. springframework. jdbc. datasource. DriverManagerDataSource，这里需要指定创建该数据源的 driverClassName 属性、url 属性、username 属性和 password 属性。这里连接的是 MySQL 数据库，若连接其他数据库，连接参数则不同。

Spring 框架提供了多种数据源类，可以使用 Spring 提供的 DriverManagerDataSource 类，还可以使用第三方的数据源，如 C3P0 的 ComboPooledDataSource 数据源类。使用 C3P0 数据源实现，需要将 Hibernate 的 lib\optional 目录中的 JAR 文件添加到 Web 应用的 WEB-INF\lib 目录中。

10.3.2 使用 JDBC 模板操作数据库

Spring 框架对 JDBC 的封装采用的是模板设计模式，它使用不同类型的模板来执行相应的数据库操作。Spring 对 JDBC 支持的核心是 JdbcTemplate 类，JdbcTemplate 类提供了对数据库操作的所有功能，可以使用它完成对数据库的增加、删除、查询和更新等操作。

首先在配置文件中定义一个 JdbcTemplate 类型的 Bean，代码如下。

```
<!-- 配置 jdbcTemplate -->
<bean id="jdbcTemplate" class="org.springframework.jdbc.core.JdbcTemplate">
    <!-- 使用构造方法注入 dataSource -->
    <constructor-arg>
        <ref bean="dataSource"></ref>
    </constructor-arg>
</bean>
```

jdbcTemplate 对应的是 JdbcTemplate 类，为该 Bean 注入一个 dataSource 对象。可以使用构造方法注入，也可以使用设值注入，代码如下。

```
<property name="dataSource" ref="dataSource"/>
```

进行了上述配置后，在应用程序中就可以通过 Spring 容器得到 JdbcTemplate 对象，使用它就可以操作数据库了。

【**例 10-4**】JdbcTemplateDemo.java 程序，代码如下。

```
package spring.demo;
import java.util.List;
import org.springframework.context.ApplicationContext;
import org.springframework.context.support.FileSystemXmlApplicationContext;
import org.springframework.jdbc.core.JdbcTemplate;
public class JdbcTemplateDemo{
    public static void main(String[] args) {
        ApplicationContext context =
            new FileSystemXmlApplicationContext ("src/applicationContext.xml");
        //获取 jdbcTemplate 实例
        JdbcTemplate template = (JdbcTemplate)context.getBean("jdbcTemplate");
        String sql = "SELECT * FROM products";
        //执行查询返回结果集
        List list = (List)template.queryForList(sql);
        //循环打印结果集
        for(int i=0;i<list.size();i++)
            System.out.println(list.get(i).toString());
    }
}
```

程序中通过调用 JdbcTemplate 的 queryForList()方法查询数据库，它返回一个 List 对象，其元素是 Map 对象。执行该程序可以输出 products 表中的数据记录，如下所示。

```
{id=101,pname=苹果 iPhone 6 手机,price=2000.05,stock=8,type=电子}
{id=102,pname=单反相机,price=4159.95,stock=10,type=家用}
{id=103,pname=笔记本电脑,price=5129.95,stock=20,type=电子}
{id=104,pname=平板电脑,price=1239.95,stock=20,type=电子}
```

JdbcTemplate 接口提供了大量的更新和查询数据库的方法。使用 JdbcTemplate 接口的 execute( )方法可以执行 SQL 的 DDL 语句，如创建数据表等。例如执行下面的代码，可以在数据库中创建一个 usertable 表。

```
String sql = "CREATE TABLE usertable( userid integer, name character varying(20), password
    character varying(8))";
jdbcTemplate.execute(sql);      //执行 DDL 语句
```

JdbcTemplate 接口还定义了多个 update( )方法来实现数据的插入、修改和删除。JdbcTemplate 接口提供了大量的 query( )方法用来处理各种对数据库表的查询操作。使用 query( )方法时，会用到不同的回调接口。下面的代码采用 ResultSetExtractor 回调接口查询 products 表中的数据。

```
List productList = (List)jdbcTemplate.query("select * from products",
    new ResultSetExtractor() {
        public Object extractData(ResultSet rs)
            throws SQLException, DataAccessException {
                List products = new ArrayList();
                while(rs.next()) {
                    Product product = new Product();
                    product.setId(rs.getString("id"));
                    product.setPname(rs.getString("pname"));
                    product.setPrice(rs.getDouble("price"));
                    product.setStock(rs.getInt("stock"));
                    product.setType(rs.getString("type"));

        }
    return products;
}});
```

10.3.3 构建不依赖于 Spring 的 Hibernate 代码

由于 Hibernate 4 已经完全实现其自己的事务管理，所以 Spring 4 中已经不提供 HibernatedDaoSupport 和 HibernateTemplete 的支持，使用它们将发生冲突，应该用 Hibernate 原始的方式操作数据库。

Spring 对 Hibernate 的支持是提供了一个上下文 Session，这是 Hibernate 本身所提供的、保证每个事务使用同一 Session 的方案。在 Hibernate 中获取 Session 对象的标准方式是使用 SessionFactory 接口的实现类，除了一些其他的任务，SessionFactory 主要负责 Hibernate Session 的打开、关闭及管理。

在 Spring 中，要通过 Spring 的某一个 Hibernate Session 工厂 Bean 来获取 Hibernate 的 SessionFactory。可以在应用程序的 Spring 上下文中，像配置其他 Bean 那样来配置 Hibernate Session 工厂。

在配置 Hibernate Session 工厂 Bean 的时候，可以通过 XML 文件或通过注解来配置。如果要使用 XML 文件定义对象与数据库之间的映射，那么需要在 Spring 中配置 LocalSessionFactoryBean。代码如下。

```
<bean id = "sessionFactory"
class = "org.springframework.orm.hibernate4.LocalSessionFactoryBean" >
    <property name = "dataSource"  ref = "dataSource" />
    <property name = "mappingResources" >
        <list>
            <value>Member.hbm.xml</value>
        </list>
    </property>
    <property name = "hibernateProperties" >
        <props>
            <prop key = "hibernate.dialect" >org.hibernate.dialect.MySQL5Dialect</prop>
            <prop key = "current_session_context_class" >thread</prop>
        </props>
    </property>
</bean>
```

在配置 LocalSessionFactoryBean 时，指定了 3 个属性。属性 dataSource 装配了一个 DataSource Bean 引用。属性 mappingResources 装配了一个或多个 Hibernate 映射文件，在这些文件中定义了应用程序的持久化策略。最后，hibernateProperties 属性配置了 Hibernate 如何进行操作的细节。

下面的代码定义了 MemberDAOImpl 类，实现了 MemberDAO 接口，该类演示了通过构造方法注入 sessionFactory 实例。

【例 10-5】 MemberDAOImpl.java 程序的部分代码。

```
public class MemberDAOImpl implements MemberDAO{
    private SessionFactory sessionFactory;
    @Autowired
    public MemberDAOImpl(SessionFactory sessionFactory){
        this.sessionFactory = sessionFactory;
    }
    //使用 SessionFactory 对象返回 Session 对象
    private Session currentSession(){
        return sessionFactory.openSession();
    }
    // 添加会员
    public void add(Member member){
        Session session = null;
        try{
            session = currentSession();
            Transaction tx = session.beginTransaction();
            session.save(member);
            tx.commit();
        }catch(HibernateException e){
            e.printStackTrace();
        }finally{
```

```
            session.close();
        }
    }
    //修改会员
    public void update(Member member){
        Session session = null;
        try{
            session = currentSession();
            Transaction tx = session.beginTransaction();
            session.update(member);
            tx.commit();
        }catch(HibernateException e){
            e.printStackTrace();
        }finally{
            session.close();
        }
    }
    ...
}
```

程序通过@ Autowired 注解可以让 Spring 自动将一个 SessionFactory 注入到 MemberDAOImpl 的 sessionFactory 属性中。接下来，在 currentSession()方法中，使用这个 sessionFactory 来获取当前事务的 Session。

10.4 Spring 整合 Struts 2 和 Hibernate 4

目前最流行的开源的 Web 应用开发技术为 Struts 2 框架、Spring 框架，以及 Hibernate 框架的整合框架 SSH。SSH 整合框架也是一个分层式开发架构，它在 Java EE 多层模型的基础上对每一层又进行了细分，划分出 4 层结构，分别是：视图层（JSP）、业务控制层（Action）、业务逻辑层（Service）和数据持久层（DAO），如图 10-2 所示。

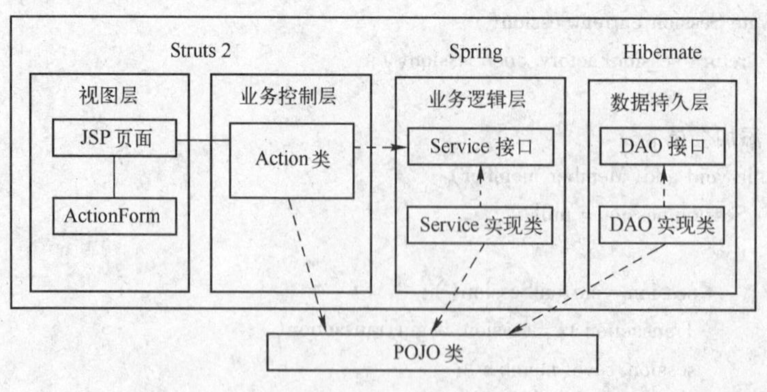

图 10-2　SSH 分层结构图

1. 视图层

视图层是系统与用户的交互层，是系统面向用户的唯一接口。视图层的基本组件通常是

JSP 页面或者 HTML 页面，以及嵌入其中的 Action 表单，用于收集用户数据和向用户展示结果信息，完成用户与系统之间的交互。视图层在 MVC 模式中对应着视图（View）。

2. 业务控制层

业务控制层是 Struts 2 框架的核心所在，在 MVC 模式中对应控制器（Controller）。它负责过滤和拦截所有来自表示层的请求，按规则对所有请求进行分析和转发，并在得到业务逻辑组件处理结果之后，更新视图层，返回响应结果。业务控制层的核心组件由核心控制器 StrutsPrepareAndExecuteFilter 和一系列 Action 类，以及拦截器（Interceptor）组成。核心控制器是一个过滤器，它负责拦截所有 HTTP 请求，对请求进行分析，并转发到特定的 Action 类中，交给其处理。拦截器也是 Struts 2 框架的核心组件，它与过滤器的不同之处在于，拦截器只能拦截由核心控制器分发的 Action 请求，并能对 Action 请求中的数据做出预处理，再交给指定 Action 类处理。

3. 业务逻辑层

业务逻辑层由业务逻辑组件组成，是系统的核心，处于中心位置，在 MVC 模式中对应模型（Model）。业务逻辑层组件提供了系统所有业务逻辑所需的方法。业务逻辑组件向上由控制层的 Action 类调用；向下业务逻辑组件调用数据持久层接口，将数据交由数据持久层进行持久化操作。业务逻辑组件的管理完全交由 Spring 容器，即业务逻辑组件的实例化、注入及生命周期管理都不需要开发人员予以干涉，这样就极大地解除了控制层对于业务逻辑层的依赖。

4. 数据持久层

数据持久层由 DAO 对象、POJO 类和 POJO 类的映射配置文件组成。映射配置文件是 POJO 类与数据库关系表之间的桥梁，也是 Hibernate 底层实现持久化的基础，配置文件实现了 POJO 类的属性到关系表字段的映射，以及 POJO 类之间引用关系到表间关系的映射，使得开发人员直接通过访问 POJO 对象就能访问数据表。数据访问对象提供了对 POJO 对象的基本创建、查询、修改和删除等操作。Hibernate 实现了数据持久层为业务逻辑层提供数据存取的方法，实现对数据库数据的增、删、改、查操作。

10.4.1 配置自动启动 Spring 容器

对于使用 Spring 的 Web 应用，无需手动创建 Spring 容器，而是通过配置文件声明式地创建 Spring 容器。具体方法是在 web. xml 文件中配置创建 Spring 容器。Spring 提供了 ContextLoaderListener，该监听器实现了 ServletContextListener 接口，它在 Web 应用程序启动时被触发。该监听器在创建时会自动查找 WEB - INF/下的 applicationContext. xml 文件，因此，如果只有一个配置文件，且文件名为 applicationContext. xml，则只需在 web. xml 文件中配置 ContextLoaderListener 监听器即可。

【例 10-6】 web. xml 文件，代码如下。

```
<?xml version = "1.0" encoding = "UTF-8"?>
<web-app xmlns:xsi = "http://www.w3.org/2001/XMLSchema-instance"
        xmlns = "http://java.sun.com/xml/ns/javaee"
        xmlns:web = "http://java.sun.com/xml/ns/javaee/web-app_2_5.xsd"
        xsi:schemaLocation = "http://java.sun.com/xml/ns/javaee
```

```
        http://java.sun.com/xml/ns/javaee/web-app_3_0.xsd"
        id="WebApp_ID" version="3.0">
    <!-- 配置 Struts 2 的核心过滤器   -->
    <filter>
        <filter-name>struts2</filter-name>
        <filter-class>
        org.apache.struts2.dispatcher.ng.filter.StrutsPrepareAndExecuteFilter
        </filter-class>
    </filter>
    <filter-mapping>
            <filter-name>struts2</filter-name>
            <url-pattern>/*</url-pattern>
    </filter-mapping>
    <!-- 使用 ContextLoaderListener 初始化 Spring 容器 -->
    <listener>
            <listener-class>
                org.springframework.web.context.ContextLoaderListener
            </listener-class>
    </listener>
    ...
</web-app>
```

如果有多个配置文件需要载入，则应该使用 <context-param> 元素指定配置文件的文件名，ContextLoaderListener 加载时，会查找名为 contextConfigLocation 的初始化参数。

```
<!-- 指定多个配置文件   -->
<context-param>
    <param-name>contextConfigLocation</param-name>
        <!-- 多个配置文件之间用逗号(,)隔开 -->
    <param-value>/WEB-INF/daoContext.xml,WEB-INF/applicationContext.xml
        </param-value>
</context-param>
```

经过了上述配置后，当 Web 应用程序启动时先读取 web.xml 文件，然后创建 Spring 容器，之后根据配置文件内容装配 Bean 实例。

10.4.2 Spring 整合 Struts 2

Spring 整合 Struts 2 的目的是将 Struts 2 中的 Action 的实例化工作交由 Spring 容器统一管理，同时使 Struts 2 中的 Action 实例能够访问 Spring 提供的业务逻辑资源。而 Spring 容器所具有的依赖注入优势也可以充分发挥出来。

在 Struts 2 应用程序中，它的核心控制器首先拦截到用户请求，然后将请求转发给相应的 Action 处理，在此过程中，Struts 2 负责创建 Action 实例，并调用其 execute()方法。

Web 应用集成了 Spring 框架后，就可以由 Spring 容器创建 Action 实例。这个工作由 Struts 2 提供的 Spring 插件完成。

在 Struts 2 的库 lib 中可以找到 struts2-spring-plugin-2.3.24.jar，为了将 Struts 2 与

Spring 进行整合开发，首先将该 jar 包复制到 WEB - INF \ lib 目录下。

修改 Struts 2 配置文件 struts. xml，在其中进行常量配置，将 objectFactory 设置为 spring，代码如下。

```
<?xml version="1.0" encoding="UTF-8"?>
<!DOCTYPE struts PUBLIC
        "-//Apache Software Foundation//DTD Struts Configuration 2.3//EN"
        "http://struts.apache.org/dtds/struts-2.3.dtd">
<struts>
    <!--将 Struts 2 默认的 objectFactory 设置为 spring-->
    <constant name="struts.objectFactory" value="spring" />
    <constant name="struts.devMode" value="true" />
      <package name="default" namespace="/" extends="struts-default">
          <action name="index">
              <result>/index.jsp</result>
          </action>
      </package>
</struts>
```

10.4.3 Spring 整合 Hibernate

在单独使用 Hibernate 时，需要使用 hibernate. cfg. xml 文件配置 dataSource 和 sessionFactory。Spring 与 Hibernate 集成后，dataSource 和 sessionFactory 的配置就不需要使用 hibernate. cfg. xml 文件了，而使用 Spring 的配置文件 applicationContext. xml 配置。

下面是在 Spring 的配置文件 WEB - INF \ applicationContext. xml 中配置 dataSource 和 sessionFactory 的实例。

【例 10-7】 applicationContext. xml 配置文件，代码如下。

```
<?xml version="1.0" encoding="UTF-8"?>
<beans xmlns="http://www.springframework.org/schema/beans"
       xmlns:xsi="http://www.w3.org/2001/XMLSchema-instance"
       xmlns:context="http://www.springframework.org/schema/context"
       xsi:schemaLocation="http://www.springframework.org/schema/beans
       http://www.springframework.org/schema/beans/spring-beans-3.0.xsd
       http://www.springframework.org/schema/context
       http://www.springframework.org/schema/context/spring-context-3.0.xsd">
    <!--定义数据源 Bean,使用 C3P0 数据源实现-->
    <bean id="dataSource" class="com.mchange.v2.c3p0.ComboPooledDataSource"
                    destroy-method="close">
      <property name="driverClass" value="com.mysql.jdbc.Driver" />
      <property name="jdbcUrl" value="jdbc:mysql://localhost:3306/test"/>
      <property name="user" value="root" />
      <property name="password" value="12345" />
    <propert y name="maxPoolSize" value="40" />
    <property name="minPoolSize" value="1" />
```

```
            <property name = "initialPoolSize" value = "1" />
            <property name = "maxIdleTime" value = "20" />
        </bean>
        <!--定义 Hibernate 的 sessionFactory -->
        <bean id = "sessionFactory"
              class = "org.springframework.orm.hibernate4.LocalSessionFactoryBean" >
            <property name = "dataSource" ref = "dataSource"/>
              <property name = "mappingResources" >
                  <list >
                        <value >com/entity/Member.hbm.xml </value >
                  </list >
              </property >
              <!--设置 Hibernate 的属性 -->
            <property name = "hibernateProperties" >
              <props >
                  <prop key = "hibernate.show_sql" >true </prop >
                  <prop key = "hibernate.hbm2ddl.auto" >update </prop >
                  <prop key = "hibernate.temp.use_jdbc_metadata_defaults" >false </prop >
                  <prop key = "hibernate.current_session_context_class" >
                        org.springframework.orm.hibernate4.SpringSessionContext </prop >
                  <prop key = "hibernate.dialect" >org.hibernate.dialect.MySQL5Dialect </prop >
              </props >
          </property >
        </bean >
    </beans >
```

在 Spring 集成 Hibernate 的过程中主要是配置 dataSource 和 sessionFactpry。其中，dataSource 主要是配置数据库的连接属性，而 sessionFactory 主要是用来管理 Hibernate 的配置。完成 sessionFactory 后，便可以将 sessionFactory 注入到其他 Bean 中，如注入到 DAO 组件中。当 DAO 组件获得 sessionFactory 的引用后，就可以实现对数据库的访问。

10.5 案例：SSH 会员管理系统

本节将整合 Spring 4、Struts 2 和 Hibernate 4 来实现一个会员管理系统，该系统可以实现对会员的注册、登录、删除和修改等功能。

该系统的架构可以分为以下几层。

- 表示层：由多个 JSP 页面组成。
- 业务控制层：使用 Struts 2 框架的 Action 实现。
- 业务逻辑层：由业务逻辑组件构成。
- DAO 层：由 DAO 组件构成。
- Hibernate 持久层：使用 Hibernate 4 框架。
- 数据库层：使用 MySQL 数据库来存储系统数据。

10.5.1 构建 SSH 开发环境

首先按照下列步骤构建 SSH 开发环境。

1）在 Eclipse 中新建一个项目 app10，然后在 WEB - INF/lib 中添加 Struts 2、Hibernate 4 和 Spring 4 的库文件（请参阅 8.1.2 节，9.1.2 节，10.1.4 节内容）。

2）在 web.xml 文件中配置 Struts 2 的核心过滤器和自动启动 Spring 容器（参见 10.4.1 节）。

3）完成 Spring 4 与 Struts 2 的整合（参见 10.4.2 节内容）。

4）完成 Spring 4 与 Hibernate 4 的整合（参见 10.4.3 节内容）。

10.5.2 数据库层的实现

本会员管理系统负责维护会员信息，系统只需要一个会员表。使用 MySQL 的 test 数据库存储会员表 members，该表的结构如表 10-1 所示。

表 10-1 members 表结构

字段名	数据类型	宽度	是否主键	含义
id	bigint	10	是	会员标识
name	varvhar	30	否	姓名
password	varvhar	10	否	口令
address	varvhar	50	否	地址
email	varvhar	30	否	邮箱
level	int	10	否	会员级别

10.5.3 Hibernate 持久层设计

Hibernate 持久层设计包括两部分内容，一是定义系统中用到的持久化类；二是为持久化类编写映射文件。

1. 创建持久化类

创建 Member 类，包括属性，对应于数据库 members 表的字段，代码如下。

【例 10-8】 Member.java 程序，代码如下。

```
package com.entity;
public class Member{
    private long id;                         // 会员标识
    private String name;                     // 会员名
    private String password;                 // 会员口令
    private String address;                  // 会员地址
    private String email;                    // 会员 E-mail
    private int level;                       // 会员级别
    public Member() {}
    public Member(String name,String password,String address,String email,int level) {
        this.name = name;
        this.password = password;
        this.address = address;
```

```
            this.email = email;
            this.level = level;
        }
    // 这里省略了各属性的 setter 和 getter 方法
}
```

2. 创建映射文件

映射文件用来建立持久化类的属性和数据表的字段之间的映射关系，Member 类的映射文件 Member.hbm.xml 代码如下，保存在与持久化类相同的目录中。

```
<?xml version="1.0" encoding="UTF-8"?>
<!DOCTYPE hibernate-mapping PUBLIC
        "-//Hibernate/Hibernate Mapping DTD 3.0//EN"
    "http://hibernate.sourceforge.net/hibernate-mapping-3.0.dtd">
<hibernate-mapping package="com.hibernate">
    <class name="Member" table="members">
    <id name="id" column="id">
        <generator class="identity" />
    </id>
    <property name="name" type="java.lang.String" column="name" />
    <property name="password" type="java.lang.String" column="password" />
    <property name="address" type="java.lang.String" column="address" />
    <property name="email" type="java.lang.String" column="email" />
    <property name="level" type="int" column="level" />
    </class>
</hibernate-mapping>
```

10.5.4 DAO 层设计

DAO 层设计包括 SessionFactory 的配置、DAO 接口的创建，以及 DAO 接口的实现类。由于与 Spring 框架进行了整合，因此 Hibernate 中的 SessionFactory 可交由 Spring 进行管理，在 WEB-INF\applicationContext.xml 中配置。

1. 创建 DAO 接口

创建 MemberDAO 接口，在该接口中定义 6 个方法，可以实现添加会员、修改会员、删除会员、按姓名和口令查找会员、按 id 查找会员，以及查找全部会员。

【例 10-9】 MemberDAO.java 程序，代码如下。

```
package com.dao;
import java.util.List;
import com.entity.Member;
public interface MemberDAO{
    public voidadd(Member member);                    //添加会员
    public void update(Member member);                //更新会员
    public void delete(long id);                      //删除会员
```

```
    public Member findByName(String name,String password);      //按姓名和口令查找会员
    public Member findById(long id);                            //按 id 查找会员
    public List<Member> findAll();                              //查找全部会员
}
```

2. 创建 DAO 实现类

定义 MemberDAOImpl 类，该类实现了 MemberDAO 接口，代码如下。

【例 10-10】 MemberDAOImpl. java 程序，代码如下。

```
package com.dao;
import java.util.List;
import org.hibernate.*;
import org.springframework.beans.factory.annotation.Autowired;
import com.entity.Member;

public class MemberDAOImpl implements MemberDAO{
    private SessionFactory sessionFactory;
    //构造方法注入 sessionFactory 对象
    public MemberDAOImpl(SessionFactory sessionFactory){
        this.sessionFactory = sessionFactory;
    }
    //使用 sessionFactory 对象返回 Session 对象
    private Session currentSession(){
        return sessionFactory.openSession();
    }
    //添加会员
    public void add(Member member){
        Session session = null;
        try{
            session = currentSession();
            Transaction tx = session.beginTransaction();
            session.save(member);
            tx.commit();
        }catch(HibernateException e){
            e.printStackTrace();
        }finally{
            session.close();
        }
    }
    //修改会员
    public void update(Member member){
        Session session = null;
        try{
            session = currentSession();
            Transaction tx = session.beginTransaction();
            session.update(member);
            tx.commit();
```

```
        }catch(HibernateException e){
            e.printStackTrace();
        }finally{
            session.close();
        }
    }
    //删除会员
    public void delete(long id){
        Session session = null;
        try{
            session = currentSession();
            Transaction tx = session.beginTransaction();
            //根据 id 从数据库加载会员对象
            Member mb = (Member)session.get(Member.class,id);
            session.delete(mb);    //删除会员
            tx.commit();
        }catch(HibernateException e){
            e.printStackTrace();
        }finally{
            session.close();
        }
    }
    //按姓名和口令查找会员
    public Member findByName(String name,String password){
        Session session = null;
        Member result = null;
        try{
            session = currentSession();
            Transaction tx = session.beginTransaction();
            String hsql = "from Member m where m.name = :mname
                    and m.password = :mpassword";
            Query query = session.createQuery(hsql);
            //设置命名参数值
            query.setParameter("mname",name);
            query.setParameter ("mpassword",password);
            result = (Member)query.uniqueResult();        //返回唯一结果
            tx.commit();
        }catch(HibernateException e){
            e.printStackTrace();
        }finally{
            session.close();
        }
        return result;
    }
    //按 id 查找会员
    public Member findById(long id){
```

```
        Session session = null;
        Member result = null;
        try{
            session = currentSession();
            Transaction tx = session.beginTransaction();
            String hsql = "from Member m where m.id = :id";
            Query query = session.createQuery(hsql);
            query.setParameter("id",id);
            result = (Member)query.uniqueResult();    //返回唯一结果
            tx.commit();
        }catch(HibernateException e){
            e.printStackTrace();
        }finally{
            session.close();
        }
    return result;
  }
  //查找全部会员
  public List<Member> findAll(){
    Session session = null;
    List<Member> list = null;
    try{
        session = currentSession();
        Transaction tx = session.beginTransaction();
        String hsql = "from Member";
        Query query = session.createQuery(hsql);
        list = query.list();
        tx.commit();
      }catch(HibernateException e){
          e.printStackTrace();
      }finally{
          session.close();
      }
    return list;
  }
}
```

程序定义了 sessionFactory 对象并通过构造方法注入，在 currentSession()方法中通过 sessionFactory 对象的 getCurrentSession()方法返回 Session 对象，调用该对象的方法操作数据库或返回查询结果。

10.5.5 业务逻辑层设计

业务逻辑层设计包含两部分，一是创建业务逻辑组件接口；二是创建业务逻辑组件实现类。

1. 业务逻辑组件接口

创建一个 MemberService 接口，定义添加会员、更新会员、删除会员、按姓名或 id 查找，以及查找全部会员等方法。

【例 10-11】 MemberService. java 程序，代码如下。

```
package com. service;
import java. util. List;
import com. entity. Member;
public interface MemberService{
    public void add(Member member);                                   //添加会员
    public void update(Member member);                                //更新会员
    public void delete(long id);                                      //删除会员
    public Member findByName(String name,String password);            //按姓名查找会员
    public Member findById(long id);                                  //按 id 查找会员
    public List < Member > findAll();                                 //查找全部会员
}
```

2. 业务逻辑组件实现类

创建 MemberServiceImpl 类，它用于实现 MemberService 接口。在 MemberServiceImpl 类中通过调用 DAO 组件来实现业务逻辑操作。

【例 10-12】 MemberServiceImpl. java 程序，代码如下。

```
package com. service;
import java. util. List;
import com. entity. Member;
import com. dao. MemberDAO;
public class MemberServiceImpl implements MemberService{
    private MemberDAO memberDao;
    //设值注入 DAO 对象
    public void setMemberDao(MemberDAO memberDao){
        this. memberDao = memberDao;
    }
    //添加会员
    public void add(Member member){
    //如果表中不包含该会员,则添加该会员
      if(memberDao. findById(member. getId()) == null)
        memberDao. add(member);
    }
    //更新会员
    public void update(Member member){
      //如果表中存在该会员,则更新该会员
        if(memberDao. findById(member. getId())! = null)
          memberDao. update(member);
    }
    //删除会员
    public void delete(long id){
```

```
        //如果表中存在该会员,则删除该会员
        if( memberDao. findById( id) ! = null)
            memberDao. delete( id) ;
    }
    //按姓名查找会员
    public Member findByName( String name,String password) {
        return memberDao. findByName( name,password) ;
    }
    //按 id 查找会员
    public Member findById( long id) {
        return memberDao. findById( id) ;
    }
    //查找全部会员
    public List < Member > findAll( ) {
        return memberDao. findAll( ) ;
    }
}
```

在 applicationContext. xml 中定义 MemberDAOImpl 和 MemberServiceImpl，代码如下。

```
< bean id = " memberDao"  class = " com. dao. MemberDAOImpl" >
        < ! -- 构造方法注入会话工厂组件 sessionFactory -- >
    < constructor - arg > < ref bean = " sessionFactory" > < /ref > < /constructor - arg >
  < /bean >
< bean id = " memberService"  class = " com. service. MemberServiceImpl" >
    < ! -- 设值注入 DAO 组件 -- >
    < property name = " memberDao"  ref = " memberDao"  />
< /bean >
```

10. 5. 6　会员注册功能的实现

该部分包含一个 JSP 页面和一个 Action 控制器。JSP 页面 register. jsp 用于接收用户注册信息，注册成功后控制转到显示会员页面。RegisterAction 动作类负责接收用户提交的信息，并将其存储到数据库中。

1. 会员注册动作控制器

下面的 MemberRegisterAction 类用于实现会员注册功能。

【例 10–13】 MemberRegisterAction. java 程序，代码如下。

```
package com. action;
import com. entity. Member;
import com. service. MemberService;
import com. opensymphony. xwork2. ActionSupport;
public class MemberRegisterAction extends ActionSupport{
    private Member member;
    private MemberService memberService;
    public void setMember( Member member) {
        this. member = member;
```

```
    }
    public Member getMember() {
        return member;
    }
    //注入业务逻辑组件
    public void setMemberService(MemberService memberService) {
        this.memberService = memberService;
    }
    public String execute() {
        memberService.add(member);
        return SUCCESS;
    }
}
```

2. 会员注册页面

会员注册页面 register.jsp 包含一个表单，用来输入会员信息。

【例 10-14】 注册页面 register.jsp，代码如下。

```
<%@ page contentType="text/html;charset=UTF-8" pageEncoding="UTF-8"%>
<%@ taglib prefix="s" uri="/struts-tags"%>
<html>
<head><title>会员注册页面</title>
</head>
<body>
  <s:form action="memberRegister" method="post">
    <h4><s:text name="欢迎注册会员"/></h4>
    <s:property value="exception.message"/>
    <s:textfield name="member.name" label="会员姓名"
      tooltip="Enter your name!" required="true"></s:textfield>
    <s:password name="member.password" label="会员口令"
      tooltip="Enter your password!"></s:password>
    <s:textfield name="member.address" label="会员地址"></s:textfield>
    <s:textfield name="member.email" label="会员邮箱"></s:textfield>
    <s:textfield name="member.level" label="会员级别"></s:textfield>
    <s:submit value="提交"/>
    </s:form>
</body>
</html>
```

3. 配置 Action 动作控制器

在 SSH 集成环境中由 Spring 来管理 Action 对象，因此在 applicationContext.xml 中配置 memberRegisterAction，并为其注入业务逻辑组件，代码如下。

```
<bean id="memberRegisterAction" class="com.action.MemberRegisterAction">
    <!--设值注入业务逻辑组件-->
    <property name="memberService" ref="memberService"></property>
</bean>
```

在 struts. xml 文件中配置 memberRegisterAction 动作对象，并定义结果与资源关系，代码如下。

```
<action name = "memberRegister" class = "memberRegisterAction" >
    <result name = "success" type = "redirectAction" >/memberQuery </result >
</action >
```

这里，class 属性值是 Spring 定义的 Bean，当 execute( )方法返回 success 时，控制转到另一个动作 memberQuery，而不是一个视图。

在浏览器的地址栏输入 http://localhost:8080/app10/memberRegister. action 访问动作类，结果转到 register. jsp 注册页面，在其中填入会员注册信息，如图 10-3 所示，单击“提交”按钮，注册成功后控制最终转到 displayAll. jsp 页面。

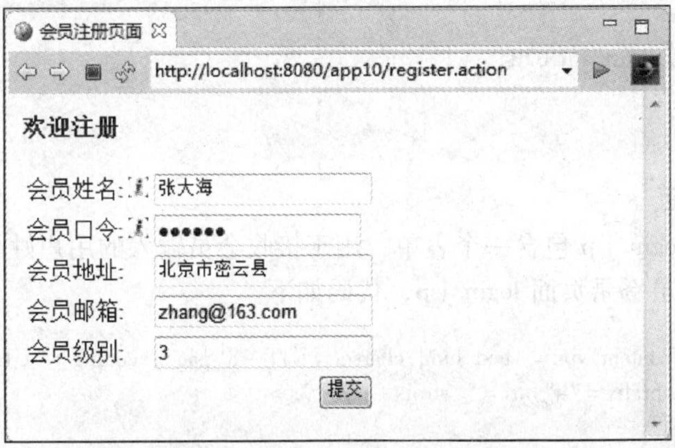

图 10-3　会员注册页面

10. 5. 7　会员登录功能的实现

该部分包括用户登录 JSP 页面和会员登录控制器 MemberLoginAction。

1. 会员登录动作控制器

会员登录控制器 MemberLoginAction 负责检查会员信息，如果数据库中存在该会员信息，则允许登录，返回登录成功页面；否则返回 register. jsp 输入页面。

【例 10-15】 MemberLoginAction. java 程序，代码如下。

```
package com. action;
import com. entity. Member;
import com. service. MemberService;
import com. opensymphony. xwork2. ActionSupport;
public class MemberLoginAction extends ActionSupport{
    private Member member;
    private MemberService memberService;
    public Member getMember( ) {
        return member;
    }
    public void setMember( Member member) {
```

```
        this.member = member;
    }
    //注入业务逻辑组件
    public void setMemberService(MemberService memberService) {
        this.memberService = memberService;
    }
    public String execute() {
        //根据会员姓名和口令查找会员
        Member mb =
            memberService.findByName(member.getName(),member.getPassword());
        //如果找到,则说明是合法会员,否则转到注册页面
        if(mb != null)
            return SUCCESS;
        else
            return ERROR;
    }
}
```

2. 会员登录页面

会员登录页面 login. jsp 包含一个表单，用于接收会员输入的用户姓名和口令。

【例 10-16】会员登录页面 login. jsp，代码如下。

```
<%@ page contentType="text/html;charset=UTF-8" pageEncoding="UTF-8"%>
<%@ taglib prefix="s" uri="/struts-tags"%>
<html>
<head>
<title>会员登录</title>
</head>
<body>
    <s:form action="memberLogin" method="post">
        <s:textfield name="member.name" label="会员姓名"></s:textfield>
        <s:password name="member.password" label="会员口令"></s:password>
        <s:submit value="提交"></s:submit>
    </s:form>
</body>
</html>
```

3. 配置 Action 动作控制器

在 applicationContext. xml 中配置 memberLoginAction，并为其注入业务逻辑组件，代码如下。

```
<bean id="memberLoginAction" class="com.action.MemberLoginAction">
    <!--设值注入业务逻辑组件-->
    <property name="memberService" ref="memberService"></property>
</bean>
```

在 struts. xml 文件中配置 memberLoginAction 动作对象，并定义结果与资源关系，代码如下。

```
<action name = "memberLogin" class = "memberLoginAction" >
    <result name = "success" >/welcome.jsp </result>
    <result name = "error" >/register.jsp </result>
</action>
```

访问会员登录页面 login. jsp，如图 10-4 所示，输入会员姓名和口令，如果是合法会员则显示 welcome. jsp 页面；否则，控制转到注册页面。

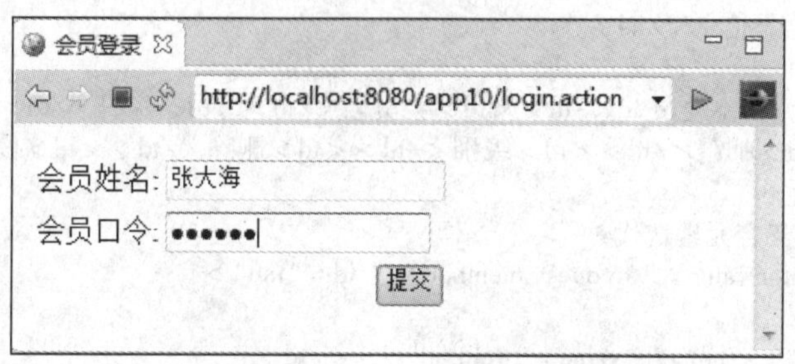

图 10-4　会员登录页面

10.5.8　查询所有会员功能的实现

该部分包含两个主要文件，一是会员查询信息控制器 MemberQueryAction，另一个是显示全部会员信息页面 displayAll. jsp。

1. 查询会员动作控制器

【例 10-17】 MemberQueryAction. java 程序，代码如下。

```
package com.action;
import com.entity.Member;
import com.service.MemberService;
import com.opensymphony.xwork2.ActionSupport;
import java.util.List;
import org.apache.struts2.ServletActionContext;
public class MemberQueryAction extends ActionSupport{
    private MemberService memberService;
    //注入业务逻辑组件
    public void setMemberService(MemberService memberService){
        this.memberService = memberService;
    }
    public String execute(){
        List <Member> list = memberService.findAll();
        //将所有会员信息存入 request 作用域中
        ServletActionContext.getRequest().setAttribute("memberList",list);
        return SUCCESS;
    }
}
```

2. 显示所有会员信息页面

创建 displayAll. jsp 页面，在该页面中显示全部会员的信息。页面中为每条会员记录都提供了“删除”和“修改”链接，单击链接将执行相应的动作，删除和修改会员。

【例 10-18】显示全部会员的 displayAll. jsp 页面，代码如下。

```
<%@ page contentType = "text/html;charset = UTF - 8" pageEncoding = "UTF - 8" % >
<%@ taglib prefix = "s" uri = "/struts - tags" % >
< html >
< head > < title > 显示会员信息 </title > </head >
< body >
    < h4 > 会员信息 </h4 >
    < table border = '1 ' >
      < tr > < td > 会员 id </td > < td > 会员名 </td > < td > 密码 </td > < td > 地址 </td >
        < td > 邮箱 </td > < td > 级别 </td > < td > 删除 </td > < td > 修改 </td >
    </tr >
    <!—对集合元素迭代 -- >
    < s:iterator value = "#request. memberList" id = "mb" >
      < tr >
      < td > < s:property value = "#mb. id" /> </td >
      < td > < s:property value = "#mb. name" /> </td >
      < td > < s:property value = "#mb. password" /> </td >
      < td > < s:property value = "#mb. address" /> </td >
      < td > < s:property value = "#mb. email" /> </td >
      < td > < s:property value = "#mb. level" /> </td >
      < td >
      < a href = " < s:url action = "memberDelete" >
                < s:param name = "id" > < s:property value = "#mb. id" /> </s:param >
            </s:url > " > 删除 </a >
      </td >
      < td >
    < a href = " < s:url action = "memberShow" >
                < s:param name = "id" > < s:property value = "#mb. id" /> </s:param >
            </s:url > " > 修改 </a >
    </td > </tr >
    </s:iterator >
    </table >
    < a href = "register. jsp" > 返回注册页面 </a >
</body >
</html >
```

页面中的两个 < s:param > 标签是 < s:url > 的子标签，作用是为链接的动作提供一个请求参数，参数名为 id，值为会员的 id 值，该值传递给 memberDelete 动作和 memberShow 动作。

3. 配置 Action 控制器

在 applicationContext. xml 中配置 memberQueryAction，并为其注入业务逻辑组件，代码如下。

```
< bean id = "memberQueryAction" class = "com. action. MemberQueryAction" >
    < property name = "memberService" ref = "memberService" > </property >
</bean >
```

在 struts. xml 文件中配置 memberQueryAction 动作对象，并定义结果与资源关系，代码如下。

```
<action name = "memberQuery"  class = "memberQueryAction" >
    <result name = "success" >/displayAll. jsp </result >
</action >
```

请求 memberQuery. action 动作，将执行会员查询操作，结果通过 displayAll. jsp 页面显示，如图 10-5 所示。

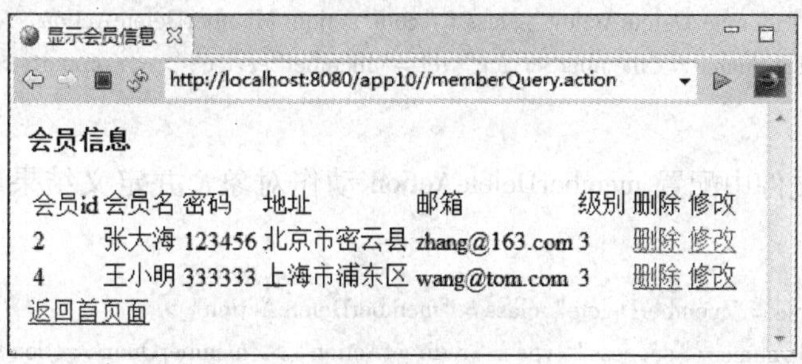

图 10-5　显示所有会员页面

10.5.9　删除会员功能的实现

实现删除会员功能，需要定义一个删除会员控制器 MemberDeleteAction，该控制器接收会员 ID，并调用业务逻辑中的删除会员方法以实现删除特定 id 的会员。

1. 删除会员动作控制器

控制器 MemberDeleteAction 负责接收显示所有会员页面传递的会员 id，通过调用业务逻辑组件的 delete( )方法删除会员。

【例 10-19】 MemberDeleteAction. java 程序，代码如下。

```
package com. action;
import com. service. MemberService;
import com. opensymphony. xwork2. ActionSupport;
public class MemberDeleteAction extends ActionSupport{
    private MemberService memberService;
    //注入业务逻辑组件
    public void setMemberService( MemberService memberService) {
        this. memberService = memberService;
    }
    private long id;
    public long getId( ) {
        return id;
    }
    public void setId( long id) {
        this. id = id;
    }
    public String execute( ) {
```

```
            memberService.delete(getId());    //删除指定 id 的会员
            return SUCCESS;
        }
}
```

2. 配置 Action 控制器

在 applicationContext.xml 中配置 memberDeleteAction，并为其注入业务逻辑组件，代码如下。

```
<bean id="memberDeleteAction" class="com.action.MemberDeleteAction">
    <property name="memberService" ref="memberService"></property>
</bean>
```

在 struts.xml 文件中配置 memberDeleteAction 动作对象，并定义结果与资源关系，代码如下。

```
<action name="memberDelete" class="memberDeleteAction">
    <result name="success" type="redirectAction">/memberQuery.action</result>
</action>
```

10.5.10 修改会员功能的实现

实现修改会员信息功能比较复杂，通过在图 10-5 所示的页面中单击某个会员的“修改”链接，首先需要把要修改的会员信息显示出来，修改后再持久化到数据库中。

1. 修改会员动作控制器

控制器 MemberUpdateAction 的 showMember()方法负责接收显示会员页面传递的会员 id，查找到该会员对象，然后将控制转到 update.jsp 页面显示该会员信息，如图 10-6 所示。execute()方法负责更新会员信息。

【例 10-20】修改会员控制器 MemberUpdateAction.java 程序，代码如下。

```
package com.action;
import com.entity.Member;
import com.service.MemberService;
import com.opensymphony.xwork2.ActionSupport;
public class MemberUpdateAction extends ActionSupport{
    private MemberService memberService;
    private Member member;
    //用于接收从显示会员信息页面传递来的 id
    private long id;
    //注入业务逻辑组件
    public void setMemberService(MemberService memberService){
        this.memberService = memberService;
    }
    public Member getMember(){
        return member;
    }
    public void setMember(Member member){
```

```
        this.member = member;
    }
    public long getId() {
        return id;
    }
    public void setId(long id) {
        this.id = id;
    }
    //根据会员 id 查找会员
    public String showMember() {
        Member mb = memberService.findById(getId());
        setMember(mb);
        return SUCCESS;
    }
    public String execute() {
        //执行会员更新操作
        memberService.update(member);
        return SUCCESS;
    }
}
```

2. 修改会员信息页面

新建修改用户信息页面 update.jsp，该页面显示要修改的会员信息。

【例 10-21】修改会员信息页面 update.jsp，代码如下。

```
<%@ page contentType="text/html;charset=UTF-8" pageEncoding="UTF-8"%>
<%@ taglib prefix="s" uri="/struts-tags"%>
<html>
<head>
<meta http-equiv="Content-Type" content="text/html;charset=UTF-8">
<title>修改会员信息</title>
</head>
<body>
    <s:form action="memberUpdate" method="post">
    <h4><s:text name="修改会员信息"/></h4></br>
    <s:actionerror/>
        <s:hidden name="member.id" value="%{member.id}"></s:hidden>
        <s:textfield name="member.name" label="会员姓名" required="true">
        </s:textfield>
        <s:textfield name="member.password" label="会员口令"></s:textfield>
        <s:textfield name="member.address" label="会员地址"></s:textfield>
    <s:textfield name="member.email" label="会员邮箱"></s:textfield>
        <s:textfield name="member.level" label="会员级别"></s:textfield>
        <s:submit value="提交"/>
        </s:form>
    </body>
</html>
```

不允许修改会员 id，但需要将会员 id 传递给更新会员动作，所以页面使用隐藏表单域标签 <s:hidden> 接收显示会员页面传递来的会员 id，在 update. jsp 页面提交时再传递给更新会员的动作 memberUpdate。

3. 配置 Action 控制器

在 applicationContext. xml 中配置 memberUpdateAction，并为其注入业务逻辑组件，代码如下。

```
<bean id = "memberUpdateAction" class = "com. action. MemberUpdateAction" >
    <! -- 设值注入业务逻辑组件 -- >
    <property name = "memberService" ref = "memberService" > </property >
</bean >
```

在 struts. xml 文件中配置 memberUpdate 动作对象，并定义结果与资源关系，代码如下。

```
<action name = "memberShow" class = "memberUpdateAction" method = "showMember" >
        <result name = "success" >/update. jsp </result >
</action >
<action name = "memberUpdate" class = "memberUpdateAction" >
        <result name = "success" type = "redirectAction" >/memberQuery </result >
</action >
```

在图 10-5 所示的所有会员页面中单击“修改”链接，进入如图 10-6 所示的 update. jsp 页面，显示要修改的会员信息，修改后单击“提交”按钮，即可将修改结果保存到数据库中，控制转到显示所有会员页面。

图 10-6　修改会员信息页面

10.6　小结

本章介绍了流行的轻量级 Java EE 开发框架 Spring 的核心概念，该框架可以大大提高 Web 应用开发的效率。Spring 框架由 20 多个模块组成，最新的 4.0 版增加了许多新特征。

本章重点介绍了 Spring 容器和依赖注入的概念及实现方式，还介绍了 Spring JDBC 的开发技术，最后介绍了 Spring 与 Struts 2 和 Hibernate 4 的整合技术。

10.7 习题

1. 如何理解 Spring 容器的概念？在 Spring 框架中有哪两种容器？在应用程序中如何创建容器？

2. 如何理解 Spring 的依赖注入？实现依赖注入主要有哪两种方式？

3. 如果要在 Spring 的配置文件中配置一个数据源 Bean，需要指定哪 4 个参数？

4. Spring 与 Struts 2 整合后，原来 Struts 2 的 Action 类由谁创建？(　　)

A. 仍由 Struts 2 框架创建　　B. 由 Spring 容器创建

C. 由应用程序创建　　D. 不需要创建

5. Spring 与 Hibernate 整合后，不需要在 hibernate. cfg. xml 文件中配置 dataSource 和 sessionFactory 对象，应该在哪里配置？

参考文献

[1] 沈泽刚. Java Web 编程技术 [M]. 2 版. 北京：清华大学出版社，2014.

[2] 贾蓓，镇明敏，杜磊，等. Java Web 整合开发实战 [M]. 2 版. 北京：清华大学出版社，2013.

[3] 李刚. 轻量级 Java EE 企业应用实战 – Struts 2 + Spring 3 + Hibernate 整合开发 [M]. 3 版. 北京：电子工业出版社，2011.

[4] 吉根林，顾韵华. Web 程序设计 [M]. 2 版. 北京：电子工业出版社，2013.

[5] 王电钢，刘孙俊. Java Web 应用开发技术 [M]. 北京：人民邮电出版社，2012.

[6] 李侃. Java Web 开发教程 [M]. 北京：清华大学出版社，2012.

[7] 张银鹤，冉小旻. JSP 完全学习手册 [M]. 北京：清华大学出版社，2008.

[8] Bryan Basham，Kathy Sierra，Bert Bates. Head First Servlets & JSP [M]. 苏钰函，林剑，译. 北京：中国电力出版社，2006.

[9] Marty Hall，Larry Brown. Servlet 与 JSP 核心编程 [M]. 赵学良，译. 2 版. 北京：清华大学出版社，2004.

[10] Budi Kurniawan. 深入浅出 Struts 2 [M]. 杨涛，王建桥，等译. 北京：人民邮电出版社，2009.

[11] Craig Walls. Spring 实战 [M]. 耿渊，张卫滨，译. 3 版. 北京：人民邮电出版社，2014.